2015年版対応
ISO 9001/14001

内部監査のチェックポイント222

有効で本質的なマネジメントシステムへの改善

国府 保周 著

2015 edition based
Check 222 points for Internal Audit
Improvement to effective and
essential Management Systems

日本規格協会

はじめに
―本書の趣旨と使い方―

　2006年に福岡で4回シリーズで行った講演で，ある参加者から"どこかに，よい内部監査チェックリストはありませんか"と尋ねられた．詳しく聞くと，内部監査で何を調べればよいかがわからないという．そこで"品質マニュアルや環境マニュアルには，組織として何が重要で，どのような考え方に基づいて取り組むかが載っていますから，チェック項目をそこから拾えばいいですよ"と答えると，"当社の品質マニュアルや環境マニュアルには，手続きのことは載っていても，考え方までは載っていません"という回答が返ってきた．その解決策として，内部監査での調査ポイントを特集した講演を翌年に福岡で4回シリーズで開催することにした．それらが本書の下敷きとなっている．
　内部監査は，そもそもマネジメントシステムの適合性と有効性を確認することが目的である．ところが，組織の現状を尋ねると，運用の詳細は調べているがシステムまでは調べていないとか，適合性は調べているが有効性までは調べていないといった答えが返ってくることが多い．結局，内部監査で何を調べてどのように活用するのかで苦労しているのが実情のようである．
　マネジメントシステムの有効活用を目指した内部監査チェックポイントは，"有効活用していることの確認"と"さらに有効活用するための工夫ポイントの見いだし"の役割を有しており，結果的に次の三つの機能を織り込むことが可能である．
　① 内部監査を通じた調査・確認
　② マネジメントシステムの構築
　③ マネジメントシステムの改善
　つまり，単に内部監査の場で用いるだけでなく，"システム改善での着眼点"としても活用できることになる．
　こうした考え方から本書では，典型的なチェック項目を網羅するのではなく，

マネジメントシステムで抜け落ちたり意識することが少なかったりすることが多い事項，審査・認証を意識し過ぎると形式的になりやすい事項を中心にチェックポイントを取り上げることにした．また，チェック項目しか載っていないと，何のためにこれを調べるのか，何を懸念しているかがわからないので，背景や目的を記し，一般的な傾向などの説明を設けることで，その真意がわかるようにした．さらに，具体的な質問の仕方や規格の要求事項との関連も示した．

マネジメントシステム全般を対象とすると，扱う範囲が広くなりすぎることから，チェックポイントは品質と環境に限定した．ただし，いかなるマネジメントシステムにも共通の考慮点はあるので，労働安全衛生や情報セキュリティなど，その他のマネジメントシステムでも適用可能なチェックポイントもある．

チェックポイントのいくつかは，ISO 9001/14001 の要求事項の水準を超えている．規格の要求事項は，どのような業種・組織形態にも適用できる最低限のことを扱っているにすぎない．一方，内部監査は組織内で行うものであり，役に立つことであれば，規格の要求事項を超えていても何ら支障ない．大事なことは，マネジメントシステムの有効活用に結びつき，本当に組織に役立つことである．

本書は，マネジメントシステムの各種要素をまんべんなく扱ったものでなく，組織として考えてほしいこと，抜け落ちやすいことを中心に扱っている．本書のチェックポイントだけで内部監査を行うのではなく，組織として何が大切かをよく考えて，マネジメントシステムを，組織のビジネスと活動の充実に結びつけるうえでのヒントとして活用されたい．そしてそれらを通じて，組織のさらなる発展に役立ててくだされば幸いである．

2018 年 2 月

国府　保周

目　　次

はじめに─本書の趣旨と使い方─

第1章　内部監査の改善はマネジメントシステム改善への道

1.1　マネジメントシステムをけん引する内部監査
1.1.1　あらためて内部監査とは何か ………………………………………22
1.1.2　内部監査の意義 ………………………………………………………24

1.2　有効な品質・環境マネジメントシステムとは
1.2.1　そもそも品質とは，環境とは ………………………………………26
1.2.2　マネジメントシステムは日常に直結している ……………………28
1.2.3　なぜ続けられるのか──だからマネジメントシステム …………30

1.3　内部監査の進め方を工夫する
1.3.1　内部監査の基本動作 …………………………………………………32
1.3.2　実地調査を工夫する① ………………………………………………34
1.3.3　実地調査を工夫する② ………………………………………………36
1.3.4　実地調査を工夫する③ ………………………………………………38
1.3.5　内部監査場面の積極活用 ……………………………………………40
1.3.6　内部監査結果の報告 …………………………………………………42

1.4　内部監査結果の分析と活用
1.4.1　内部監査を通じて得られる情報 ……………………………………44
1.4.2　内部監査結果の分析 …………………………………………………46
1.4.3　内部監査は安心材料の蓄積 …………………………………………48
1.4.4　内部監査からマネジメントレビューへの情報提供 ………………50

1.5 内部監査の継続的改善と内部監査員の成長

- 1.5.1 個々の内部監査に対する検討・考察 …………………………52
- 1.5.2 内部監査の役立ち度合いの把握 ……………………………54
- 1.5.3 内部監査システムの評価・検討と進化 ……………………56
- 1.5.4 ベテラン内部監査員に対する指導 …………………………58
- 1.5.5 内部監査員へのフィードバック ……………………………60
- 1.5.6 内部監査員同士の検討会 ……………………………………62
- 1.5.7 内部監査活動は自分の本業と成長に活きる ………………64
- 1.5.8 内部監査員に対する組織の支援体制 ………………………66

1.6 監査チェック項目はシステム改善のポイント（本書の使い方）

- 1.6.1 内部監査に先立つチェック項目（目の付けどころ）の指定 ……68
- 1.6.2 チェック項目のメンテナンス ………………………………70
- 1.6.3 内部監査でのチェックリストは改善ポイントと同じ（本書の目指すもの）…72
- 1.6.4 チェックポイントから始める実地調査（本書の使い方）………74

第2章 具体的なチェックポイント――1
各種業務部門

2.1 製品・サービス企画・営業・受注・販売部門
《当該部門・業務の特徴的な事項》…………………………………78

- *001* 経営トップが製品・サービスの企画に関する思考や方向性を明確に示しているか ……………………………………………80
- *002* 製品・サービスの企画を自由闊達に創意・提案できる職場の雰囲気を醸し出しているか ………………………………81
- *003* 製品・サービスの企画にあたって，現有顧客・潜在顧客の製品・サービスの期待とニーズの動向を捕捉・活用しているか ……82
- *004* 製品・サービスの企画の立案に際して，顧客満足情報を活用しているか ………………………………………………83
- *005* 顧客の要求事項を確実に把握して，組織内に通用する形態で伝達しているか ………………………………………………84

006	製品・サービス納入に伴う付帯要求事項を関連部門に的確に伝達しているか	85
007	輸出先を含めて，当該の製品・サービスに適用になる法令・規制を確実に把握しているか	86
008	環境に関する利害関係者の声を評価・分析して，必要時に対応する仕組みが適正稼働しているか	87
009	営業・販売に関連する機会とリスクへの取組みは適切か	88
010	組織の製品・施工・サービスが顧客の環境貢献に役立っているか	89
011	顧客と何度か打合せを重ねている場合，"現時点でどの情報が活きているか"が判明しているか	90
012	製品・サービスの情報を顧客に説明する要員が必要な知識・説明能力を確実に習得できる方策を講じているか	91
013	苦情・不平への対応を通じて，顧客との関係が修復できているか	92
014	顧客満足に関連する活動が組織の製品・サービスやシステム向上に役立っているか	93

2.2　設計・開発・基礎研究部門

《当該部門・業務の特徴的な事項》……………………………………94

015	何を設計・開発として扱う必要があるかの概念が確立しているか	96
016	商品化を意図した設計・開発と基礎研究との概念の区分が明確か	97
017	設計・開発の進め方の計画が設計・開発の内容に見合うか	98
018	外部との共同設計・研究において，外部と自組織との関係が明確か	99
019	設計・開発をリスク及び機会への取組みの場として適切に活用しているか	100
020	設計・開発を著しい環境側面の決定の場として適切に活用しているか	101
021	製品・サービスのライフサイクルを通じた環境影響の低減を設計・開発の場で考慮しているか	102
022	製品・サービスに適用になる可能性のある法規制や規格を確実に漏れなく調べ上げる方策が確立しているか	103
023	環境に配慮した構造・原材料・処理方法などに関する技術情報が利用可能か	104

024 該当時に，意匠デザインや量目設定など製品の特性・仕様を実現できるよう，設計・開発として運営管理しているか……………………………105

025 該当時に，パッケージ設計（梱包材の機能や外装などを含む）を適切に運営管理しているか……………………………………………………106

026 ライフサイクルの観点から製品・サービスの使用段階での考慮が必要な事項として使用者に伝わっているか………………………………107

027 該当時に，設計・開発の段階で製造性・施工性やサービス提供の確実性を配慮しているか……………………………………………………108

028 設計・開発の段階ごとに，インプットとアウトプットを明確に示せるか…………………………………………………………………………109

029 当該製品・サービスの設計・開発のレビューが各段階のレビューの目的に合っているか……………………………………………………110

030 設計・開発のレビューにおいて，進め方，検証・妥当性確認の内容・方法・結論に関して審議しているか……………………………………111

031 必要時に，設計・開発の検証や妥当性確認用のデータの採取に用いる測定機器を校正しているか／精度は見合っているか…………………112

032 製品・サービスの仕様や設計・開発条件を変更する際に，法令・規制の適用や環境影響を再評価しているか………………………………113

033 設計・開発・基礎研究の経過・結果を，根拠情報をも含めて，将来確認しやすい形態で整理しているか……………………………………114

034 外部から導入する技術に関連する製品・サービスの性能・成果などの実証が必要となる場合の評価・判定は適切か………………………115

2.3　購買（調達・外部委託）＆原材料・資材保管部門

《当該部門・業務の特徴的な事項》………………………………………116

035 どこまでの範囲を購買（調達・外部委託）管理に含めようとしているかが明快か……………………………………………………………118

036 個々の部門が実際に担う購買（調達・外部委託）内容が諸規定と合致しているか……………………………………………………………119

037 "原材料などの物品や製造・輸送・設計などの業務を購買して，なぜ安心か"を誰が明快に示せるか…………………………………………120

038 現在の外部委託先に対する管理方法で，安心して外部委託を継続できているのはなぜか……………………………………………………121

039	購買先に対する再評価の方法と基準は，製品・サービスと環境の安心状態持続の観点から見合っているか	122
040	"購買先・外部委託先に対する管理の方法と程度"に関する情報が業者選定や受入検査等を行う際に使える状態にあるか	123
041	該当する購買先に伝えた環境上の協力や効果の発揮に関する依頼事項が確実に伝達して理解されているか	124
042	自組織で開発した環境技術の購買先への移転や伝授を実践又は考慮しているか	125
043	購買先の能力評価・選定や管理の方式・程度の決定をリスク及び機会への取組みの場として適切に活用しているか	126
044	原材料・資材の発注品目・数量・納期を生産に支障のないように決めているか	127
045	購買先に伝える情報は購買内容から見て必要で十分か	128
046	購買先からの要求事項をマネジメントシステムの一角に含めているか	129
047	保管状態不良や使用予定中止などによって原材料・資材を廃棄することがないよう，適切に手段を講じているか	130
048	日常的には使用しない原材料・資材を容易に見いだせる形態で保管しているか	131

2.4　生産技術・施工技術・サービス技術部門

《当該部門・業務の特徴的な事項》 132

049	製造・施工・サービス提供方法の設定の必要性を見いだしてから，実際の設定・検討に至る手順の乗り継ぎが明確か	134
050	製造・施工・サービス提供方法の設定にかかわる場面で何を決定するかが明確か	135
051	製造・施工・サービス提供方法の設定をリスク及び機会への取組みの場として適切に活用しているか	136
052	製造・施工・サービス提供方法の設定を著しい環境側面の決定の場として適切に活用しているか	137
053	製造・施工・サービス提供に関連するプロセスを監視・測定する必要性を検討して，方法を設定しているか	138
054	製造・施工・サービス提供方法が実務者に確実に伝わっているか	139

055	設定した製造・施工・サービス提供方法そのものを適切に検証しているか	140
056	4 M（人，設備，材料，方法）の変更時には，影響する可能性のある業務の適切性の持続を評価して必要な方策を講じているか	141
057	不適合な製品・サービスの発生を削減・防止するために，何らかの手を打つ必要があるかを評価・検討しているか	142
058	製造・施工・サービス提供方法の設定に有用な情報を日頃から収集・蓄積しているか	143
059	固有技術を決めた背景を次の世代の人たちに伝授できる体制か	144
060	固有技術を編み出す力を維持・向上させているか	145

2.5 生産部門＆生産計画部門（製造・施工・サービス提供）

	《当該部門・業務の特徴的な事項》	146
061	生産計画や施工・サービス提供の段取りを的確に立案し，関係者が適切に行動できるように伝達しているか	148
062	使用期日までに必要な部品・原材料・資材を入手できるようにするために，必要な処置を講じているか	149
063	余剰が発生し過ぎないよう，需要予測と生産計画の立て方を工夫しているか	150
064	製造・施工・サービス提供の工程が安定運用できるメカニズムを監督者が理解しているか	151
065	ISO 9001 の 8.5.1 f）が該当する工程の管理方法・内容の決め方が適切であることを確認する	152
066	製造・施工・サービス提供に携わる者が実務作業と運営管理の手順を確実に習得する手法が確立しているか	153
067	施工現場従事者が十分な職務遂行能力を有することを確認し，不可欠な注意点を理解させているか	154
068	製造・施工・サービス提供の実施内容と要点が明確で，実務者が理解・習熟しているか	155
069	製造・施工・サービス提供の各工程で，指定どおり順番・内容・器具・管理値を確認・記録しているか	156
070	使用する設備・機器・器具などは，意図する性能・機能を発揮できているか	157

071	製品・部品・原材料・資材の管理方法は、それらの状態維持の観点から適切か	158
072	所定の品質の製造・施工・サービスを行うのに必要な作業環境を確実に管理しているか	159
073	食品製造の衛生管理など人の体調の良否が影響する業務で、業務従事者の健康管理を適切に行っているか	160
074	ヒューマンエラー発生のメカニズムの解明に取り組んでいるか	161
075	誤った資料・器具・ソフトウェアを用いないよう、片づけなどの必要な処置を行っているか	162
076	工程間の連携の方法・時期などが明確になっていて、確実に実施しているか	163
077	問題発生の兆しをキャッチし、どのような状況になれば手段を講じるかの基本線が明確か（スケジュールやタイミングを含む）	164
078	進捗や業務の状況が変化した場合に、関係者に連絡を取って対応の要否を判定し、必要時に適切な処置を講じているか	165
079	不適合製品の処理を処理方法の決定者として定められた者の指示に基づいて実施しているか	166
080	発生した不適合製品と同一か類似の不適合が製作中・在庫中・出荷済みの製品に存在する懸念を払拭できているか	167
081	"特別採用はどのような場合に認められるか"の基準や考え方が確立しているか	168
082	緊急事態への対応など、非日常的な実施事項が該当時に適切に実施できる状態にあるか	169

2.6　検査・試験部門

	《当該部門・業務の特徴的な事項》	170
083	検査段階・検査項目・検査方法と判定基準は誤ることなく当該者に伝達可能か	172
084	検査記録を抽出し、検査結果→検査判定基準→設計・開発結果→顧客との合意事項や法令・規制の順に整合性を確認する	173
085	検査の実施に必要な場合、適切な作業環境を確保しているか	174
086	官能検査の実施者が必要な力量を保有し続けているか	175

087 受入検証の範囲・内容・方法・形態は，製品・サービスへの品質・環境上の影響から見て適切か……………………………………………176

088 不適合な製品・サービスの修理後に行う検証は，それによって生じる可能性のある影響の範囲と程度から見て妥当か………………………177

089 検査で不合格になった製品を誤って使用することがない管理方法を取っているか……………………………………………………………178

090 検査で得た知見のうち，必要な情報を設計・生産技術・施工技術部門などに伝達しているか…………………………………………………179

2.7 在庫管理・出荷・引渡し部門

《当該部門・業務の特徴的な事項》………………………………………180

091 生産完了～出荷依頼～引渡しの間の情報授受と結果連絡・予定変更連絡を適切に実施しているか………………………………………181

092 製品状態の維持に必要な場合，特別な保管条件を指定し，持続していること確認する………………………………………………………182

093 保管と輸送の外部委託先が適切に実施していることの確証を得ているか…………………………………………………………………………183

094 注文頻度は低いが在庫することにした物品を容易に見いだせる形態で保管しているか…………………………………………………………184

095 販売用の在庫品は顧客に販売できる状態を持続しているか……………185

2.8 付帯サービス部門

《当該部門・業務の特徴的な事項》………………………………………186

096 付帯サービス業務を指定された手順で確実に実施しているか…………187

097 外部に出向いて行うサービスを所定の手順に基づいて実施していることを，実地立会によって調査・確認する……………………………188

098 付帯サービスを通じて得た情報を次のビジネス戦略に活用しているか……………………………………………………………………………189

2.9 環境保全・処理技術部門

《当該部門・業務の特徴的な事項》………………………………………190

099 排水・排ガス処理など環境装置を確実に稼働できる管理・監視方法を設定しているか……………………………………………………………192

100	環境装置と処理結果を常時又は必要時に稼働させ，監視・測定・記録しているか	193
101	環境装置を適正稼働させるために，その前提となる発生元が行うことの理解を促しているか	194
102	環境基準を超えた場合の解消方法が確立していて，実施者に浸透しているか	195
103	実際に環境基準を超えた（超えそうになった）ケースで，不適合状態を解消する有効な処置を適切に実施できているか	196
104	環境法規制や地域協定など順守事項を逸脱した場合の外部連絡方法が確立・浸透しているか	197
105	『産業廃棄物管理票（マニフェスト）』の内容を適切に確認して保有しているか	198
106	廃棄物の発生量（発生率）の低減に努めているか	199
107	環境関連の処理技術に関して，必要な場合に新たな技術・装置を調査しているか	200
108	技術の進歩に伴って，どのようなものまで有価物として扱えるようになったか，その範囲拡大の状況を把握しているか	201

2.10　設備管理・測定機器管理部門

	《当該部門・業務の特徴的な事項》	202
109	導入する設備は意図する用途に対して適切なものか	204
110	導入した設備の配置の決め方は操作・維持・保全・作業・動線・環境の面から適切か	205
111	設備導入を契機とする品質と環境の継続的改善に関する事前検討・配慮は適切か	206
112	設備導入に関連して，品質・環境・作業環境を適切な水準で確保できる方法を確立しているか	207
113	設備と基礎・配線・配管・コンベアなど周辺部材の撤去・廃棄，それに伴う関連事項を適切に実施しているか	208
114	規定どおりの設備管理を行うことで，保全に関する組織の方針を実現しているか	209
115	監視・測定機器（耳など器官を含む）は監視・測定の要求事項に見合うものとなっているか	210

116 校正の要否と内容・方法・頻度は測定機器の構造や測定対象に見合っているか……………………………………………………………………211
117 校正外れ時の対応方法の決め方に関する観点が確立しているか………212
118 自動判定装置などの管理が製品品質と環境保全を確実に保証できるか……………………………………………………………………………213

第3章　具体的なチェックポイント——2
すべての部門に対する共通事項

3.1　品質方針・環境方針と品質目標・環境目標の展開
《当該部門・業務の特徴的な事項》……………………………………216
119 品質方針・環境方針が組織の目的や理念，ビジネス戦略などと合致しているか………………………………………………………………218
120 品質方針・環境方針がマネジメント面から物事を判断・指示するうえでの根拠となっているか………………………………………………219
121 品質方針・環境方針の真意が各人に本当に伝わっているか……………220
122 環境方針を実際に"利害関係者が入手可能"な形態で準備しているか……………………………………………………………………………221
123 品質目標や環境目標に組織や当該部門が切実に取り組むテーマを率先して取り上げているか………………………………………………222
124 品質目標や環境目標と経営計画（ヒト・モノ・カネなど資源を含む）とが整合しているか……………………………………………………223
125 品質目標や環境目標の達成策として，過去と現実の分析に基づく，実現性のある具体的な道筋を設定しているか…………………………224
126 自分にかかわる品質目標や環境目標が何で，その中で自分が何を行うかを理解しているか…………………………………………………225
127 新分野の製品設計・技術開発・設備導入など従来と異なることを始めるケースで，目標として扱う必要性を検討しているか………………226
128 品質目標・環境目標の"達成策（実施計画）"を期間後にレビューしているか………………………………………………………………227
129 定量的に判定できる品質目標・環境目標にこだわり過ぎていないか……228

130 品質目標・環境目標の展開を部門単位・年度単位にこだわり過ぎていないか………………………………………………………………………229

3.2 日常の環境活動

《当該部門・業務の特徴的な事項》……………………………………230

131 当該部門の環境に関する日常的な実施事項の浸透・実行・記録の状況を確認する……………………………………………………………232

132 何が有価物(再使用・資源化が可能なもの)で,何が廃棄物かが周知されているか………………………………………………………233

133 有価物を価値が低下しない方法で場内保管しているか………………234

134 廃棄物を業者の引取水準を保てる方法で場内保管しているか………235

135 当該施工現場に特徴的な環境上の実施事項や留意点を明確にし,実践させているか……………………………………………………236

136 製造・施工・サービス提供に伴って発生した残材や不具合資材を環境面から適正に処置・処分しているか…………………………………237

137 倉庫やその他の置き場にある製品・資材・機器などから環境に影響のある物質などが流出していないか……………………………………238

138 顧客・地域・処理委託先などからの環境上の苦情に対して的確に対応しているか…………………………………………………………239

139 分別したゴミの処理内容や用途など,取組みの納得性を得るのに必要な情報を各人に発信しているか…………………………………240

140 日常の環境活動を通じて創意工夫を試みているか……………………241

3.3 要員育成と要員確保

《当該部門・業務の特徴的な事項》……………………………………242

141 担当業務を実施するうえで必要な力量が確保できるよう,要員を育成・確保しているか………………………………………………244

142 技術や設備の導入に伴う臨時の教育訓練や育成の内容と対象者の範囲は導入の目的に見合っているか……………………………………245

143 実務者・管理層が所定の力量を有していることを証明できるか……246

144 著しい環境側面に関連する業務の従事者が必要な力量を有していることを証明できるか…………………………………………………247

145	組織の将来構想に見合うように，将来を見据えた要員の先行育成と人材確保を図っているか	248
146	自己学習・自己研鑽を自ら行いたくなる職場環境を醸し出しているか	249
147	品質や環境への主体的な取組みに関する認識を形成させるための処置・方策が功を奏しているか	250
148	力量，適性，教育訓練，認識に関する捉え方が系統的に整理できているか	251
149	要員の育成に用いる教材を意識して整備しているか	252
150	文書類をわかりやすく書ける人を育成しているか	253

3.4　文書化・文書管理・記録管理

　《当該部門・業務の特徴的な事項》……254

151	マネジメントシステム文書の階層・種別などの編集方針が実用面に見合っているか	256
152	文書がないと業務に支障のある情報をすべて文書化しているか	257
153	業務に用いる文書は使用者が見やすい形態であるか	258
154	当該部門での使用を意図して配付した文書を使用しているか	259
155	用紙やコンピュータ入力画面のうち，実施事項の指定のあるものを文書管理の対象にしているか	260
156	緊急時の実施事項を定めた文書を，緊急事態発生時に，使用するタイミングまでに探し出して実施できるか	261
157	当該記録を保管することにしている理由と用途は明確か	262
158	記録の管理方法が当該記録の用途に見合っているか	263
159	記録が保管期限まで使える状態で存在しているか	264
160	記録は廃棄の手順どおりに廃棄可能であるか	265
161	電子媒体の文書・記録は保管中に不用意に内容が変化したり，消滅したりしていないか	266
162	電子媒体の文書は，電子媒体に特有の機能を活かしているか	267
163	パンフレットやウェブサイトなどに用いた一覧表やグラフのデータを探し出せるか	268
164	文書・記録・情報が混入しない方式を確立して運用しているか	269

3.5 是正処置・予防処置・継続的改善

《当該部門・業務の特徴的な事項》……………………………………270
- *165* 問題発生の発見・予見に関する情報をオモテ化しているか……………272
- *166* 不適合発生の発見・予見の情報が処置の判断者に届く仕組みか………273
- *167* 究明した不適合原因が本質を突いた真の原因となっているか…………274
- *168* 症状や原因が類似した問題の発生状況を十分に調査しているか………275
- *169* 是正処置は不適合の影響に見合う程度であるか…………………………276
- *170* 講じた是正処置はその後も有効性が持続しているか……………………277
- *171* 是正処置の有効性をレビューするタイミングは早過ぎないか…………278
- *172* 是正処置の記録を活用可能な形態で保持しているか……………………279
- *173* 意味や意義のない実施事項を再考することなく実施し続けていないか……………………………………………………………………………280
- *174* 製造・施工・サービス提供と生産計画で得た業務・製品の改善・環境上の検討などの知識を他部門で使えるようにしているか………………281
- *175* 問題発生を先取りして，製品設計，製造・施工・サービス提供の方法や環境管理の方法の設定に組み入れているか……………………………282
- *176* 技術革新や業務戦略を改善に結びつけているか…………………………283
- *177* 改善などの成果を把握・評価して，次の改善に結びつけているか……284
- *178* 改善対象に気づくことができるヒントや改善の実施事例を内部公表・共有化しているか…………………………………………………………285
- *179* 是正処置・予防処置・改善の実施場面と記録の残し方を画一化し過ぎていないか………………………………………………………………286
- *180* 問題発生を予見し，能動的に工夫できるよう，要員を意識づけできているか……………………………………………………………………287

第4章 具体的なチェックポイント──3 経営層と推進役の特定活動

4.1 組織形態と責任・権限

《当該部門・業務の特徴的な事項》……………………………………290

181 組織構造（部門の役割と連携）と個々の業務プロセスとの関係を十分に描き出しているか……………………………………………………292

182 組織の事業（ビジネス）を実現するためのマネジメントシステムの根幹部分を十分に確立しているか……………………………………293

183 管理者・実務者の責任・権限を業務の内容・形態に見合う形で設定しているか………………………………………………………………294

184 中間管理層がリーダーシップを発揮できるよう支援に努めているか……295

185 権限保有者が当該事項に関する力量と認識を有しているか………296

186 臨時組織としてプロジェクトを設ける場合，当該プロジェクトの機能・役割・権限を明確に規定しているか………………………………297

187 管理責任者（経営トップの代理人）を設けている場合，管理責任者が自己の裁量で判断できる権限が明確になっているか…………………298

188 情報を確実に伝達できる方法・手段を設定し，自由闊達に意見交換できる場を提供しているか………………………………………………299

189 業務上の失敗（プロセス上の不適合）の発生をオモテ化し，関係者に伝達しているか……………………………………………………300

190 説明責任に関連する情報が経営トップに届く仕組みとして確立しているか……………………………………………………………………301

191 緊急時に，何を誰にどのように伝えるかが当事者に浸透しているか……302

192 問題発生時に外部公表する際の内容・方法などの設定は，実現可能であることの確証を得ているか……………………………………303

4.2 著しい環境側面の決定

《当該部門・業務の特徴的な事項》……………………………………304

193 著しい環境側面の決定の視点は，組織としての環境基本姿勢から見て合理的か……………………………………………………………306

194 著しい環境側面の決定・再決定を必要な場面すべて網羅して行っているか……………………………………………………………………307

195 著しい環境側面の決定の際の観点や方法は理に適っているか………308

196 個々の著しい環境側面への対応形態を合理的に指定しているか………309

197 決定した（除外した）著しい環境側面は，組織内外の関係者から見て納得できるものか…………………………………………………310

198 社外にまで効果の広がる著しい環境側面の設定の必要性について，適切に配慮しているか……………………………………………311
199 著しい環境側面の外部公表の要否・範囲の仕方は適切か………………312
200 一旦決定した著しい環境側面を再考が必要な場面で着実に再検討・再決定しているか……………………………………………………313

4.3　内部監査

《当該部門・業務の特徴的な事項》………………………………………314
201 適用範囲に含まれる部門・活動を網羅的に内部監査しているか………316
202 内部監査の実施頻度や所要時間が業務内容や運用状況などに見合っているか……………………………………………………………………317
203 内部監査の場を被監査者との検討など改善事項の気づきに活用しているか……………………………………………………………………318
204 良好事例など他部門に役立つ情報を引き出しているか…………………319
205 有効性確認から改善につながるよう，内部監査員は内部監査方法などを工夫しているか………………………………………………………320
206 内部監査員と被監査者のやる気を出すための方策を講じているか……321
207 内部監査の方法・形態などを画一化し過ぎていないか…………………322
208 "内部監査活動の有効性を従業員がどのように感じているか"を把握して手段を講じているか……………………………………………323

4.4　状況・成果の把握とマネジメントレビュー

《当該部門・業務の特徴的な事項》………………………………………324
209 マネジメントシステムの状態を評価し，改善に結びつける体系的な仕組みを設定しているか……………………………………………326
210 各活動の実施状況の監視・測定は，問題時の対応の目的に見合い，判断の仕方が明確になっているか……………………………………327
211 法令・規制の順守評価を不順守が判明したときに対応できるタイミングで行っているか……………………………………………………328
212 品質・環境面の法令・規制など順守義務への対応に関する評価結果を活用しているか…………………………………………………………329

213 マネジメントレビューの方法・形態・時期は，レビューの趣旨に見合っているか……………………………………………………………330

214 マネジメントレビューの実施場面などを画一化し過ぎていないか…………331

215 マネジメントレビューを実施する目的などが経営面から明確になっているか………………………………………………………………………332

216 マネジメントレビューでは，経営トップとして検討が必要な事項を対象としているか…………………………………………………………333

217 マネジメントレビューで取り上げる課題を情報の準備者が理解・対応できているか…………………………………………………………334

218 マネジメントレビューの記録には，検討成果の活用に必要・有用な情報が載っているか……………………………………………………335

219 マネジメントレビューでの決定事項を実施者に伝達し，実施できているか………………………………………………………………………336

220 マネジメントレビューを通じて得た他部門の知見などを予防処置のきっかけとしているか…………………………………………………337

221 利害関係者の信頼と安心を得るために，どの情報を誰に外部発信するかを熟考しているか…………………………………………………338

222 品質・環境マネジメントシステムと運用成果が利害関係者の信頼獲得に結びついているか…………………………………………………339

引用・参考文献………………………………………………………………341

あとがき

著者紹介

第1章

内部監査の改善は
マネジメントシステム改善への道

1.1 マネジメントシステムをけん引する内部監査

1.1.1 あらためて内部監査とは何か

(1) 監査の目指すもの

"監査"という言葉は，日常的には用いないので，なかなかピンとこない．そこでまず，基本に立ち返って，用語の定義を見てみることにする．

> 【ISO 9000 "3.13.1 監査"の定義】
> 　監査基準が満たされている程度を判定するために，客観的証拠を収集し，それを客観的に評価するための，体系的で，独立し，文書化したプロセス．
> 注記1　監査の基本的要素には，監査される対象に関して責任を負っていない要員が実行する手順に従った，対象の適合の確定が含まれる．
> 注記3　内部監査は，第一者監査と呼ばれることもあり，マネジメントレビュー及びその他の内部目的のために，その組織自体又は代理人によって行われ，その組織の適合を宣言するための基礎となり得る．独立性は，監査されている活動に関する責任を負っていないことで実証することができる．
> 　　　　　　　　　　　　　　（注記2，注記4，注記5を省略）

(2) ISO 9001 の "9.2 内部監査" での要求事項

内部監査に関する要求事項は，ISO 9001 も ISO 14001 も「マネジメントシステム規格に共通の表記」を採用している．ISO 9001 をもとに，内部監査に関する規格要求事項を紹介する．

9.2 内部監査

9.2.1 （表題：<u>一般</u>）*ᴱ 組織は，品質マネジメントシステムが次の状況にあるか否かに関する情報を提供するために，あらかじめ定めた間隔で内部監査を実施しなければならない．

a) 次の事項に適合している．

　1) 品質マネジメントシステムに関して，組織自体が規定した要求事項
　2) この規格の要求事項

b) 有効に実施され，維持されている．

9.2.2 （表題：<u>内部監査プログラム</u>）*ᴱ 組織は，次に示す事項を行わなければならない．

a) <u>（内部監査の）</u>*ᴱ 頻度，方法，責任，計画要求事項及び報告を含む，<u>（内部）</u>*ᴱ 監査プログラムの計画，確立，実施及び維持．<u>（内部）</u>*ᴱ 監査プログラム<u>（を確立するとき，組織）</u>*ᴱ は，関連するプロセスの<u>（環境上の）</u>*ᴱ 重要性，組織に影響を及ぼす変更，及び前回までの監査の結果を考慮に入れなければならない．

b) 各監査について，監査基準及び監査範囲を定める．

c) 監査プロセスの客観性及び公平性を確保するために，監査員を選定し，監査を実施する．

d) 監査の結果を関連する管理層に報告することを確実にする．

e) <u>（遅滞なく，適切な修正を行い，是正処置をとる．）</u>*ᵠ

f) 監査プログラムの実施及び監査結果の証拠として，文書化した情報を保持する．

　<u>（注記　手引として ISO 19011 を参照．）</u>*ᵠ

注　（＿）*ᵠ：ISO 9001 に特有の表記，　（＿）*ᴱ：ISO 14001 に特有の表記．

ISO 9001 と ISO 14001 で若干の表記や記載順序の違いはあるが，内容的には，全く同じである．

1.1.2 内部監査の意義

(1) うまく使えば,本当に有用な監視・測定ツール

内部監査の目的は,マネジメントシステムに関する,下記のことの調査・確認である.

　a) 求められるものに対して合致しているか?
　b) 決めたとおりに実施しているか?
　c) 決めた内容が有効か?

決めたとおりに実施していることの確認は重要だが,それ以上にルールそのものが本質に見合っているか,有効なものであるかを見極めて,改善の必要性を見いだすことは,さらに重要である.内部監査は,日常業務から一歩離れたところで実施し,実施者本人と異なる目線で調べることから,普段は気づきにくいことを気づくことが可能である.

(2) 内部監査のマネジメントシステム内の位置づけ

あらゆるマネジメントシステム規格に,内部監査とマネジメントレビューに関する要求事項がある.これは,マネジメントシステムの運用・継続・改善に関して,下記のようなメカニズムを設定しているからである.

　a) マネジメントシステムを運用.
　b) 内部監査で適合性と有効性を確認.
　c) マネジメントレビューで評価・検討 → 指示.
　d) 不適合発生時には是正処置を実施.

ISO 9001 も ISO 14001 も,認証に用いることが多いが,認証を得ることなく,組織内の活動の適正化のために用いることも可能である.後者のような場合,マネジメントシステムの運用状況を総括的に見極める際に,内部監査から得られる情報の占める比率は高くなる.

認証を受ける場合でも,認証機関による審査は年に1回程度である.その間に,適切に継続してもらっていることの確認は,上述のa)〜d)に依存する.

(3) 外部監査（審査）と内部監査の違い

認証機関が行う外部監査（審査）と組織内で行う内部監査は，互いに似ているが，目的と立場が異なることから，種々の違いがある．

表 1.1　外部監査（審査）と内部監査の相違点

外部監査（審査）	内部監査
・適合性を，冷静に判断． ・マネジメントシステムには詳しい． ・お金のことは対象外． ・外部の目から見た確認が可能．	・有効性・効率を，情熱を持って判断． ・社内ルール制定の趣旨・背景に精通． ・改善を主体に提案に結びつける． 　（愛社精神をもとに，利潤面も考慮可能）

外部監査（審査）は，"客観的で冷静な，適合性を中心とする判断"が主体だが，内部監査では，さらに"熱い心に基づく，有効性・効率・改善を中心とする工夫の契機"が加わる．また認証機関による審査では，固有の解決策のアドバイスは禁止だが，内部監査にはそのような禁止要求はない．被監査者と一緒に考えていこうという気持ちを持って，さらによくしていくことがポイントである．

(4) 内部監査は安心の源

意図した品質と環境を確保するための方策は，関係者が熟考した後に一致協力した結果である．ルールや成果にきちんとした裏づけがあるから，顧客や世間とも堂々と渡り合える．こうした裏づけの根元が，データであり，うまくいくためのメカニズムであり，運営管理体制であり，内部監査である．"内部監査員"は，顧客や世間と営業員に代わる調査隊とも言える．つまり内部監査は，組織全員の安心の源でもある．

> **内部監査とは，**
> **自分たちがなぜ安心かの根拠を探り当てる活動**

1.2 有効な品質・環境マネジメントシステムとは

1.2.1 そもそも品質とは,環境とは

(1) 品質は仕事の土台

"品質"とは何なのだろうか.ISO 9000では「対象に本来備わっている特性の集まりが,要求事項を満たす程度.」と定義しているが,なかなかピンとこない.

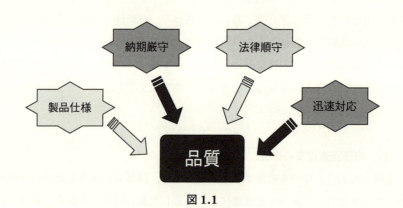

図1.1

要求事項といってもいろいろある.代表例とした製品仕様も,納期厳守・法律順守・迅速対応も,"決められたこと,合意したことの履行"である.どうも"品質"の基本は"約束を守ること"にあるようである.これらは,普段の仕事を積み重ねて実現させるので,すべてのことは品質につながっていると見るのが現実的であろう.

1.2 有効な品質・環境 MS とは

(2) 環境は心意気の表明

かたや，ISO 14001 での"環境"の定義は，「大気，水，土地，天然資源，植物，動物，人及びそれらの相互関係を含む，組織の活動をとりまくもの.」となっている.

また定義の注記1には「"とりまくもの"は，組織内から，近隣地域，地方及び地球規模のシステムにまで広がり得る.」とあり，さらに注記2には「"とりまくもの"は，生物多様性，生態系，気候又はその他の特性の観点から表されることもある.」とある. 環境とは，組織内のことはもちろん，周囲の自然や地球のこと，家族や将来の子孫のことを思うこと. 単に仕事をこなすだけでなく，さらにプラスアルファに踏み出す心意気と見るのがよい.

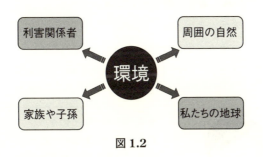

図 1.2

(3) 組織運営には数多くの要素がある

組織は，品質と環境だけで回っているわけではない. 製品安全，労働安全衛生，情報セキュリティのほか，人材管理や財務など，組織運営の中核となる各種要素の集合体である. しかもそれらは，バラバラに存在しているのではなく，密接に絡み合って動いている.

組織が一貫した動きを取れるようにするためには，各種要素を結びつけて行動できる仕組み，つまりマネジメントシステムが，組織運営の背骨に存在して機能していることが不可欠であると言えよう.

1.2.2 マネジメントシステムは日常に直結している

（1） ISO 9001 と ISO 14001 認証が普及して

ISO 9001 と ISO 14001 が普及して認証を受ける企業が増大したことは，日本の企業に，品質や環境に対する体系立った思想と，マネジメント的な捉え方をもたらした．従来は何となく行ってきた個々の活動の意義と論理的な根拠を再認識するとともに，種々の事項に自信を持って取り組める体制の確立を促した．そして両規格の改訂が進むにつれて，"マネジメント"を"システム"として捉えて運用する考え方が，急速に普及してきた．

（2） 意図した品質・環境を達成するには

マネジメントシステムというと，何か特別なことを行う必要があるのではないかとか，堅苦しい極めて厳密な管理が必要なのではないかと思う人がときどきいるが，そうではない．いわば，日常の反映と捉えるのが現実的である．

- なぜうまくいくのか
- なぜ続けられるのか
- なぜ信用してもらえるのか
- なぜ自分たちが安心なのか
- なぜやる気を出せるのか

⇒品質・環境の達成は"なぜ"の集大成

図 1.3

そもそも，意図した品質・環境を偶然に達成できることはない．普段から行っていることを，各人がわかる形にすること，つまり"なぜこのやり方でうまくいくか"をまとめたものが，品質・環境マネジメントシステムであると言い換えることができる．

この逆だと，審査だけが主体の実態を伴わない，いわばシステム"もどき"

になり，たいていうまくいかない．たとえ認証を得たとしても，続かなかったり，続けようという意欲が出なかったり，破綻につながりかねない．

(3) 日常業務がうまくいくのは（仕事がうまくいくメカニズム）

　仕事の仕組みがない組織はない．そうでなければそもそも仕事はできない．これがマネジメントシステムの根本であり，"プロセスアプローチ"の原点である．下記の組合せなど，仕事がうまくいくメカニズムがあるからこそ，私たちは安心して，自信を持って，仕事に取り組むことができるのである．
- ✓自動化して確実に制御している．
- ✓実施方法を標準化して実践している（必要時には文書化を含む）．
- ✓対応可能な力量を有する要員が担当している．
- ✓特定の者が，タイムリーに必要な指示を出している．
- ✓適切な情報を保有し，活用している．

(4) 個別プロセスでのメカニズムを設定する場面

　"仕事がうまくいくメカニズム"を設定する場面の代表事例を紹介する．これらの場面で実施方法を適切に決めるから，良好状態を保つことができる．
- ✓新製品の設計・開発を行うとき．
- ✓新製品の生産・製造方法を設定するとき．
- ✓製造施設・環境施設を新設・改造するとき．
- ✓品質目標・環境目標の達成策を設定するとき．
- ✓是正処置に伴う対策を講じるとき．
- ✓マネジメントレビューでの指示を受けたとき．

　これらの場面は，不確実な事項を順に詰めながら，確実に実行できるようにする場面であり，2015年版の"6.1 リスク及び機会への取組み"に関する検討が必要な場面とも一脈を通じる．

1.2.3 なぜ続けられるのか……だからマネジメントシステム

(1) 製品要求事項とマネジメントシステム要求事項

ISO 9001の序文の"0.1 一般"では,"製品要求事項"と"マネジメントシステム要求事項"とを区別して扱っている．製品要求事項は,個々の製品に関する技術面・実務面・手続き面などのことが中心である．一方,マネジメントシステム要求事項は,製品の違いを乗り越えた,組織にとって共通で普遍的な内容を扱っており,組織全体が整合した状態で運営管理できるための規範となっている．これは品質だけのことではなく,環境に関するISO 14001も同じ志向であり,個別の環境要素とマネジメント面との集成が基本である．

(2) 瞬間値と継続性

新たな取引に際して,サンプルを入手して,目的どおり使用可能かを評価することがある．こうして当該サンプルの使用可否を見いだすが,サンプルと同じ水準の仕様や納期を,継続してもらえるという確証も得たい．両者を組み合わせて達成可能としたものがマネジメントシステムであり,だからこそ,購買してよいと判断するのである．

(3) 部分部分がよくても

所定の品質や環境成果の確保は,単一工程だけでは成立しない．誰もが,常に成功するよう仕事を行って,ベストを尽くしている．しかし,人と人の乗り継ぎ部分,部門と部門の乗り継ぎ部分,業務と業務の乗り継ぎ部分で,ミスが発生したり,思惑が異なっていたりすることが起こりうる．このことは個別製品に関する部分にも,システムに関する部分にも起こりうる．

(4) 組織全体で動くからマネジメントシステム

ここまで記してきたように,マネジメントシステムは,組織全体で動くことが必要である．しかし組織である以上は,単に"マネジメントシステムがよ

い"だけでなく，"成果が上がる"ことを抜きに語れない．組織が自信を持って取り組み，顧客の信頼を得るためには，"なぜ今後も続けられるか"のメカニズムを描き出す必要がある．だからこそ"マネジメントシステム"なのである．

しかし"いかにマネジメントシステムが優れていても，品質や環境の成果があまり出なければ，せっかくの値打ちが下がる"ことを，常に念頭に置いておく必要がある．

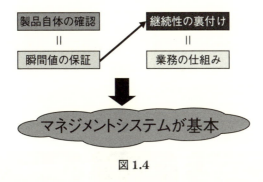

図 1.4

(5) システム的に動くから組織を円滑運営できる

組織として仕事を行うには，単に個人が確実に仕事をこなすだけでなく，関係者との連係プレーがうまくいくことも，必須要件である．個人と個人のつながり，部門と部門のつながり，業務と業務のつながり（プロセスとプロセスのつながり）などを明確にしていて，組織全体の活動が，総合的に描写されているからである．これが"マネジメントシステム"である．

1.3　内部監査の進め方を工夫する

1.3.1　内部監査の基本動作

(1)　内部監査員の役割

内部監査では，監査の時点での運用状況を調査して，これまでの運用状況を調査する．しかし，将来も適切で有効な運用が見込めることの確信を得ることは，さらに重要である．

図 1.5

マネジメントシステムの運用状況は，それぞれの部門や活動単位で，普段から把握していることであろう．内部監査員という独立した立場で運用状況と今後の見込みを見極めるとともに，部門や活動単位の普段からの把握状況を併せて調べて，組織としての確証を持てるようにすることで，目撃者としての役割を果たしたい．

(2)　現場での基本動作

1.1.1 項（1）に監査という用語の定義を記した．つまり監査という活動は，次の二つの要素からなっていることに気づく．

1.3 内部監査の進め方を工夫する

> 監査 ＝ 実地調査 ＋ 評価

実地調査，つまり監査現場での基本動作は，下記の三つに集約される．
① 見　る（観察する）．
② 聴　く（質問する）．
③ 調べる（文書類・記録を調査する）．

(3) 基本動作から得られる情報

表1.2に，観察，質問，文書類，記録から，過去・現在・将来に関するどのような情報が得られるかを整理した．この表からも読み取れるように，記録からは，過去の状況に関する情報しか得られない．現在と将来に関する情報を得るには，やはり観察と質問を適切に行うことが重要である．

表1.2　情報源から得られる過去・現在・未来の情報

情報源	得られる情報
観　察	・過去…不良品や故障装置などが置いてある場合…過去情報の一部 ・現在…業務の実施状況，装置・文書の使用状況，物の置き方等の現状 ・将来…過去・現在の状況から，「今後も継続可能か」が判明
質　問	・過去…現状に至った経緯や規則を定めた背景など，論理面の情報 ・現在…実務者の認識状況など，間接的な事項に関する情報 ・将来…過去・現在の状況や根拠情報から，「今後も継続可能か」が判明
文書類	・過去…「それを決めたことがある」という実績 　（何が書いてあるかはわかるが，実行状態までは判明しない）
記　録	・過去…記録から得られるのは，過去の状況や結果のみ 　（質問と観察を組み合わせて，現在・将来に関する情報に結びつけられる）

1.3.2 実地調査を工夫する①

(1) 仕事がうまくいく秘訣（メカニズム）を考える

内部監査の調査の第一歩は，現状の確認．感性を豊かに持って，目に入るものや，感じられるものを見極める．"仕事や活動がうまくいくのは，必ずどこかに秘訣がある"から，"ルールを文書化しなくてもうまくいく秘訣"もある．マネジメントシステムの推進力は，これらの秘訣が活きていることから生じる．秘訣は個人の工夫やワザから生まれることもあるが，継続運用するには，これらを仕組みに組み入れる必要がある．論理的根拠や継続性，そして他の活動や他部門との連携など，一連の活動の整合性を確認する．

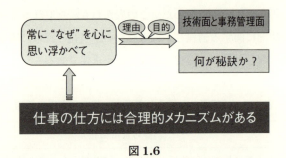

図 1.6

まずは，監査対象者に現状を尋ねてみる．そして仕事がうまくいく秘訣をストレートに尋ねる．下記の観点で質問し，そのメカニズムを解き明かして，理にかなっていることを確認できれば，大きな安心を得ることができる．

✓ 仕事がうまくいく仕組みを教えてください．秘訣は何ですか？
✓ この成果がよかったのはなぜですか？
✓ このことを，どうすれば今後につなげられますか？

(2) 実地では，イモヅル調査が基本

組織の活動や業務は，たいてい複数のプロセスが連係して成り立っている．

1.3 内部監査の進め方を工夫する

内部監査の際には，何らかのことを皮切りに，関連内容を順次調査していく形態を取ることが多い．これがここでいう"イモヅル調査"である．

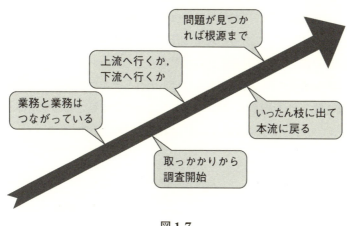

図 1.7

チェック項目を個別に確認したとしても，単発的な状況しか見えてこない．それらを"一連のもの"と捉えて調査することで，プロセス連鎖やシステムとしての姿が浮かび上がってくる．各種業務を関連づけて調査することで，本質的な事項に至る調査が可能となる．そのためには，実地での調査順序もあらかじめ考えておきたい．何を切り口として，どう調べていくかは，内部監査の進め方の設定の大きな柱である．

仕事の状況や現場の実情を目にして，質問への答えを得て，文書や記録を見て，その場でいろいろと考える．必要ならば，追加の質問や確認を行う．これらもイモヅル調査の一環である．

なお，仕事は連鎖しているので，自分の監査の担当範囲（部門や活動）外にまでつながっていることがある．他の内部監査チームに確認を委ねる必要があるので，相互に連絡を取り合って進めていくことになる．

1.3.3　実地調査を工夫する②

（1）　活動を行っている場所を必ず訪ねる

"ルールの確認が先で，現場は後"というパターンをよく目にする．しかし，ルール内容のサンプリングも，現場で行うほうが効率的である．この際，従来からの自分の監査スタイルを変えることも考えてみたい．

活動の実施場所に行くと，説明を受けた内容と大幅に異なることがある．相手の言葉を疑うわけではないが，やはり，自分の目で見て初めて納得できるもの．"すべてのことは現場にある"は，内部監査での鉄則である．

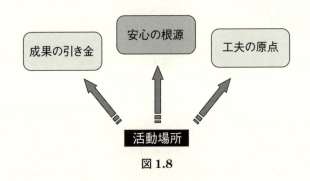

図 1.8

（2）　文書・記録は重要だが，実施はさらに重要

活動・業務に伴って文書を設けたり記録を残したりすることも多い．このような場合，文書や記録の調査だけに終始しないように努めたい．確かに文書や記録は重要だが，実施していることのほうが，はるかに重要である．

不適合のレベルは"実施していない"よりも"記録がない"のほうが低く，"記録がすぐに出ない"はさらに低い．できれば"実施できないメカニズムになっている"など，本質的な内容にまで踏み込んでおきたいものである．

1.3　内部監査の進め方を工夫する　　　37

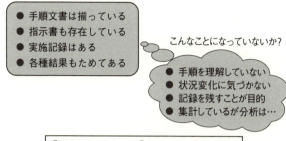

図 1.9

（3）　環境活動の調査・確認での留意点

品質を確保できないとビジネスに支障が出る．安全を確保できないと組織の信用にかかわる．財務（売上げ・原価など）を確保できないと採算が取れなくなる．しかし環境は，法規制などの順守義務以外は，すべて任意の取組みである．任意の取組みを続けることができ，成果を上げるには，各人が納得して努力を重ねる必要がある．

環境活動を調査・確認する際は，特に下記などに留意することが望ましい．

---
a）著しい環境側面の決め方が合理的か（6.1.2）
b）法規制などの制改定の情報入手はタイムリーか（4.2）
c）法規制などの制改定に伴う対応は合理的か（6.1.3）
　→　リスク・機会の決定は，上記を反映しているか（6.1.1）
d）環境上の取組みは，実効性・継続性があるか（6.1.4）
e）環境目標の取組み単位はテーマに見合うか（6.2.1）注
f）環境目標の達成ストーリーが成り立っているか（6.2.2）
g）外部委託先が関与する事項の稼働は十分か（8.1）
h）分析・評価の結果を計画に反映しているか（9.1.1，9.1.2）

注：ISO 14001 の"3.2.5 目的，目標"の定義の注記2で「様々な階層［例えば，戦略的レベル，組織全体，プロジェクト単位，製品ごと，サービスごと，プロセスごと］で適用できる．」としている．目標内容に合った単位で取り組むことの示唆で，各部門に目標を設けることは求めていない．

1.3.4 実地調査を工夫する③

(1) 聞き上手であれ

内部監査は，監査対象者との共同作業．相手が心を開いて，初めて本質に迫れる．内部監査員が一方的に自説を披露しても，誰も耳を貸してくれない．

- 聞くことは話すことよりも難しい
- ついついしゃべりたくさせる話術
- 相手にも立場がある
- 一緒に考えよう

★本音を聞けてこそ内部監査

図1.10

聞くことは意外に難しい．しかし仕事や活動に自信を持って着実に遂行し，工夫を続けている人たちは，本気で聞いてくれる内部監査員を待っている．そんな気持ちを引き出すのも，内部監査員の役割である．時には誘い水やユーモアも交えて，しゃべりやすい雰囲気を醸し出すことが肝要である．

話したことを逆手に取られるのを警戒する人もいる．何を調べたいのかを明快に伝えて，安心してもらうとよい．人を陥れるのは言語道断，追い詰めるのもご法度．不適合を見つけると，真綿で首を絞めるような進め方をする内部監査員をときどき見かけるが，これでは協力は得られない．

大切なことは，一緒によくするという気持ち．内部監査員は刺客ではない．改善協力者だと感じれば，相手もポジティブ思考になる．問題発見のその場で，何が本質かをともに考えるのも一法．相手がその答えに気づいてくれる．

1.3 内部監査の進め方を工夫する

(2) 内部監査は，懐中電灯一つで洞窟を歩くようなもの

　実地調査では，内部監査員は常に頭をフル回転させている．内部監査前にチェック項目を指定していても，そこで現場の状況や記録を見れば，すぐに追加確認事項（つまり心配事項）が頭に浮かんでくる．その場で次々と確認して，心配事項を順に消していく．実地調査は，この繰り返しである．次第に安心事項がたまってきて，内部監査が終わる．

　内部監査は，小さな懐中電灯一つで，暗い洞窟を歩くようなもの．光を当てたところのことは見えても，光を当てなかったところがどうだったかは，永久にわからない．だから常に細心の注意を払って，感性をとぎすませて，ちょっとしたきざしを見逃さずに，大事なポイントを探し当てて確認していく．

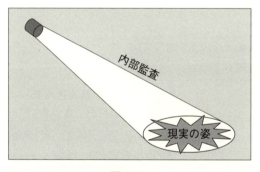

図 1.11

(4) 内部監査では，アドバイスもOK

　内部監査の本質を見失わず，有意義ならば，時には解決策を一緒に検討するのも問題ない．第三者認証審査と異なって，アドバイスに制約はない．ただし，本質を突いていることが大前提．一般に内部監査員は，当該業務を熟知していないことが多いので，内部監査員が一方的に指示するのではなく，できれば解決策を気づかせるのが王道であろう．他人から指示されるのを好む人など，誰もいない．また自分が気づいたならば，積極性も増すであろう．

1.3.5　内部監査場面の積極活用

(1) 積極的な"適合"の確認

内部監査を行うと，時には不適合を発見することもあるが，大半は適合と結論づけられる．そうでなければ，ビジネスも各種活動も根本的に成り立たない．単に「不適合がなかったからOK」ではなく，「本当に適切であった」「今後も有効性を保てる状況であった」ことを確認したい．

そのためには，単に成果の善し悪しを調べるだけでなく，きちんと続けられるメカニズムが成り立っていること，つまり"マネジメントシステム"としての観点での調査が必要となる．これが，ここでいう「積極的な適合の確認」である．内部監査の基本スタンスは，ここにある．

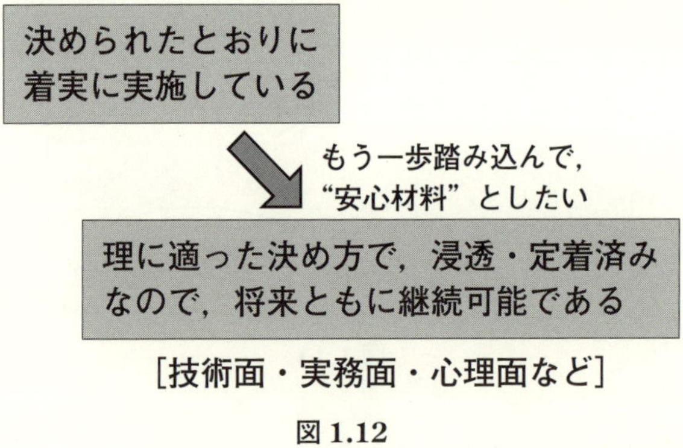

決められたとおりに着実に実施している

もう一歩踏み込んで，"安心材料"としたい

理に適った決め方で，浸透・定着済みなので，将来ともに継続可能である

［技術面・実務面・心理面など］

図1.12

(2) 内部監査を通じた良好事例の収集

何も考えずに漫然と仕事をしている人と，よく考えて仕事をしている人とでは，いつの間にか大きな開きが生じる．また，成果を出す方法は単一とは限らない．効率のよい方法もあれば，それほどでないものもある．しかし，確実性が低下しては，元も子もなくなる．また，工夫した本人たちにとっては何気ないものでも，他部門や他業務には大助かりということもある．同じものが対象

でも，左から光を当てるか，右から光を当てるかで，まったく見え方が異なることがある．よく考えて内部監査を行うから，いろいろと気づくことができる．

　こうした良好事例を埋もれたままにせずに，発掘して使える状態に仕立て上げるのも，内部監査の醍醐味である．これらを組織内に開示することで，工夫者の労は報われるし，組織にとっては新たな財産の誕生となる．

(3)　成功への道筋の調査

　漫然と接するだけで成功するという確率は，通常あまり高くない．成功するには，それに見合う筋道の描写と，それを推進する意志の力と，状況に応じた軌道修正があり，さらに運も味方する（運を呼び込む能力？）からである．成功の裏には必然性がある．内部監査で"なぜ成功できたか"のメカニズムを解きほぐせば，組織の新たな成長に役立てることができる．

(4)　良好事例と成功事例の活用の素地づくり（模倣から工夫が始まる）

　"失敗から学ぶ"もあれば"成功から学ぶ"もある．何のヒントもなしに，新しいことを考え出すのは難しい．ぜひとも模倣材料を確保しておきたい．

　模倣ヒント用の情報は，単にためておくだけでは活きてこない．探せて，調べられるからこそ，次の展開を考える際の教科書にも着眼点集にもなる．情報を使える状態で持つには，探し方，調べ方を設定しておく必要がある．原因・症状・機能ごと，人的要因・装置関係・組織体制・顧客関連ごとなど，分類方法も考えたい．できればキーワード検索も設けたい．

　この種の情報が本当に活きるには，"有効情報だけを収めてある"という状態を続けるのが不可欠である．ゴミ情報や錯誤情報がたまり始めると，人はこの情報を見にいかなくなる．

1.3.6　内部監査結果の報告

（1）　内部監査報告書を書くための工夫

　内部監査は，実施して終わりではなく，将来に結びついて，初めて活きる．不適合でも適合でも，根拠である"なぜ"を描き出すことがポイントである．

　内部監査報告書に，悪かったことしか書いてない事例をよく見かける．現実には，内部監査を通じてさまざまな状況を見いだすものであり，下記のような情報を，内部監査報告書に記しておきたい．

- ✓ マネジメントシステムの内容の全般的な水準・傾向．
- ✓ マネジメントシステムの浸透・定着の状況．
- ✓ マネジメントシステムの改善に関する取組み．
- ✓ 良好事項や成功事項（詳細は別紙添付でもよい）．
- ✓ 不適合事項の傾向（具体的な不適合の詳細は別紙添付でもよい）．
- ✓ 改善の余地（懸念事項と良好化向上．詳細は別紙添付でもよい）．
- ✓ 以前との対比（変化の成果と変化の兆し）．
- ✓ 今後に向けた提言（システムや目的・目標を今後どうするか）．

　不適合以外のことも，判断した理由を，証拠に基づいて明確に記載する．背景や将来の見通しにまで言及すると，さらに効果的である．監査結果は，基本的に文書で報告する．文書の記載が不足していて，その場で口頭で補足した部分は，一晩たてば，相手は覚えていないと考えたほうがよい．

（2）　良好事項や成功事項に関する報告（将来の活用に備えて）

　よかったこと，成功したことは，真っ先に報告したい（内部監査では悪いことしか報告がないという印象を払拭したいので）．良好事例や成功事例は，今後の改善を行う際のヒントとして活用したいので，具体的に記しておく．一般論や抽象論で記すと，ヒントにならないだけでなく，褒められた側も，全く心に響かない（単なる社交辞令に聞こえてしまう）．

(3) 不適合事項に関する報告

不適合事項は，いわば"約束違反"であり，何らかの手を打つ必要がある．内部監査全体の報告と同様，その根拠である"なぜ不適合か"を明確にして，監査対象者が納得できるようにしておく必要がある．その際に，何が問題か，その根源はどこにあるか，枝葉のものか根幹を揺るがすものか，偶発的か必然的か，手続き面かシステム面か，一過性か継続性かなど，不適合の特色も記すことで，是正処置の方向性が読み取れるものとしておきたい．

不適合は"要求事項と監査証拠の不一致"である．したがって，不適合の報告には，下記の四つの成分を含めることで，状況と根拠を示しておきたい．

- ✓ 監査証拠を特定できる識別は何か？ （証拠の識別）
- ✓ 監査証拠はどのような内容であるか？ （証拠の内容）
- ✓ 要求事項がどこに定められているか？ （要求事項の出典）
- ✓ 要求事項として何が定められているか？ （要求事項の内容）

(4) 懸念事項や良好化の向上に関する報告（改善の余地）

現段階では問題とはいえないが，このまま放置すると問題発生のおそれがあるものは，懸念事項として報告しておきたい（予防処置の勧告）．一方，現状でも良好状態であるが，さらに工夫を加えると良好化が向上するものも，組織体制の良好化の強化のために取り上げておきたい（積極的な改善）．

なお，細かいことではあるが，実施を合意したものは，"～してください"ではなく"～する必要があることについて合意した"のように監査対象者も納得したことがわかるように記すとよい（実行の約束につながるので）．

1.4　内部監査結果の分析と活用

1.4.1　内部監査を通じて得られる情報

内部監査は"監視・測定"の場であり，さまざまな情報を得られる可能性がある．内部監査の効用を考えるために，最初に整理しておきたい．

表1.3　内部監査を通じて普通に得られる情報の代表例

情報の種別	得られる情報の内容
不適合発生の情報	"不適合報告書"で一般的に得られる情報．マネジメントシステムや，個別プロセス，製品・サービス品質，環境影響面の問題などがある．"どんな不適合が多い"や"どの不適合が増減傾向にある"などを集計している組織が多い．さらに"なぜ多いか""なぜ増減したか"にまで踏み込んで分析することで，"今後は何を行うとよいか"が見いだせる．これらを水平展開することで類似問題の発生の予防にも役立てることが可能である．
是正処置の情報	是正処置と有効性の情報．是正処置の有効性の多くは推察であり，実際に"同一不適合発生の可能性を撲滅"できたかを実証できるケースは比較的少ない．是正処置（と水平展開を含む予防処置）の傾向集計に加えて，"どんな切り口で原因究明・処置立案すると有効な処置となるか"，できれば"どのような歯止め策を併用すると持続できるか"まで分析すると，"是正処置の設定方法"まで確立することが可能である．
問題発生懸念の情報	いわゆる"観察事項"であり，"改善の必要性検討の勧告"である．対応の要否の判断は監査対象者に委ねられており，対応することも，しないこともある．その都度の対応結果の報告を求めていなければ，次回の内部監査で効果は判明する．
良好状態の持続の情報	内部監査は"良好状態の確認"が大半を占めるので，本来はこの情報の収集が最も多いはずである．現実には，監査メモなどは残るが，情報の積極収集は少なく，この情報を使うのは難しい（せいぜい"監査概要"に総括情報が載る程度）．

1.4 内部監査結果の分析と活用

表 1.2（続き）

情報の種別	得られる情報の内容
工夫の成果の情報	"内部監査報告書に，よかったことも記すとよい"と言われることから，特記事項として載ることが多い（実際には"工夫挫折の情報"もある）．内部監査では，不適合・是正処置・予防処置など"失敗"系の情報に着目することが多いが，"どのような工夫の成果が得られたか"など"成功"系の情報収集と，そこに至る因果関係の分析が加わることで，システム改善の幅を広げられる．特に成功事例の水平展開は，本質的に成功率が高いと推察され，積極活用が望まれる．
状態変化の推移情報	内部監査事務局が「○○の不適合が増加」など総括コメントを出すことが多い．因果関係にまで踏み込んで分析すると，品質目標や環境目標への展開も可能である．マネジメントシステムの成長の跡であり，この情報の入手方法は工夫したい．
職場の状態と雰囲気	所属員の意欲や目の輝き，所属員間の関係の風通しのよさ，責任者と所属員との関係などは，その場に行ったから気づくことができる．マネジメントシステムの浸透・定着の度合いも，併せて知ることができる．

1.4.2　内部監査結果の分析

(1)　もう一歩，踏み込んでわかる，組織の長所と短所

内部監査を行えば，それだけでも多くのことが得られ，判明する．そして内部監査で得た結果をじっくりと分析・熟考すれば，さまざまな道が開けてくる．確かに内部監査ごとの個別の報告はあるが，"私たちの組織の個別活動とマネジメントシステムの状況はどうか" "何が良くて何が悪いのか" などの観点から，もう一歩踏み込んで考えてみたいものである．

(2)　集計と分析は異なる（分析は"なぜ"をもとにした考察の繰り返し）

内部監査結果をもとに一覧表やグラフを作ると，なんとなく分析したような気になるが，あくまでも"集計"でしかない（グラフは集計をビジュアル化したものでしかない）．私たちが知りたいのは"結果に至った決定打は何か" "うまくいかなかった原因は何か" "その背景に流れるものは何か" など．これらはすべて"なぜ"をキーワードに，因果関係を解明して導かれてくる．

一方，"この先，何を伸ばしていくとよいか" "他部門や他業務に応用可能な知見として何を得たか" といった，将来につなげるタイプの分析もある．この種の提案型の分析も，もとは"なぜ"から始まって，いろいろと思考を巡らせ，必要時にはシミュレーションするなどして，得られるものである．いずれにしても"考察"が加わることで，初めて"分析"となる．

(3)　内部監査結果の分析の着眼点

表1.4のような事項・観点を目の付けどころとして，その背景や根拠を探るという観点から，内部監査結果とそこに至る因果関係を考察してみるとよい．いずれも，適切な状態で組織運営するためのポイントである．

1.4 内部監査結果の分析と活用

表 1.4 内部監査結果の分析での着眼点の代表例

目の付けどころ	考察内容
今回の内部監査でどのような不適合が多かったか.	⇒このような不適合が多く発生した理由・背景は？
内部監査を積み重ねてみて, 不適合の推移はどうか.	⇒この変化をもたらした原動力は？（良好化で減ったものなど）
各部門が行った自助努力は, どのような内容・状況・成果か.	⇒このまま進めてよいもの, 変えたほうがよいものは？
どの業務・活動を, 現状のまま見守ればよいか.	⇒これらが, なぜうまくいっているのか？
組織変更・手順変更・設備変更などの影響はどの程度か.	⇒変更内容は, 想定どおりうまく運んだか？
関連する部門の相互間の連携状況は良好か.	⇒普段は気づきにくいので内部監査で押さえる.
職場の雰囲気や状況, 要員の目の輝きなどは良好か.	⇒各部門の雰囲気やその背景は？
監査対象部門が感じている不便・不足事項はあるか.	⇒なぜそれを必要と感じているか？

(4) 分析結果をどう活かすかが分かれ道

分析結果は, "今後どうするか"につなげ, "次に打つ手は何か"を見いだすためのものである. "何に活かすか"を原点に, "どう分析するか"を決めていく. もっとも, "これまで行ってきてよかった""何も変える必要はない"など, 安心するための結果というタイプの考察もありうる.

1.4.3　内部監査は安心材料の蓄積

（1）　うまくいくメカニズムの解きほぐし

　組織の誰しもが，自分が行うことを確実に把握して，着実に自分の仕事に打ち込んでいる．そして責任と誇りを持って取り組んでいる．これがプロの仕事である．そんな人たちの集合体だからこそ，組織がスムーズに動く．

　こうした蓄積が，仕事がうまくいくメカニズムである．内部監査を通じて内部監査員と監査対象者が話し合ううちに，"なぜうまくいくか"が描き出せてくる．もしも，メカニズムを十分に描き出せない部分があるならば，その部分は改善・変更する必要がある．この"あぶり出し"が重要である．

（2）　監査対象者にとっての安心

　内部監査を通じて"どこまでできていて，どこからがうまくいっていない"かが明確になれば，抜本的な対応策を講じることができる（安心部分とそうでない部分の境界線の明確化）．

- ✓本当に適切に運営管理できている部分はどこか（どこまでか）．
- ✓決めたルールの定着状況と，不安定部分．
- ✓当該部門のマネジメント状況（管理職としての課題の発見）．
- ✓他部門（内部監査員）の目線で見てもらった自部門の評価結果．

（3）　目撃者がもたらす安心情報

　内部監査員は，自分の目で内部監査対象者の運営管理状況を見ることができる．他人から聞いた話と違って，その背景や微妙なニュアンス，課題への取組み状況，そして要員の目の輝きなどは，目撃者だからこそ知ることができ，経営トップに対しても自信を持って報告できる．

(4) 経営トップに貢献する内部監査

　経営トップは孤独である．経営を教えてくれる人など，この世に誰もいない．しかし，情報があれば，手を打つことができる．内部監査は，経営トップに考える機会をもたらしてくれる数少ない情報源．"自社の困りネタの解決策は，商売のネタ"であり，内部監査は"次のビジネスの芽を探す場"でもある．常に将来のビジネスの芽と，収益向上のきっかけを探し求めている経営トップ．内部監査は，そんな兆しを経営トップに成り代わって見つけ出す"アンテナ"とすることも可能である．

　経営トップに対する内部監査を敬遠する人がいる一方，楽しみにしている人も多い（経営トップ側，内部監査員側ともに）．経営トップ自らが内部監査を受けることで，組織内での自分の状況を知り，周囲の受け止め方を知ることが可能となる．そして自分に対する内部監査を通じて，業務・活動上の問題点・懸念点など，多くの情報を得ることになる．一方，内部監査員としても，経営トップに対する内部監査は，正直なところ，なかなかやりにくいものである．しかし"こんなときでないと経営トップに直接質問できない"という理由から，経営トップに対する内部監査員の役目を買って出る人もいる．経営トップは，内部監査員の気持ちを汲んで，広い心で監査指摘を受け止めることも大切である．

　たとえば，緊急事態の発生時に，速やかに経営トップに情報が入る必要がある．情報伝達のホットラインが有効に機能しているか，発信元が十分に理解しているかなどを，内部監査で試すこともできる．このことに限らず，経営トップは，どのような情報をもたらしてほしいかを，内部監査員に要請してもよい．

　経営トップが交代した場合には，新たな経営トップへの啓蒙を兼ねて，内部監査を行うことがある．逆に新しい経営トップが，組織内の状況を把握し，自分の経営方針を浸透させるために，臨時で内部監査を要請することもある．経営トップにとって，内部監査の使い方は，実にさまざまである．

1.4.4　内部監査からマネジメントレビューへの情報提供

内部監査は，"経営トップに成り代わってマネジメントシステムの適合性と有効性を確認する活動"であるので，内部監査が終われば，速やかにマネジメントレビューに情報を提供する．マネジメントレビューを毎週・毎月開催している形態では，直後開催のものに情報を提出するが，年に1,2回の開催の形態では，マネジメントレビューを内部監査にリンクして行うことが多い．

ここでは，内部監査からマネジメントレビューに提供することが多い情報を紹介する（表1.5）．

表1.5　マネジメントレビューに提供することが多い情報の代表例

情報の種類	提供することが有効な情報
検出した不適合の傾向	部門別や規格条項別に不適合を集計し，どの不適合が多いか，以前と比較してどのように変わってきたか，その変化の引き金や背景を見いだし，今後の対応策（不適合が発生しやすい事項への未然防止など）を立案する．
マネジメントシステムの成長	マネジメントシステムの強み・弱み（不適合と良好の情報を含む）などをもとに，導入時や以前と比べて何が向上し，どう変化してきたかを読み取り，マネジメントシステムの改善に関する今後の取組みの方向性を提案する．
マネジメントシステムの変更・改善の要否の提案	内部監査を通じて得た各種情報をもとに，マネジメントシステムのどの部分に変更や改善が必要かを，内部監査の実施者の目線で提案する（チェックリストの作成時に気づくものと内部監査員間の打合せで気づくものを含む）．
各部門での工夫状況（模倣題材）	各部門での工夫の状況・成果を拾い上げる．このうち，それを真似ると他部門や他業務の良好化に役立つものは，"模倣題材"として整理・紹介すると，直近や将来の工夫アイデアバンクに結びつく．
当該内部監査でのクリーンヒット	内部監査で出た不適合・助言・気づきなどのうち，業務・収益の大幅な改善，リスクの大幅低減，新製品や新サービスの企画，環境への取組みの発想の転換などに結びついたものや，内部監査という場面でないと得られないような"クリーンヒット"を紹介し，内部監査活動そのものの有効性をアピール．

1.4 内部監査結果の分析と活用

表 1.5 （続き）

情報の種類	提供することが有効な情報
内部監査検討会での検討結果	内部監査員間の検討会，内部監査の実施者と対象者との検討会などを通じて得た，"内部監査を今後どのようにしていくとよいか"などの提案事項．学術的な内容よりも，実務に立脚したものが望まれる．
内部監査で得た情報の活用状況	内部監査報告書をはじめ，上述の各種情報を発信し，さらにデータベースなどで情報を活用できるようにしてきたが，それらが活用されているか，本当に活用に値するものかを調べ，どうすればさらに積極活用できるかを見いだす．
内部監査の役立ち度合い	実地調査での印象や前項の情報など，各部門が内部監査をどう思っているか，どう推移しているか，可能であれば内部監査の費用対効果（いわば内部監査会計報告のようなもの）などから，役立ちの度合いを理解してもらうようにする．
内部監査全般の考察や提案	上記すべてを含めて，内部監査の主幹者による，内部監査全般に関する考察や提案．"内部監査プログラム"にこれを反映すると内部監査の実効性がさらに高くなる．

　同表に記したものは，あくまでも内部監査からマネジメントレビューに提供できそうな情報の一例である．マネジメントレビューに際してこのような考察や提案を続けて，内部監査の意義と効果に関する経営トップの理解を得るとともに，内部監査を工夫することで，組織への貢献度をさらに高めていきたいものである．

1.5 内部監査の継続的改善と内部監査員の成長

1.5.1 個々の内部監査に対する検討・考察

(1) 意図した内部監査が実施できたか

内部監査の主幹者は，内部監査チームから内部監査報告書一式が届いたら，意図した内部監査ができたかを，下記などの観点から評価・確認するとよい．そして今後の内部監査に，何を継承するとよいかを見いだしていく．

- ✓ 予定範囲の調査を行えたか．
- ✓ 調査や話合いの深さは十分か．
- ✓ 内部監査対象部門・活動の運営管理の状況．
- ✓ 不適合などの特記事項の適切性（本質を突いた，明快なものか）．
- ✓ 他の内部監査チームへの調査依頼の要否．
- ✓ 当該内部監査チームとしての印象．

(2) 意味のある報告内容か

内部監査の主幹者は，上記（1）に続いて，内部監査報告書と関連資料の内容を見て，① 記載内容を理解できるか，② 記載内容は意味のあるものであるかを判断する．記載内容を読んで理解できなければ，当事者に何も伝わらない．業務改善に役立ちそうもない，重箱の隅のことばかりしか載っていないのであれば，内部監査に時間と手間をかけた値打ちがない．それこそ"良好"という結論に，積極的な裏づけ情報があれば，それ自体が十分に役に立つ．

(3) 適切な内部監査チームであったか

内部監査チームからは，単に内部監査報告書を受け取るだけでなく，内部監

査中に感じたことなど尋ねるとよい．内部監査員自身の感想や苦労した点，正式な報告書には載せづらい現地の微妙な状況，他チームへの注意点など，今後に役立つ情報が得られることがある．

（4） 内部監査成果が他に転用できるか

不適合が検出された場合，内部監査の主幹者は，"不適合の製品・サービスへの影響とビジネス・信用への影響"の見極めと，"同一・類似の不適合が他部門や他製品などにありうるか"を考える．また，良好状態や工夫に関する情報も，有効活用する道を探りたい．もちろん，良好情報は不適合ほど急ぎではないが，早めに対応しておいたほうが，効果を発揮しやすいことが多い．

（5） 内部監査員自身が気づく内部監査の工夫

内部監査を行うと，さまざまなことに気づく．内部監査の進め方なども，毎回毎回，いろいろと工夫している．そのうちのどれがヒット作で，どれが駄作なのか，以前と比べてどうだったのか，次回の内部監査ではどうするかなどを，内部監査の実施者として，記憶の新しいうちに検討しておきたい．次の内部監査に対する，自分自身への申し送り事項として，そして他の同僚内部監査員に役立てるために．そして内部監査員自ら学習場面を求め，内部監査の方法や形態を工夫することで，さらに充実感を得たいものだ．

- ✓ 自分の反省点や気づきを，次回の内部監査に反映させる．
- ✓ 他の内部監査チームの報告書などから，何を工夫するかを学び取る．
- ✓ 内部監査員間で話し合って，互いの気づきや工夫成果を共有する．
- ✓ 書籍や文献を通じて勉強し，自己の技量に磨きをかける．

1.5.2 内部監査の役立ち度合いの把握

(1) 内部監査の何が役立ったか

"内部監査が大事だ"というけれど，本当に役に立っているのだろうか？内部監査が，何にどのように役に立っているか，どんな効果があったかは，確実に把握しておきたい．内部監査の役立ち度合いの確認における切り口は，結局は"内部監査の目的と効果"という，原点に立ち戻ることになる．

- ✓ 内部監査を契機とした，業務・活動の確実性の向上への貢献は？
- ✓ 内部監査を契機とした，改善への貢献は？
- ✓ 内部監査を契機とした，問題発生防止への貢献は？
- ✓ 内部監査の場で話し合うことによる，新たな気づきは？
- ✓ 内部監査の充実による，第二者監査などへの好影響は？
- ✓ 内部監査に起因する，業務・活動上の安心の増大は？

(2) 内部監査を受けた側の感じ方

内部監査の役立ちの度合いを評価・検討する際には，内部監査員としての立場だけでなく，"内部監査を受けた側はどう感じたか"も併せて検討したいものである．そのためには，まず内部監査の対象者に直接質問して，生の声を尋ねるのが手っ取り早い．アンケートなどの書面で意見を求めてもよいが，口頭（電話を含む）で尋ねるほうが，一般に，本音が出やすい．

個別の内部監査のことは，印象が残っているうちに尋ねる．内部監査を通じて何を得て何が役に立ったかはもちろん，たとえば内部監査員との相性，内部監査員の能力や進め方，自身の気づきなど，尋ねたいことは多い．こうした検討がさらに進んで"当該部門の活動や手順はこうあるのがよい"といった意見も出てくるならば，次回以降の内部監査が，さらに充実したものとなる．

一方，長期的な内部監査の役立ち度合いを調査したいならば，内部監査を受けた側の人たちに集まってもらって，検討会を開催するのが有効である．いくつかの検討テーマを上げながらも，その場はフリーディスカッションの形態で，

1.5 内部監査の継続的改善と内部監査員の成長

自由に話し合える雰囲気を醸し出すのがよい．状況によっては，話があちらこちらに飛ぶかもしれないが，こうした話の中にヒントが隠れていることも多い．内部監査員と内部監査を受ける側との思いの違い，内部監査での調査や指摘の仕方に対する不満，こんな観点からのコメントがほしい，内部監査員各人に対する印象や評価，内部監査の実施日や時間帯に対する意見，成果の公表の仕方など，実にさまざまな意見が飛び交う．いくつかの話題では話を集約するものの，生の声をそのまま書き留めるものもあろう．その場で出た話は，すべて宝の山である．

(3) あまり役に立たっていないことが判明したら

検討してみたところ，どうも"内部監査が役に立っていない"ことが判明した．内部監査の進め方などを工夫してきたけれども，何も成果が上がってこない．こんな内部監査を続けていても仕方ないので，この際，内部監査をやめたいという意見が出るかもしれない．ならば，"そもそも何のために品質・環境活動に取り組み始めたか"までをも含めて考える．根本的な意義を問う検討で，価値を再描写するのもよい．

いずれにしても，内部監査の主幹者と内部監査を受ける側との間で，とことん話し合うことが，結局は解決の近道である．特に小規模な組織では，"いかにも典型的な対面形式の内部監査の形態"で行うことに無理があるケースが多い．「内部監査を一つの形態で実施しなければならない」という要求事項はない．たとえば"工事部長が施工現場を訪れて状況を調査する""現場パトロールや工場パトロールを行う""設計・開発レビューに同席する""同行営業して実態を見極める"などで実施状況を調べることは，内部監査の機能とみなすことができる．

どのような場面で，本来の内部監査の目的に合う情報を得ることができるか，あるいは特定の情報だけは，典型的な対面形式の内部監査形態でしか取れないかを，徹底的に話し合って解決を図っていくとよい．

1.5.3 内部監査システムの評価・検討と進化

(1) 内部監査システムと内部監査プログラムの評価・検討

内部監査システムや具体的な実施手順，内部監査プログラムも，ぜひとも"継続的改善"したいものだ．その糸口を見いだすには，内部監査の主幹者が一人で考え込むよりも，さまざまな関係者と意見交換するほうが，有効な手立てに至る率は高くなる傾向がある．

内部監査の終了後は，管理責任者や内部監査の主幹者と共同で評価・検討するとよい．内部監査報告書を単に渡すだけでなく，そこに会話が加わると，"内部監査報告書の記載内容や実施方法などについて補足して説明している自分"に気づくだろう．つまり，その内容を内部監査報告書に記しておいたほうがよかった，そのようなやり方にすればよかったということである．

内部監査の改善点に関する情報収集の場面・形態として，下記などがある．これらについては本書で紹介しているので参照されたい．

- ✓ 担当した内部監査員に集まってもらって意見交換
- ✓ 内部監査を受けた側の人たちに集まってもらって意見交換
- ✓ 内部監査の実施場面に立ち会って行う実情確認

(2) 内部監査の成長の姿を知る

上記 (1) で記した内容からすると，"内部監査というものはうまくいかない"ことが前提のように読めるが，そうとは限らない．以前の内部監査と比べてみるとよい．"本年度の内部監査では，この部分を工夫したことで，こんな成果が出た．この工夫は有効であった"というものもある．内部監査が成長した部分はそれを認め，よくなかった点はさらに工夫するという姿勢で取り組みたい．少しでも関係者にやる気を出してもらうためにも．

(3) 内部監査のどの部分を工夫するか

内部監査の評価・検討の場面については上記 (1) で紹介したが，その切り

1.5 内部監査の継続的改善と内部監査員の成長

口の代表例を，次に列記する．
- ✓ 内部監査プログラム（年間などの大計画）の設定．
- ✓ 内部監査の方法・手法の毎回の指定．
- ✓ 内部監査の実施場所や時間配分．
- ✓ 内部監査員（チーム構成）の選定と対象部門との組合せ．
- ✓ 監査対象部門のルールの調査方法・調査内容．
- ✓ チェックリストなどの準備（内容・仕方）．
- ✓ 実地調査の進め方，判断の仕方，結論の出し方，書き表し方．
- ✓ 実地調査での尋ね方（単語，質問方法，口調，うなずき，態度など）．
- ✓ 内部監査員間の連携の仕方．
- ✓ 内部監査で用いる書式（書きやすさと情報の伝わりやすさ）．
- ✓ 内部監査員の育成方法（内部監査員の技能向上を含む）．

　内部監査システムを評価・検討し，改善ポイントを見いだしていく際の，いわば副産物として，マネジメントシステムの内容の改善機会が得られることもある．せっかくの機会は，多角的に活用することを忘れずに．

(4) マネジメントシステムの成長と内部監査の進化

　人が成長するように，マネジメントシステムも成長していく．もちろんビジネスも変化すれば，品質・環境上の取組みテーマも変化する．このように内部監査の対象となる各種事項が変化すれば，おのずと内部監査にも変化が求められる．あるタイミングで内部監査が良好であったとしても，同じやり方を続けるわけにはいかない．内部監査の手順にも，チェック項目にも変化が求められ，それによって内部監査が進化する．

1.5.4 ベテラン内部監査員に対する指導

(1) いつの間にか基本を忘れている

　自動車運転免許を取得したばかりのころは，若葉マークを貼って，おっかなびっくりで運転していたのに，慣れるに従って，いつの間にか基本から外れた運転に変貌している．慣れたというよりも"慣れっこになった"のである．

　内部監査員のための最初の研修に含まれているのは，"ビギナーが最初に行うために"に配慮した内容もあるが，"どの内部監査でも普遍的に使える最も合理的な方法"が大半を占めている．ベテランになったからこそ，ときどき復習して，あらためて何が基本であるかを思い出しておきたい．

(2) 準備時間が不足のまま監査に突入

　大半の内部監査員は，内部監査を専業としているわけではないので，普段の仕事の合間を縫って，内部監査を行うことになる．普段の仕事は忙しいし，追いつめられているから，どうしても内部監査の準備は後回しになる．内部監査の日程が近づいてきても，自分の席で内部監査を準備できる雰囲気ではないので，別室にこもるか，定時後に行うか，それとも別の手立てを講じるか…．いずれにしても，準備時間は不足しがちである．

　内部監査の対象者は，当然その業務を日常的に行っている．一方，内部監査員は普段その対象業務を行っているわけではないから，あまり詳しくない．しかも予習は不足している．そんなハンディキャップ戦で内部監査を行って，自分の準備不足を悔やみながらも，次回も同じような状況に陥ってしまう．

　初めて内部監査を始めたころは，準備不足を意識していた．しばらくするとさすがに慣れてきて，準備が不足していてもそれなりの監査になっているが，どうしても堀りは浅くなる．"こんなものかな"と自分に言い聞かせながら．

(3) 良好な事例・見本を見たことがない

　他の内部監査員と監査チームを組むものの，実力は，いずれもドングリの背

1.5 内部監査の継続的改善と内部監査員の成長

比べ，内部監査の実施や，内部監査報告書・不適合報告書・観察事項など書類関係の良好事例を見たことがないと，どのような状態・水準を目指すか，どうもよくわからない．書籍などから学習することは可能だが，自分たちの組織のことではないので，なかなかピンとこない．自分単独で技量を上げるのは，これが限界か．→ 1.5.6 項の"内部監査員同士の検討会"を参照．

(4) 内部監査への同行

内部監査の現場でどのように行っているかは，内部監査報告書などの文書からだけでは読み取れない．内部監査を行っているところに立ち会うだけでなく，準備段階（チェックリストの作成と内部監査チーム内の検討を含む），実地調査後の整理段階にも立ち会うのも有効である．内部監査員によっては，立会いを嫌う人も多い．実地調査のその場で同行者が口を挟むのは，監査しづらいので避けるのが賢明．しかし，準備段階や監査後など，内部監査チームだけのときは，一緒に検討するのも一法である．

(5) 内部監査員への向き不向きの見極め

内部監査を始めたばかりのころは，どの内部監査員も似た水準だったのが，次第に個人による差が出てきた．各人の個性の違いもあるが，個人の癖もある．本質的に内部監査に向いた人と向いていない人が，次第に判明してくる．内部監査では，"力量"とともに"適性"を考える必要がある．ある程度のところで，見極めることも必要となろう．

"不向きな内部監査員には依頼が減って自然消滅"という形態は避けたい．ぜひとも感謝の意を明確に伝えたい．内部監査の功労者なのだから．

1.5.5　内部監査員へのフィードバック

(1)　自分の内部監査は何に役立ったか

内部監査員にとっては，自分の成果がどのように役立ったか，自分の内部監査にどんな工夫の余地があるか，他の内部監査員はどうしているかなど，知りたいことはたくさんある．内部監査員が，内部監査に喜びを見いだし，さらに役に立つ内部監査とするために，内部監査員にやる気を出してもらうための工夫も必要である．

(2)　内部監査員へのフィードバック情報

内部監査に関する情報は，経営トップなどに上がっていくことは多いが，内部監査員に回るものは，意外に多くない．ここでは，内部監査員はどのようなことを知りたがっているか，どんな情報をフィードバックすると，内部監査員に役立つかを整理する．

表 1.6　内部監査員へのフィードバック情報の代表例

情報の種類	フィードバックするとよい内容
是正処置と改善のその後の状況	自分が内部監査で検出した不適合事項や，改善に結びつくことを祈って提供した観察事項の，その後の状況は知りたいもの．是正処置を行った直後に有効性を評価しているが，あくまでも短期間での評価であり，長期的にどのようになるかまでは判明しない．観察事項をきっかけに改善が始まったのか，どこまで掘り下げたのか，改善が成果に結びついたかまでは，なかなかわからない．次回の内部監査報告書を前回の内部監査員に回付するなどして，その後の状況（つまり自己の内部監査の役立ちに関する直接情報）を知る機会を設けたいものである．これによって，内部監査での見方や指摘の仕方が変わりうるので．
内部監査に関する組織全体の情報	内部監査結果の分析結果を，マネジメントレビューに提供していることが多い．単に情報を列記してそのまま持ち込むケースもあるが，それらをグラフ化するケース，十分な考察を加えるケースなど，形態は多様である．こうした情報は，経営トップだけでなく，内部監査員にも提供して，組織の状況と内部監査の役立ちを認識させておきたい．

1.5 内部監査の継続的改善と内部監査員の成長

表 1.6（続き）

情報の種類	フィードバックするとよい内容
内部監査の役立ち度合い	"内部監査がどのように役立っているか"も分析してフィードバックしたい．"ある部門での内部監査で得た知見が他部門・他事象に役立った状況"や"内部監査だからこそ成し遂げられた問題解消や改善"など，内部監査が本当に組織に役立っていることを，内部監査員，監査対象部門，経営トップに理解できれば，内部監査への協力感が高まり，内部監査はさらに有効になる．
内部監査に対する要望事項	自分が担当した部門の意見はもちろん，他の内部監査員向けのものも含めて，内部監査に対する要望事項は，内部監査員間で共有しておきたい．これらは，内部監査員としての反省材料であるとともに，人への接し方の工夫にも役立つ．
内部監査手法に関する情報	内部監査の計画の立て方，チェックリストなどの内部監査ツール開発の成果，実地での切り口や尋ね方や調べ方の工夫，どんな問題点や改善点があるかなど，内部監査手法や成果の出し方，ヒット作の事例などの情報も，内部監査員にフィードバックしておきたい．その都度の情報は，内部監査員間の検討会などで共有できるが，できれば新任の内部監査員もアクセスできる形態で情報を蓄積していけば，将来にわたって役立てることができるようになる．

1.5.6 内部監査員同士の検討会

(1) 他の内部監査員の監査方法・スタイルを聞きたい

何度も内部監査を重ねても，内部監査ばかり毎日やっているわけではないので，なかなか自信がつかない．他の内部監査員はどうしているのだろうか．内部監査員同士の検討会でぜひとも聞いてみたい．

- ✓ どんなやり方で監査していますか？
- ✓ チェックリストは，どんなのを使っていますか？
- ✓ なぜそこに着目しましたか？
- ✓ どうすれば，そんなところまで入り込めますか？
- ✓ どのように尋ねれば質問が通じますか？
- ✓ 不適合を納得してもらうために，どうしていますか？

(2) 他の内部監査員の監査報告書・不適合指摘を見たい

内部監査員同士の検討会では，単に集まって，雑談的に話を聞くだけでなく，内部監査報告書や不適合報告書，観察事項，そして内部監査計画書やチェックリストも見てみたい．模倣のヒントをつかむ機会もほしい．

- ✓ うまく書けた報告書や不適合指摘を見せてください．
- ✓ 私の報告書を見てもらえますか？
- ✓ 観察事項は，どんなことをどこまで書いていますか？
- ✓ どのような理由や意図で，このような内部監査計画としたのですか？
- ✓ できればついでに，チェックリストも見せてもらえますか？

(3) 内部監査員の苦労話と愚痴

内部監査を行うと，いろいろうっぷんはたまるし，苦労も多い．そんな話もしてみたいし，愚痴も聞いてほしい．ざっくばらんに話す機会があると，気持ちも落ち着いてくる．

- ✓ 内部監査の準備も実施後の報告も時間がとれなくて…

1.5 内部監査の継続的改善と内部監査員の成長

- ✓ 内部監査に行ったら，その部門に誰もいなかったの…
- ✓ いろいろ質問しても，ぜんぜん話が通じないんだ…
- ✓ マトモな不適合原因や是正処置が出てこなくてね…
- ✓ 内部監査事務局は勝手なことばかり言っている…
- ✓ 職場から内部監査に出かけるとき，戻るとき，白い目で見られて…

(4) 内部監査員自身の満足なくして，他人の満足なし

　内部監査を行うのも人ならば，内部監査を受けるのも人．内部監査成果の良否は，結局は，人と人との関係に帰着する．気持ちが通じ合って，信用がおけて，一緒に考えてくれる．そんな内部監査員にならば，心を開いて，内部監査を問題解決のきっかけにできるだろう．また，内部監査員も，組織の従業員．内部監査を行えば，自信を持つことも，凹むこともある．そんな内部監査員を，組織を上げて盛り立てていきたい．

　内部監査員も人の子．自分なりに"内部監査の楽しみ"を見つけて成果に納得がいけば，自分も相手も，そして内部監査そのものも，充実するだろう．大原則は"内部監査員自身の満足なくして他人の満足なし"である．下記のような観点から，このことを考えていきたい．そして，そのような気持ちを支える組織体制・組織制度を築いていきたいものである．

- ✓ 対象部門の自助努力に結びつけば！
- ✓ 成果が目や耳や肌で感じられれば！
- ✓ 自分の本業や成長に役立つならば！
- ✓ 組織全体から効用が認められれば！

1.5.7　内部監査活動は自分の本業と成長に活きる

(1)　内部監査に限らず，常に自分を磨く

　内部監査の技術を向上させるために，内部監査の専門書で学んでもよい．しかし，品質活動は日常的に行うものであり，また環境活動は企業の社会貢献でもあることから，ビジネスセンスを磨けばその大半が活きる．監査対象はマネジメントシステムなので，部下の指導方法の工夫や新商品の企画など，ビジネス関係や対人関係に関する勉強は，内部監査にも役立つ．もちろんこれらは，自分が組織人として活動することにも結びつく．内部監査に限らず，常に学習して力をつけることは，自分自身に磨きをかけることである．

- ✓ビジネス書を読む．／ビジネス関係のテレビ番組を見る．
- ✓他人とさまざまなことを話し合う．
- ✓物事の本質をじっくり考える．

(2)　内部監査活動に関する発想（価値観）の転換

　内部監査を担当して工夫したことを，自分の本業に活かし，自分の成長に活かせるならば，発想を転換して内部監査を"自分を磨く場"と捉えられる．表1.7の事項のいくつかは，やや強引である．しかし，物事をポジティブに捉えれば，自分なりの内部監査活動の意義を描けるようになるであろう．

(3)　結局は自分の捉え方次第

　内部監査だろうが，日常業務だろうが，チャレンジ的なテーマだろうが，自分に課せられた役割に真剣に取り組んでいけば，人は成長するものである．"○○をさせられた"と捉えるか"チャンスをもらった"と捉えるかの差である．そしてそれが役立ったことを自分の喜びにしていきたいものである．

1.5 内部監査の継続的改善と内部監査員の成長

表 1.7 内部監査活動に関する発想（価値観）の転換例

事例紹介	内容の説明
組織内業務への理解	他部門で内部監査を行うと，業務内容・技術面のほか，所属員の人柄まで知ることができる．よく知れば，協力関係が強まるし，新しいことをともに考える仲間もできる．
多様なヒントの会得	内部監査は，良好運用の確認と工夫成果の評価．段取りの仕方，部下の育成の仕方，工夫の仕方など，見て聞いたことは，内部監査員が仕事を行う際の血となり肉となる．
分析的なものの見方と洞察力の習得	内部監査では，出た事象を分析的に見て，さらにその先を洞察することが常に求められる．実践の場を通じて習得した分析力・洞察力は，日常業務でも確実に活きてくる．
真意を聞き出す力の向上	内部監査では真意を聞き出す力も養える．営業員・設計者・工事現場代理人など，外部の人との接触や組織内での交渉を伴う者に必須の能力を，実践を通じて養える．
文章の表現力と伝達力の増強	不適合事項・監査全般など，内部監査には報告が伴う．相手が納得して行動するには，口頭・文書の表現力・伝達力が不可欠で，プレゼン能力の増強にうってつけである．
組織と本業への再認識	内部監査には，自組織と顧客の両方の立場で物事を捉える面もある．組織と製品・サービスの良好点と底力を再認識すれば，自分のビジネスを再考する場が得られる．
俯瞰的・長期的な見識	普段は所属部門からの目線で，ミクロ的な見方になりがち．内部監査で，組織を俯瞰的・長期的な目線で見ると，経営トップに近い観点で見る素養を身に付けられる．
人としての成長	組織の舞台裏を見て，人がどのように考えて行動するかを知るのは，自分が成長する契機となる．これは組織人としての成長だけでなく，自分を見つめ直す契機にもなる．

1.5.8 内部監査員に対する組織の支援体制

(1) 経営トップによる支援

マネジメントシステムの最大のけん引役は，経営トップである．内部監査でも同様で，経営トップによる強力な後ろ盾があるかどうかで，内部監査に対する姿勢は，内部監査員・監査対象者ともに非常に大きく異なる．

(a) 経営トップが内部監査のよさを実感する

人は誰しもよさを感じられると，興味が増大し，さまざまな工夫を始めるものである．経営トップにとっての内部監査のスタンスも同様で，それらのよさを肌で実感できると，心強くなり，信頼度も高くなる．しかし，まだ内部監査のよさを実感できる水準に至っていないならば，経営トップと内部監査員が徹底的に話し合うことで，道を切り開いていきたいものである．

(b) 経営トップが内部監査の重要さを説き続ける

経営トップが内部監査のよさを実感した後は，監査対象者はもとより，組織全体に，内部監査の重要さを説き続けたいものだ．"社長はまた同じことを話している"と言われるくらい説き続けることで，ようやく真価が理解されてくる．

(2) よい人材を内部監査員に登用するための組織内制度

良質な内部監査とするための第一歩は，よい人材を内部監査員に登用することである．ところが本当によい人材は，たいてい普段から仕事が忙しく，新規事業のプロジェクトなど，日常以外の仕事でも忙しい．こうした優秀で忙しい人材を内部監査員に確保するには，組織としての盛り立てが不可欠である．ここでは，組織内の支援制度の面から"内部監査員となるメリット"を描くにはどうすればよいかを考えてみることとする．

表1.8 内部監査員を支援する組織内制度の例

組織内制度の案	制度内容の例
内部監査員に対する人事考課制度	内部監査が専業でない従業員にとって，"内部監査は余計な仕事"というイメージが強い．正式に"内部監査も仕事の一部"として扱って，内部監査の成果を昇級・賞与・昇進の査定に含めていくのも，組織の戦略である．
内部監査での有効打への報償制度	内部監査で業務改善すれば組織としてメリットがある．"新製品開発でのヒット作"を報償の対象とするならば"マネジメントシステム改善のヒット作"も組織に利益をもたらすので，報償の対象である．金一封がよいか，表彰がよいかは組織風土で異なる．内部監査員の希望者が増え，本当に有効打を放つことが，ポイントである．
内部監査員を送り出した部門へのポイント授与制度	優秀な人材の上司は，自部門の便益に直面すると感じていない活動に，部下が登用されるのを嫌う傾向がある．ならば"マネジメントシステム改善のヒット作"を出した人の所属部門にポイントを授与する制度を設けるのも一法である．そうすれば"おい，今回の内部監査でヒット作を上げて，わが部門に貢献してこい"と笑顔で送り出せるであろうから．
内部監査を幹部・役員登用の前提条件化	内部監査を行えば，対象部門の状況を知るだけでなく，工夫のきっかけともなる．そして一緒に考えていくうちに，互いの人柄も知るところとなる．また，部門に所属していると，どうしても自部門の目線で組織を見がちである．幹部や役員に必要な"部門を越えた目線"は，内部監査を通じて養うことができる．

1.6 監査チェック項目はシステム改善のポイント(本書の使い方)

1.6.1 内部監査に先立つチェック項目（目の付けどころ）の指定

（1） 内部監査でのチェックリストの使用は，要求事項ではない

多くの書籍が内部監査でチェックリストを用いることに触れ，現実にもよく使われている．もっとも，内部監査でのチェックリスト使用について，ISO 9001/14001 では扱っていない．ISO 19011 では2か所に言及はあるが，その効用を説いているわけでも，使い方を紹介しているわけでもない．ならば，そもそも各種書籍がチェックリストを推奨している理由，つまりチェックリストに期待する機能や使用目的をもとに，柔軟に捉えることも可能である．

（2） チェックリスト作成に時間を要する（使用目的から再考する）

チェックリストに求められている機能を要約すると，下記のようになる．
- ✓ ルールがどうなっているかを明らかにする（準備段階）．
- ✓ どこを突破口としてどう調べるか，調査順序を算段する（準備段階）．
- ✓ 何をどの順序で確認するかを思い出させる（実地段階）．
- ✓ 判定基準を明らかにし，記載ページを探せるようにする（実地段階）．
- ✓ 調査で得た情報をメモして残す（実地段階）．

つまりチェックリストという形態がポイントではなく，何を調査するかが明確になって，証拠を書ければ，目的は達成される．ならば，あえてチェックリストという形式にこだわらなくても，これらがきちんとできればよい．

現実問題として，チェックリストの作成には時間を要する．特に，真剣に本格的に捉えれば捉えるほど大変である．結局，監査の場で状況を見ながら，相手の話を聞いて，ルールを読み返し，要求事項を再確認して，結論を出す．内

部監査前に十分に準備すれば，良好な監査ができるのは事実．しかしそのためにチェックリスト作成に時間を取られるならば，何とも悲しい．

(3) 品質・環境マニュアルなどをチェックリスト機能に

"品質・環境マニュアルや規定書・手順書を，内部監査ごとにコピーして，調査予定項目を色分けし，結果もマニュアルに記入"する方式も，内部監査チェックリスト機能である．この方式だと，調査内容を指定する時間を短縮できる．しかも詳細手順がすぐ横に載っているので，意外と便利である．

ただし，この方式は，品質・環境マニュアルや規定書・手順書に載っていない事項にまで切り込む工夫が必要なこと，そして内部監査の終了後に残す紙の枚数が増えるという欠点がある．

(4) 標準チェックリスト使用時の留意点

組織によっては，調査項目を"標準チェックリスト"の形で指定している．調査の方向性を統一して，包括的に確認するという観点からは有効である．標準チェックリストは注意して使わないと，チェックマークを埋めるだけの形式的な監査になるおそれがある．使う際の注意点を，いくつか紹介する．
- ✓ 規格要求事項がベースの場合，組織内の用語に置き換える．
- ✓ 毎回の監査目的に照らして，該当するチェック項目を拾い上げる．
- ✓ チェック項目の該当する組織内ルールの文面に必ず目を通しておく（当該ルールの前後の記載内容や微妙なニュアンスを理解する）．
- ✓ 調査の順番を考える．

(5) チェック項目やチェックリストは使い方次第

チェックリストは，使い方次第で，毒にも薬にもなる．チェック項目は，準備段階での想定でしかない．記録が出れば記載内容に対して追加質問する．調査すれば想定外のことも起こりうる．チェック項目外でも気づけば確認する．内部監査員は，実地調査中は常に細心の注意を払って，本当に大事なことを確実に調査するという気構えが大切である（これはリスト形式に限らない）．

1.6.2 チェック項目のメンテナンス

(1) マネジメントシステム構築期のチェック項目

マネジメントシステム構築期の内部監査は，システムそのものがまだ安定していないことから，ルールが存在していること，実行を伴っていること，継続可能なルールであること，今後も継続するうえで支障のない程度に理解されていることの確認が主体である．チェック項目そのものは，どうしてもシンプルなものとなる．また新たに設けることにした文書や記録もいくつかあることから，初めて受ける認証審査のことも気になるので，文書の存在や記録の存在の確認の比率が高くなる．

(2) マネジメントシステム安定期のチェック項目

運用実績を積んで，基本原理や全体像が見えてきてからが，本当に有効なマネジメントシステムに進化していくための正念場である．チェック項目は，まず継続性の確認から始まるが，工夫のきっかけづくりとしての内部監査の役割を発揮する比率が高くなる．当然，マネジメントシステムも成長する．将来に向けてどのように進めるかを考えて実践する場面でこそ，内部監査が実力を発揮する．

品質マネジメントシステムの大半が普段の仕事そのものである．また，環境マネジメントシステムも，普段の仕事に結びついているからこそ継続できる．しかし，馴れ合いは禁物である．普段着と思っていたら，実は単なる馴れ合いということもよくある．よそ行きを着ることも，時には大切である．逆に，普段着でリラックスしたほうがよい場合もある．こんな観点で内部監査してみると，案外，組織と業務の本質に肉迫できる．チェック項目には，このような視点も織り込んでいくとよい．

(3) マネジメントシステム飛躍期のチェック項目

内部監査ではマネジメントシステムを見ることが多いが，成果（パフォーマ

ンス）の向上が，マネジメントシステムという形態の目的であることを忘れてはならない．現実には"成果を上げる背景・経緯・仕組みの成否"を中心に監査するとよい．成果や数字に直結する秘訣やメカニズムを見いだし，他所への展開に結びつければ，効果は飛躍する．成果が上がる秘訣と安心の源泉を確認するために，特定のプロセスや製品を徹底調査して，根本事項を押さえながら，改善箇所を見いだす監査もある．焦点を絞った集中確認だからこそ，本質に迫った，技術革新に結びつく情報が得られる．

監査の単位も再考したい．部門単位の監査は，部門内の状況確認に向いている．しかし，仕事には部門間の乗り継ぎがあるので，特定の契約・モデル・製造番号・サービスなどにかかわる業務一式を，一連の流れに沿って上流から下流に，逆に下流から上流に，連鎖的に監査することもできる．この方法は一貫性の追跡に向いている．問題の発生時には発生原因を徹底究明するし，新製品開発〜製造方法の確立時には業務間の相互整合に注意を払うことであろう．こんな切り口で一貫性を確認する監査を，部門単位での監査と併用すると，両者の短所を補完できる．

(4) チェック項目の良否は使い方次第

各人が工夫して得たチェック項目は，自分なりに蓄積していきたい．また他の内部監査員との間で相互に情報交換することで，切磋琢磨しながらも，さまざまな見方を会得できるようになる．

ただし，チェック項目は，使い方次第で毒にも薬にもなる．状況に応じた調査内容・調査方法を取ることが大切である．さまざまなチェック項目を知り，自分なりの使い方を編み出して，組織の成長に寄与したいものである．

1.6.3 内部監査でのチェックリストは改善ポイントと同じ（本書の目指すもの）

(1) 改善に役立てる見方の共通性

内部監査チェックリストは，内部監査で何を調査・確認するかを指定することが，直接的な用途である．"マネジメントシステムの有効活用"という観点から設けたチェックリストは，"有効活用していることの確認"と"さらなる有効活用するための工夫ポイントの検出"の役割を有しており，結果的に下記の三つの機能を織り込むことが可能となる．

- ✓ 内部監査を通じた調査・確認．
- ✓ マネジメントシステムの構築．
- ✓ マネジメントシステムの改善．

(2) 品質と環境のマネジメントシステムがテーマ

第2章以降は内部監査でのチェックポイントを紹介している．スタンスは"有効で本質的なマネジメントシステム"であり，意味と意義のある内容で人に動いてもらえることを主眼に置いている．内部監査での調査はもちろん，"システム改善での目の付けどころ"としても，活用が可能である．

マネジメントシステムの扱うテーマは多様である．本書では，認証件数が多い品質と環境を扱っている．ただし，それ以外のテーマでも，マネジメントシステム共通の目の付けどころがあり，大いに参考になると予想される．

(3) 改善ポイントは産業や組織形態，システムの成熟度で異なる

マネジメントシステムの改善での目の付けどころは，産業や組織形態，システムの成熟度によって大きく異なる．そのため，製造業，建設業，サービス業をなるべく包含するよう努めた．また，大企業よりも中小企業のほうが内部監査で困っているケースが多いことにも配慮した．もちろん，それですべてが解決するわけではないが，少なくとも，大きなヒントになるであろうことから，

1.6 チェック項目はシステム改善のポイント

あくまでも"システム改善を考えるきっかけ"と見てほしい.

(4) 通常の内部監査で調査が漏れやすいポイント

内部監査は,組織内の人が行うのが通例であり,組織の製品やサービス,固有技術に特有の内容を調査するのは,比較的得意であろう.しかし,マネジメント的な観点や長期的な観点,イレギュラー発生時の観点などを不得意としている傾向がある.第2章以降では"内部監査で比較的チェックが漏れやすく,効果が出やすい項目"を中心に取り上げた.

なお,このチェックポイントは"本書に記した内容だけを内部監査で確認すればよい"ということを示す意図ではない.あくまでも"忘れがちな事項だけに特化"していることに,十分に留意したうえで活用するようお願いしたい.

(5) 内部監査だから話合いが可能

内部監査は,一方的な調査ではない.内部監査員と監査対象者との会話をもとに進めるものである.つまりここには,話合いの機能が含まれる.内部監査員が問いかけて,監査対象者に気づいてもらうことで,目的の何割かは達成できたことになる.こうしたことを意識しながら,内部監査で何をどのように調査・確認するか,それを将来にどう結びつけるかを考えて,本当に意味と意義のあるマネジメントシステムの実現に寄与するように努めよう.

1.6.4 チェックポイントから始める実地調査(本書の使い方)

(1) 当該部門・業務の特徴的な事項

品質・環境に関する個々の活動とマネジメントシステムにどのような特徴があるかを，部門・業務ごとに紹介した．ここでは，業務の形態や一般的な手順の要点や傾向を記すとともに，生じることが多い問題点や考慮しておきたい事項を記した．さらに，どのような活動がどのような状態で形骸化していることが多いか，規格などの理解や適用の面で混乱していることが多いかについても記した．これらは，あくまでも筆者が審査員やコンサルタントとして，これまでによく目にしてきた事例であり，必ずしもすべての組織にそのまま当てはまるものではない．しかしながら，内部監査を行ううえで大きなヒントになるものと期待している．

これ以降の具体的なチェックポイントでは，どうしても個別内容に踏み込んでいく必要があるため，どうしても見方が狭くなる可能性がある．本項の記載内容は，もう少し視野を広げた視点で記してある．したがって，個別のチェックポイントを活用して実地監査を行う際にも，この (1) を併読することで，幅広い見方を持つと，さらに深みのある内部監査とすることができる．

(2) チェックポイント（各ページの見出し）

222 のチェックポイントをそれぞれ1, 2行で記している．ここだけ見れば，各チェックポイントのキーワードを見いだせるようにした．チェックリストのチェック項目に組み入れられるように，Yes/No で判定できる質問文で記している．ただし，この限られた文字数に，細かいニュアンスをすべて織り込むことは困難である．したがって，実際の内部監査に際しては，これ以降に記す詳細事項を踏まえたうえで活用することが前提である．

(3) 規格要求事項

ISO 9001 と ISO 14001 の関連する要求事項を引用している．複数の条項が

1.6 チェック項目はシステム改善のポイント

該当することもあるが,紙幅の都合から,関連度の高い条項に絞った.

本書のチェックポイントのうちのいくつかは,規格要求事項を超えている.もともと規格の要求事項は,すべての組織に適用可能な最低限のものである.一方,組織の活動内容や手順は,規格の要求事項から決めるのではではなく,現実に何が求められていて,どうする必要があるかという観点で決めている.このような場合,関連度が高い規格条項を紹介したうえで,"注:規格要求事項の水準を超えたチェックポイント"と記して,明確に判明するようにした.

(4) 懸念事項と判断の要旨

懸念事項と判断の要旨は,チェックポイントの要である.何を気にしているか,そもそも何が求められているのか,どのような状態になると組織に悪影響をきたす可能性があるかを,必要に応じて背景にまで踏み込んで記している.

各項目の関連事項を"⇒"で記した.規格の要求事項の対比として,生じやすい症状の紹介として,判断に必要な予備知識の提供用としてなど,関連項目の内容はさまざまであるが,内部監査に役立つ情報を記している.

一歩踏み込んだ,深みのある内部監査とするためにも,この(4)を一読するだけでなく,真意を十分に消化して調査することが重要である.

(5) 質問の仕方

質問は,あくまでもチェックポイントを調べるうえでの,取っかかりである.シナリオ的に読み上げられるように記してはいるが,その場の状況によって尋ね方は変えていただきたい.また何を尋ねようとしているか,どのように判断するとよいかを"⇒"で記している.

第 2 章

具体的なチェックポイント——1
各種業務部門

本章の各チェックポイントの ■規格要求事項 にある，Q は ISO 9001 を，E は ISO 14001 を表す．

2.1 製品・サービス企画・営業・受注・販売部門

《当該部門・業務の特徴的な事項》

(1) 市場の声，顧客の声

　世間や消費者の期待とニーズが変化する以上，製品・サービスも追随しないわけにいかない．潜在的な期待とニーズを先取りして製品・サービスを投入して需要を発掘したり，新たなニーズを創設したりすることもある．製品・サービスの企画は製品・サービスが世間に出る際の出発点であり，組織の生き残り戦略である．たとえば，マーケティング結果や顧客の期待とニーズに基づく"環境貢献型の製品"を環境マネジメントシステムで扱うのも現実的である．

(2) 製品・サービスの企画

　製品・サービスの企画は，企画部門，営業・販売部門，研究部門，開発部門，環境部門のほか，経営者や従業員から出ることも，顧客から出ることもある．
　企画の採否は，ビジネス上の成否，組織の地位向上の可能性，品質・環境・安全面の必要事項の確立などの観点で決定することが多い．最終的に"経営者の企画に関する思考や方向性"に合うかどうかで判断することも多い．

(3) 販売戦略・戦術と製品・サービス情報

　ISO 9001 だ，ISO 14001 だといっても，また製品・サービスそのものがよくても，商売として成り立たなければ組織は存続しえない．販売戦略・戦術は，組織の生命線ともいえる．ただし，販売戦略・戦術そのものは，ISO 9001 の直接対象ではないので，マネジメントシステムに含めるか否かも組織の戦略．

2.1　製品・サービス企画・営業・受注・販売部門

（4）製品・サービス情報と契約・受注処理

　商品カタログ，技術資料，ウェブサイト（ホームページ）での商品紹介など，商品の仕様・機能・使用方法などを顧客に説明する情報は，通常は文書管理の対象となる．ショールームも顧客への説明機能であり，説明者が製品・サービスの知識を持てるようにするための管理が必要である．

　契約に至るまでに何度も打合せを行うこともある．打合議事録をその都度作成して重ねるだけだと，打合せで二転三転した内容で"いまどの情報が生きているか"が判明しないこともある．リスクの観点から方法を考えたい．

　受注処理に用いるコンピュータ画面で入力する項目を指定している場合には，記入用紙と同様に入力画面が"指示書"に相当し，文書管理の対象となる．

（5）顧客へのアピール

　営業などの部門は，環境成果の外部公表や環境関連の顧客ニーズの把握や，グリーンコンシューマー（環境に配慮して商品を選ぶ消費者）へのアピールなど，環境上の外部窓口となることがある．もちろん，品質面の外部アピールもありうる．これらは信頼の源であり，長期的な顧客との関係の礎である．

（6）顧客満足（品質・環境）

　顧客満足の要求事項は，調査自体が目的でなく，情報の活用がポイントである．アンケートをとってもよいが，紙に書いてもらわずに，直接質問してもよい．顧客満足"度"よりも，意見や要望を知るほうが有効なこともある．

　製品を改良すれば顧客の反応を見たくなる．新規顧客の思いも知りたい．苦情を寄せた顧客のその後も見守りたい．発売前のモニターからの意見も得たい．組織の環境貢献をどう感じているかも尋ねたい．感じていることは，顧客層によって異なるかもしれない．知りたいことは山ほどある．

　顧客がどのように思っているかを知ることは，すべてビジネスに帰着する．組織の自信や反省，自覚形成や業務改革にうまく結びつけていきたいものだ．

001 経営トップが製品・サービスの企画に関する思考や方向性を明確に示しているか

■ 規格要求事項

Q 5.2.1 品質方針の確立 トップマネジメントは，次の事項を満たす品質方針を確立し，実施し，維持しなければならない．a）組織の目的及び状況に対して適切であり，組織の戦略的な方向性を支援する．

E 5.2 環境方針（第1段落） トップマネジメントは，組織の環境マネジメントシステムの定められた適用範囲の中で，次の事項を満たす環境方針を確立し，実施し，維持しなければならない．a）組織の目的，並びに組織の活動，製品及びサービスの性質，規模及び環境影響を含む組織の状況に対して適切である．

■ 懸念事項と判断の要旨　注：規格要求事項の水準を超えたチェックポイント

1. 製品・サービスは組織からのアウトプットであり，組織の目的への合致は必須である．企画に際して，まず品質方針・環境方針との整合を考える．
   ⇒本件を，品質方針や環境方針のひと言で片づけるのが本意ではないが，他に見合う条項がないので，上記の要求事項を掲げた．
2. 経営トップは組織のけん引役であり，最終決断者でもある．経営トップ自らが出す製品・サービスの企画が，組織の将来像を変える可能性は極めて高い．
3. "こんな提案を出しても却下されるだけだ"と思うと，提案が出せなくなる．製品企画に関する思考や方向性が明確であると，"この提案ならば受け入れられるかな"と捉えやすくなる．

■ 質問の仕方

A （経営トップに）製品・サービスの企画面の思考や意図を教えてください．
⇒経営トップからの指定内容と説明内容とが合致していることを確認．

B （各実務部門の責任者に）経営トップが示している製品・サービスの企画に関する思考や方向性を，どのように捉えていますか．

002 製品・サービスの企画を自由闊達に創意・提案できる職場の雰囲気を醸し出しているか

■ 規格要求事項

Q **7.1.4 プロセスの運用に関する環境** 組織は，プロセスの運用に必要な環境，並びに製品及びサービスの適合を達成するために必要な環境を明確にし，提供し，維持しなければならない．

■ 懸念事項と判断の要旨　注：規格要求事項の水準を超えたチェックポイント

1. 現時点で主力の製品・サービスが，将来もそのままの地位を保ち続けるのは容易でない．将来を担う製品・サービスを，ある段階で見いだす必要があるかどうかを考えたい．
2. 新たな製品・サービスは，ちょっとしたアイデアが発端となることが意外に多い．自由に提案できる素地があると活発に議論できるが，逆だと提案の芽が摘まれる．批判するのは容易だが，創造意欲が低下すると士気も低下する．
   ⇒これは製品・サービスの企画・アイデアだけでなく，一般の品質改善・環境活動の工夫にもつながる．
3. ISO 9001 の 7.1.4 の注記では，人的要因として社会的要因と心理的要因を上げている．人がやる気を出すための素地も，広義の作業環境である．
   ⇒もっとも，ここで不足があったとしても，即座に"7.1.4 プロセスの運用に関する環境"に対する不適合とするのは現実的でない．改善のきっかけとして捉えたい．

■ 質問の仕方

A （上司に）ちょっとしたことでも話しやすくするために，どのような工夫を心がけていますか．

B （部下に）この職場は，話しやすい雰囲気となっていますか．どんな状態になると，もっと話しやすくなりますか．

003 製品・サービスの企画にあたって、現有顧客・潜在顧客の製品・サービスの期待とニーズの動向を捕捉・活用しているか

■ 規格要求事項

Q **8.2.2 製品及びサービスに関する要求事項の明確化**　a）次の事項を含む，製品及びサービスの要求事項が定められている．［1），2）省略］

E **4.2 利害関係者のニーズ及び期待の理解**　b）［前略］利害関係者の，関連するニーズ及び期待（すなわち，要求事項）

■ 懸念事項と判断の要旨　注：規格要求事項の水準を超えたチェックポイント

1. 本件はマーケティングに相当する．顕在的・潜在的な期待やニーズを新たな製品・サービスの企画や開発予定に結びつけることも多い．
   ⇒新規顧客をいかに見いだすか，新たな製品・サービスに何が期待されているか，既存の内容の理解をどう促すかなど，営業活動の基幹部分に至る．新たな製品・サービスでは"設計・開発"との連係があり，既存絡みでは"製品・サービスの情報"や"教育訓練"とも関連することが多い．
2. 製品・サービスの要求事項の明確化に関する着眼点などが組織によって大幅に異なる．市場型商品や提案型営業では，自組織での設定部分の比率が高い．
3. 本件を営業訪問時に顧客に尋ねると，顧客満足情報が得られることも多い．

▨ 質問の仕方

A　現在顧客でない相手先を訪問する際は，どのような情報を入手しますか．
　⇒組織の製品・サービスの戦略を意識しながら尋ねる．

B　顧客訪問などで得た情報を，新たな製品・サービスの開発や販売戦略などに，どのように活かしますか．

C　営業・販売計画と新たな製品・サービスの企画を説明してください．これらの情報を顧客からどのように得ますか．

004 製品・サービスの企画の立案に際して,顧客満足情報を活用しているか

■ **規格要求事項**

Q **9.1.2 顧客満足** 組織は,顧客のニーズ及び期待が満たされている程度について,顧客がどのように受け止めているかを監視しなければならない.組織は,この情報の入手,監視及びレビューの方法を決定しなければならない.

E **7.4.3 外部コミュニケーション** 組織は,コミュニケーションプロセスによって確立したとおりに,[中略]環境マネジメントシステムに関連する情報について外部コミュニケーションを行わなければならない.

■ **懸念事項と判断の要旨**

1. 顧客満足情報(顧客がどのように受けとめているか)は,苦情,改善要求,環境への期待のいずれでも,製品・サービスの企画の根源となる可能性が高い.
2. 顧客満足情報の入手は,受け身の姿勢とは限らない.製品・サービスの企画の模索や補強の目的から,積極的に取りにいくこともある.書面でのアンケートだけでなく,営業訪問時や業務打合せ時に,さりげなく尋ねることもできる."何に活用したいから何の情報を得るか"がポイント.
    ⇒ "ISO 9001の要求なので仕方なく顧客満足を調査"という消極姿勢の組織では,これを機に,ビジネス面から積極姿勢への転換に結びつけたい.
3. 顧客を介した積極的な環境貢献も考えたい.設定の仕方次第で"環境上で貢献,ビジネス面でも貢献"という構図も描ける可能性がある.

▨ **質問の仕方**

A どんな顧客満足(顧客の受け止め方)情報が,新たな製品・サービスの企画に役立ちますか.

B 新企画に役立てるには,今後,どんな情報を顧客から得るとよいですか.
    ⇒ ビジネスを切り口に考えていくと,得たい情報が何かが見えてくる.

005 顧客の要求事項を確実に把握して，組織内に通用する形態で伝達しているか

■ 規格要求事項

Q **5.1.2 顧客重視** a）顧客要求事項及び適用される法令・規制要求事項を明確にし，理解し，一貫してそれを満たしている．

E **7.4.1（コミュニケーション）一般** ―伝達される環境情報が，環境マネジメントシステムにおいて作成される情報と整合し，信頼性があることを確実にする．

■ 懸念事項と判断の要旨

1. 顧客の要求事項は，仕様や作り方の詳細まで指定されるケースもあれば，概念の指定だけのこともある．"こんなことができると嬉しい"といった漠然とした期待だけの指定の場合には，組織内の関係者が要求事項として理解できる状態まで煮詰めて明確化する必要があるかもしれない．
2. 製品・サービスの企画を，"漠然とした期待"という程度で立案することもありうる．したがって，"初期段階～中期段階～後期段階というステップを踏みながら，企画を少しずつ煮詰める"という進め方とすることもある．
   ⇒無から有を作り出すときに，束縛が強過ぎる手順を設定すると，創意の妨げになる可能性がある．企画の進め方の設定は難しいものである．
3. 環境に関する顧客要求事項を組織内に伝達することが必要なこともある．

■ 質問の仕方

A　この製品・サービスには，具体的にどのようなことが求められていますか．

B　ここに記してある情報で，これ以降の業務を担当する人に，意図が確実に伝わりますか．

C　これ以降，どのようなことを詰めていく必要がありますか．
　⇒最終的に製品・サービスに必要な要素を着実に明確化できることを確認する．

006 製品・サービス納入に伴う付帯要求事項を関連部門に的確に伝達しているか

■ 規格要求事項

Q **8.2.3 製品及びサービスに関する要求事項のレビュー**（**8.2.3.1** 第1段落）［前略］組織は，製品及びサービスを顧客に提供することをコミットメントする前に，次の事項を含め，レビューを行わなければならない．a）顧客が規定した要求事項．これには引渡し及び引渡し後の活動に関する要求事項を含む．

E **4.2 利害関係者のニーズ及び期待の理解** 組織は，次の事項を決定しなければならない．b）［前略］利害関係者の，関連するニーズ及び期待（すなわち，要求事項）

■ 懸念事項と判断の要旨

1. 製品・サービスの要求事項には，引渡し条件や付帯サービス要件などもある．
   ⇒付帯要求事項は，品質だけでなく，環境に関するものが伴うことがある．
2. この種の事項への関連部門がどこであるかが明確で，漏れることなく伝達する方法が確立していることが前提となる．
   ⇒契約ごとに伝達内容や伝達先が異なることがある．書式の指定の必要はない．部門ごとの役割の明確化で十分であることも多い．
3. 営業・受注・販売で付帯要求事項を求めている事例を見いだしたうえで，実際に関連部門に伝達できていることを確認する．
   ⇒後から伝達する形態では，伝達することを忘れない仕組みも調査する．

■ 質問の仕方

A 製品・サービスの納入に付帯要求事項を伴う事例を見せてください．
   ⇒内部監査員が能動的にサンプリングしたいが，現実には難しい．
B 納入に伴う付帯要求事項には，どのようなものがありますか．内容ごとに組織内の伝達先や伝達方法が異なる場合には，それぞれ示してください．
C 付帯要求事項が変更になった場合には，どのように扱いますか．

007 輸出先を含めて，当該の製品・サービスに適用になる法令・規制を確実に把握しているか

■ 規格要求事項
Q **8.2.3 製品及びサービスに関する要求事項のレビュー（8.2.3.1 第1段落）**［前略］組織は，製品及びサービスを顧客に提供することをコミットメントする前に，次の事項を含め，レビューを行わなければならない．d）製品及びサービスに適用される法令・規制要求事項

E **6.1.3 順守義務** a）組織の環境側面に関する順守義務を決定し，参照する．

■ 懸念事項と判断の要旨
1. 品質・環境・製品安全など製品に適用になる法令・規制を守る必要がある．
   ⇒ IEC などの国際規格，EU の RoHS 指令など地域規格，国ごとの法律のほか，製品安全規格など任意だが実質的に順守しないとビジネス面で不利になるものなどもあり，準拠する必要性の見極めがポイント．
2. 日本の法律は総務省のウェブサイト（e-Gov）で調べがつく．外国の法律や業界規格などもインターネットで調査できるが，アクセス先の信用度は考えたい．
   ⇒ e-Gov での掲載は現行法令のみである．廃止法令の調べはつかないので，適用する必要があることが判明したらすぐさまダウンロードして備えるなどの処置が必要である．
3. 地域によっては，現地の販売代理店や行政，JETRO の協力などが必要なことも多い．どうすれば確実に情報が得られるかの確立が必要となる．

▨ 質問の仕方
A この製品の販売先はどこ（国内のみ，又は国や地域）ですか．
B その国や地域で製品に適用になる法令や規制をどのように調べますか．
C 適用になる法令・規制を開いて見せてください．
   ⇒ インターネットでの入手であれば常に手元になくても支障はない．なお，外国語で書かれたものは，翻訳や内容の理解度に注意を払う必要がある．

008 環境に関する利害関係者の声を評価・分析して, 必要時に対応する仕組みが適正稼働しているか

■ **規格要求事項**

E **4.2 利害関係者のニーズ及び期待の理解**　組織は, 次の事項を決定しなければならない. b)［前略］利害関係者の, 関連するニーズ及び期待（すなわち, 要求事項）

E **9.1.1（監視, 測定, 分析及び評価）一般**（第1段落）　組織は, 環境パフォーマンスを監視し, 測定し, 分析し, 評価しなければならない.

■ **懸念事項と判断の要旨**

1. 環境に関する外部の声は, 製品・サービスに直結するものや, 環境上の苦情, 取組みへの賛辞などもある. これらの情報を入手し, 評価・分析して, 対応する仕組みが適正稼働していることを調査する.
   ⇒利害関係者の例として, ISO 14001 の 3.1.6 で, 顧客, コミュニティ, 供給者, 規制当局, 非政府組織（NGO）, 投資家, 従業員を例示している.

2. 顧客の意見や意向はビジネスに影響する. 顧客の声に応えた成果に関する情報が当該顧客を担当する営業・受注・販売員に届いて, 顧客にアピールできる状況になっていることが望ましい.
   ⇒当該顧客と緊密な関係を構築・維持・強化するために, "やっています" "こうなりました" と, 担当営業員がアピールできると, ビジネス上もよい効果が期待できる. 顧客以外の利害関係者の情報も, 巡りめぐって顧客の耳に届くこともあるので, 営業員の耳に入れておくに越したことはない.

■ **質問の仕方**

A　外部の利害関係者から, 環境に関する要望が出るケースがありますか.
B　環境に関する顧客の声は, 誰に伝えて社内検討してもらいますか.
C　検討してどうなったかは, 誰から, どんな形で自分に戻ってきますか.
　⇒担当営業員として結末を知っておく必要があることが多いので.

営業・販売に関連する機会とリスクへの取組みは適切か

■ 規格要求事項

Q **6.1 リスク及び機会への取組み（6.1.1）** 品質マネジメントシステムの計画を策定するとき，組織は，［中略］次の事項のために取り組む必要があるリスク及び機会を決定しなければならない．［a) ～ d) 省略］

E **6.1.1（リスク及び機会への取組み）一般**（第2段落）［前略］次の事項のために取り組む必要がある，［中略］リスク及び機会を決定しなければならない．—環境マネジメントシステムが，その意図した成果を達成できるという確信を与える．

■ 懸念事項と判断の要旨

1. 営業・販売の場合，6.1の表題の記載順と異なり，機会の追求から始まることが多い．リスクの定義は「不確かさの影響」であり，事前に得ている情報が不足していたりすると，それらの精度を高めるための取組みが必要となる．
2. リスクは，顧客への説明や資料の誤りや不十分，販売代理店が適切でない，予想した市場に十分なニーズがない，契約の決定権を持つキーマンを見いだせない，自組織の管理体勢の不備など，多様である．
3. 機会とリスクは会議や担当者と上司との打合せでの話題に上がることが多い．
 ⇒機会やリスクという言葉を，会議中に実際に用いることは少ないであろう．

■ 質問の仕方

A　いま追いかけている営業案件のねらい（機会の追求）を教えてください．
B　この営業案件を進めるは，どのような未確定要素（リスク）がありますか．
C　最近受注か失注した営業案件では，当初の見込みが外れて，何らかの追加対応が必要な事項として，どのようなことがありましたか．
 ⇒機会とリスクへの取組みの有効性の分析と評価に関する質問である．
D　この営業案件を通じて，どのようなことを学び取りましたか（組織の知識）．

010 組織の製品・施工・サービスが顧客の環境貢献に役立っているか

■ 規格要求事項

E **6.1.2 環境側面**（第1段落） 組織は，環境マネジメントシステムの定められた適用範囲の中で，ライフサイクルの視点を考慮し，組織の活動，製品及びサービスについて，組織が管理できる環境側面及び組織が影響を及ぼすことができる環境側面，並びにそれらに伴う環境影響を決定しなければならない．

■ 懸念事項と判断の要旨　注：規格要求事項の水準を超えたチェックポイント

1. "営業部の環境活動は，せいぜい紙・ゴミ・電気"と思っている人も少なくない．しかし，本業の隣接地に，有効な環境活動が存在することも多い．
2. たとえば，"環境配慮型製品の提供とアピール" "環境に関する情報提供や技術協力"など，本業と直結するからこそ可能な顧客への環境貢献もある．
3. 小型化，軽量化，省エネ，省スペース，多機能，業務効率向上，長寿命化，メンテナンスフリー，有害物質不使用など，営業アピールのキーワードは，たいてい環境に優しい．これらは顧客側での環境改善に役立つ．
   ⇒ "顧客をも含めたトータル的な環境貢献"の観点で，総合的に捉えたい．
4. これらを自組織の製品やサービスに取り込んでいくことで，組織の発展とビジネスの成長に役立てることも可能となる．

▨ 質問の仕方

A　当組織が提供する製品やサービスの営業上の"売り"を教えてください．
　　⇒営業上の"売り"はたいてい環境に役立つ．
B　製品やサービスのうち，何が顧客にとっての環境貢献に役立っていますか．
C　顧客との関係の緊密化や顧客の環境貢献，顧客も含めたトータル的な環境活動として，今後どのようなものを強化又は新設できますか．
　　⇒ビジネスに結びつけば，環境活動も続けやすくなる．

011 顧客と何度か打合せを重ねている場合，"現時点でどの情報が活きているか"が判明しているか

■ 規格要求事項

Q 8.2.3 製品及びサービスに関する要求事項のレビュー （8.2.3.1 第2段落） 組織は，契約又は注文の要求事項が以前に定めたものと異なる場合には，それが解決されていることを確実にしなければならない．

■ 懸念事項と判断の要旨　注：規格要求事項の水準を超えたチェックポイント

1. 顧客と何度か打ち合わせるうちに，話が二転三転することがある．変更内容を打合議事録に順次掲載し続ける形態では，すべてを通読して，変更内容を頭の中で積み重ねて（内容を更新して）いかないと，"現時点でどの情報が生きているか"がわからない．
2. 社内仕様書などに変更ごとに修正して反映させると，それを見れば生きている情報が判明して，誤る率を低減できる．
   ⇒これは面倒なので実施を避ける傾向が強い．無理に勧めるものではない．
3. 実際問題として，情報の錯綜で混乱することもある．失敗する懸念が払拭できないならば，何らかの手段を講じるのが"転ばぬ先の杖"である．
   ⇒本件は，運用面のリスク対応の要否を評価するための調査ポイント．

■ 質問の仕方

A　この業務に関して，いま顧客と合意している情報がどれとどれであるかを示してください．

B　（打合議事録をすべて通読する場合）どの情報が生きているかは，どうすればわかりますか．

C　どの情報が生きているかがわからないために，仕様や付帯要求事項などを誤ってしまったことはありますか．
⇒付帯要求事項で対応し損ねるケースを目にすることが多いので．

012 製品・サービスの情報を顧客に説明する要員が必要な知識・説明能力を確実に習得できる方策を講じているか

■ **規格要求事項**

[Q] **7.2 力量** c) 該当する場合には，必ず，必要な力量を身に付けるための処置をとり，とった処置の有効性を評価する．

[E] **7.2 力量** d) 該当する場合には，必ず，必要な力量を身に付けるための処置をとり，とった処置の有効性を評価する．

■ **懸念事項と判断の要旨**

1. 営業員，ショールーム要員，プレゼンテーション担当者などが該当する．
   ⇒開発者が説明役となることもある．「技術者だから」という見方をする顧客もあるが，顧客の理解度や納得性に寄与できることは必要であろう．
2. 製品・サービスの知識の保有のほか，資料の探し方や説明能力も必要となることがある．
   ⇒単に"教育実施記録を確認する"ではなく，"実践できる形で習得させるにはどうすればよいか"の質問を切り口に，"本当に習得できる方策か""実際に役立つ水準まで至ったか"から判断していきたい．
3. グリーンコンシューマーなどへの環境上の説明も必要となることがある．
   ⇒何を尋ねられるかを想定して，答え方や調べ方を設けたい．潜在顧客の信頼を得られるようにするのも，組織としての損失防止策である．

■ **質問の仕方**

A 説明員は，何を知っていて，何をできる必要がありますか．
B どのような方法で，必要な知識・説明能力を得られるようにしますか．
C （例を上げて）たとえば，こんなことを尋ねられたら，どう答えますか．
D 環境に関する利害関係者の期待やニーズ，当社の環境施策や姿勢は次第に変化しますが，最新情報をどのように得ますか．

013 苦情・不平への対応を通じて，顧客との関係が修復できているか

■ **規格要求事項**

Q **9.1.2 顧客満足** 組織は，顧客のニーズ及び期待が満たされている程度について，顧客がどのように受け止めているかを監視しなければならない．組織は，この情報の入手，監視及びレビューの方法を決定しなければならない．

E **7.4.3 外部コミュニケーション** 組織は，コミュニケーションプロセスによって確立したとおりに，［中略］環境マネジメントシステムに関連する情報について外部コミュニケーションを行わなければならない．

■ **懸念事項と判断の要旨**　注：規格要求事項の水準を超えたチェックポイント

1. 苦情・不平は，顧客からの黄色信号である（赤信号のこともある）．したがって，通常は真摯に受け止めることになる．
2. 苦情・不平が入ると，企業間の取引では速やかに対応策をとることが多い（一般消費者向けの製品・サービスでは，代表的な意見でないと保留することもある）．
   ⇒顧客がどのように受け止めるかを推し量ることも分析・評価である．
3. 苦情・不平自体を不満足と捉えることが多いが，それ以上に"対応の結果，最終的に顧客がどのように受け止めたか""顧客との関係の修復に結びついたか"を，ここでの顧客満足に関する評価の結末と捉えることもできる．

■ **質問の仕方**

A　顧客から苦情・不平を受けたことがありますか．
B　（事例をもとに）これをどのように捉えて，どのように対応しましたか（又は対応不要の結論を出しましたか）．
C　対応した結果，顧客との関係は修復できましたか（ビジネス上のしこりは払拭できましたか）．

2.1 製品・サービス企画・営業・受注・販売部門　　　93

014 顧客満足に関連する活動が組織の製品・サービスやシステム向上に役立っているか

■ **規格要求事項**

Q 9.1.2 顧客満足　組織は，顧客のニーズ及び期待が満たされている程度について，顧客がどのように受け止めているかを監視しなければならない．組織は，この情報の入手，監視及びレビューの方法を決定しなければならない．

■ **懸念事項と判断の要旨**　注：規格要求事項の水準を超えたチェックポイント

1. 顧客満足に関連する活動は，もちろん情報入手は大切だが，ISO 9001の9.1.2の末尾に「この情報の入手，監視及びレビューの方法を決定しなければならない」とあるように，得た情報をもとに，組織の製品・サービスの新設・変更や，社内の応対体制の修正などに役立てることが，そもそもの目的である．

    ⇒形式的な情報入手に終始して，実質的に全く活用していない事例を目にすることが非常に多いので，あえてこのように記した．

2. 顧客満足に関連する活動を行うには，時間も労力も必要である．それに見合うだけの成果が得られたかどうかから，手順を評価するのも一法である．

    ⇒投資対効果（効率）を調べることになり，要求事項を超えることになる．

📝 質問の仕方

A　顧客満足に関連する活動を，いろいろ行ってきていますね．どんな成果が上がりましたか．

B　そのために費やした時間や労力に，それらが見合っているかどうか，説明してください．

⇒本来，非常に意地悪な質問であり，聞き方は慎重でなければならない．これを機に，本当に意義のある手順としたいという気持ちを込めたい．

2.2 設計・開発・基礎研究部門

《当該部門・業務の特徴的な事項》

(1) 何が設計・開発か

たとえば，注文住宅で"購入予定者が持っている漠然としたアイデアを図面などに描写してイメージできるようにし，手配・施工できるレベルまで詳述する"ことは，有形物（ハードウェア）の典型的な設計・開発と言える．

顧客図面どおりに作るために，作り方を新たに編み出すのは"製造技術の開発"である．ある製品を別用途で使えるようにするのは"用途開発"である．

フィットネスクラブで"減量目的の会員に，達成に必要な運動の組合せを設ける"のは設計・開発である．レストランは，食事の提供だけでなく，店内の雰囲気，BGM，給仕の振舞いなど，店内の演出すべてが開発である．サービス業では，"サービス内容の開発"と言い換えると，意図が伝わりやすくなる．

(2) 基礎研究をどう扱うか

製品化の目処が立っていない段階の研究は，ISO 9001 の箇条1の注記1でいう「顧客向けに意図した製品及びサービス，又は顧客に要求された製品及びサービス」ではないので，ISO 9001 の適用範囲外となる．ただし，基礎研究の段階にも環境に影響する物質や活動はあるので，一般的には ISO 14001 では適用範囲内となる．なお，ISO 9001 の対象であるか否かにかかわらず，組織として必要ならば，品質マネジメントシステムに含めてよい．

(3) 設計・開発の計画

設計・開発は，たとえば基本設計・実施設計・詳細設計などの段階で分かれ

る，機械設計・電気設計・ソフトウェア設計など機構で分かれる，レシピ・食器・店内雰囲気など範疇で分かれるなど，分担して進めることが多い．また，新規性が高いか低いかによっても進め方は異なる．設計・開発をどのように進めるか，どの段階でどのように確認するかを，計画を通じて決定する．

(4) 設計・開発時に織り込める環境要素

設計・開発でどのような環境要素をどれだけ織り込むかによって，どこまで環境面に関与・貢献できるかが大きく変わる．つまり，設計・開発の計画やインプットの明確化は，著しい環境側面の決定場面である．設計・開発者の認識向上も大事だが，組織として情報の入手性向上などの側面支援にも努めたい．

(5) 設計・開発の経過と結果の確認

ISO 9001 では，設計・開発の経過・結果の確認として，レビュー・検証・妥当性確認を要求している．現実には"設計・開発の各段階で何を確認する必要があるか"は必ず意識して運用しているが，"検証として何を確認するか，妥当性確認として何を確認するか"という捉え方は比較的少ない．それぞれが意図に合って着実に実施していれば，それで問題はない．

(6) 設計・開発と基礎研究の成果

設計・開発や基礎研究を通じて得たものは，当該製品の形状や構成の指定などだけだろうか．新規性の高い設計・開発や基礎研究で，トライアンドエラーで得た知見や環境上の成果，他製品・他分野などへの適用可能性などは，組織として記録を持つ意義があることがある．中止になった研究のデータを残すかどうかを決めるのは，組織としての戦略である．

別テーマなどに引き継がれるケースで，すでに保有している試験データを検証済みの根拠とするならば，当該記録は正式なものとして管理対象とする．もちろん必要なときに探し出せるようにすることも不可欠である．

015 何を設計・開発として扱う必要があるかの概念が確立しているか

■ 規格要求事項

Q 8.3.1（製品及びサービスの設計・開発）一般 組織は，以降の製品及びサービスの提供を確実にするために適切な設計・開発プロセスを確立し，実施し，維持しなければならない．

■ 懸念事項と判断の要旨

1. ISO 9001 の 8.3 の表題どおり，製品もサービスも設計・開発の対象である．つまり"サービスの内容を産み出す"のは設計・開発である．
2. アフターサービスの内容の指定もレストランの食器の選定も設計・開発．しかし，容器のデザインは要素次第．設計・開発の境界を周知しておきたい．
   ⇒サービス業では，設計・開発という言い方に抵抗があるかもしれない．たとえば，"サービス内容の設定"と呼んでも管理が適切ならば問題ない．
3. 顧客の図面に基づく部品の組立業務は，組立というサービス．組立方法を決めること自体が，組立サービスの内容の設計・開発となりうる．
   ⇒上記概念をとり入れても，設定内容の確認の仕方の根本は変わらない．
4. 組織で製造に使う機械の設計・開発は，ISO 9001 上は"6.3 インフラストラクチャ"の範囲．ただし，"7.3 設計・開発"の手法で管理するのは現実的．
5. 製品の種類や概念は，マネジメントシステムの運用開始時と異なってきているかもしれない．この種の根本的な事項も，時折確認しておきたい．

■ 質問の仕方

A 製品・サービスの内容を設定した事例を見せてください．
B どのように管理しているかを，設計・開発の観点から整理しましょう．
   ⇒上述の概念を前提として，何が設計・開発としての管理が必要で，どう管理するかを整理しながら，一緒に概念を固めるのが現実的．

016 商品化を意図した設計・開発と基礎研究との概念の区分が明確か

■ **規格要求事項**

Q **8.3.1（製品及びサービスの設計・開発）一般** 組織は，以降の製品及びサービスの提供を確実にするために適切な設計・開発プロセスを確立し，実施し，維持しなければならない．

■ **懸念事項と判断の要旨** 注：規格要求事項の水準を超えたチェックポイント

1. ISO 9001 の"1 適用範囲"の注記1で「顧客向けに意図した製品及びサービス，又は顧客に要求された製及びサービス」と記している．このことが該当するようになった時点から，本件に対して ISO 9001 が適用になる．
   ⇒まだ"顧客への提供"の目処が立っていない段階は，少なくとも ISO 9001 審査の対象ではない．応用研究や環境技術研究も，この観点から捉える．
2. ISO 9001 の適用外の段階の活動を，組織の品質マネジメントシステムに含めることは何ら問題ない．それをどうするかは，組織としての戦略である．
   ⇒認証範囲とは別に，組織活動の一貫性の観点で捉える．
3. 基礎研究を品質マネジメントシステムに含めても堅固な手順が必要とは限らない．基礎研究に強過ぎる束縛を設けて，自由な発想を阻害してはならない．
4. 品質マネジメントシステムに移行する基準を設定しておくとよい．
   ⇒製品化の決定以降は，基礎研究で得たデータや知見を製品の設計・開発の技術的な根拠として採用することが多い．ここまで品質マネジメントシステムの範囲外としていた場合には，この時点で基礎研究の成果内容のレビューを行ったうえで正式に移行させるのが現実的である．

■ **質問の仕方**

A あなたが担当しているこの基礎研究は，どんな状態になると品質マネジメントシステムの範囲内に移行しますか．

B 基礎研究と商品化を意図した設計・開発は，管理面で何がどう異なりますか．

017 設計・開発の進め方の計画が設計・開発の内容に見合うか

■ 規格要求事項

Q **8.3.2 設計・開発の計画** 設計・開発の段階及び管理を決定するに当たって，組織は，次の事項を考慮しなければならない．[a)～j) 省略]

■ 懸念事項と判断の要旨

1. 規格に要求はないが，現実には"設計・開発に着手する値打ち"を含めて，設計・開発の着手可否の審議・承認から始まることが多い．
   ⇒製品の有用性や市場性の審議，担当部門や担当者の指定，進め方の検討，問題点の事前抽出などを設計・開発のレビューの第一段階としてもよい．
2. 設計・開発の進め方（実施段階の設定や段階ごとの確認方法・手段の指定など）は，機能や性能の新規性など製品に織り込む内容や，技術的な解決事項が多いか否かなどで大きく異なる．
   ⇒設計・開発の進め方に関して標準的な手順を設けている場合には，当該の設計・サービス開発と標準手順とを，前提条件などをもとに対比してみる．
3. 設計・開発への関与者が多い場合，設計・開発の一部を外部委託する場合には，連絡窓口や期限，主幹者を設けるのが一般的．
   ⇒このような規模では，主幹者の運営管理能力もポイントとなる．

■ 質問の仕方

A 設計・開発の実施段階や確認方法・手段などの指定を説明してください．
   ⇒過不足なく筋道立って設定できていることを確認する．

B 設計・開発の計画を，どのような場合に文書化しますか．
   ⇒設計・開発の計画を立てることは要求しているが，"計画書"の作成までは要求していない．ここでは"関係者に確実に伝えるために文書化が必要か"から判断する．用紙を埋める儀式になっているならば，そもそも文書化が不要かもしれない．

018 外部と共同で行う設計・研究において，外部と自組織との関係が明確か

■ 規格要求事項

Q 8.1 運用の計画及び管理（第4段落） 組織は，外部委託したプロセスが管理されていることを確実にしなければならない．

E 6.1.2 環境側面（第1段落） 組織は，環境マネジメントシステムの定められた適用範囲の中で，ライフサイクルの視点を考慮し，組織の活動，製品及びサービスについて，組織が管理できる環境側面及び組織が影響を及ぼすことができる環境側面，並びにそれらに伴う環境影響を決定しなければならない．

■ 懸念事項と判断の要旨　注：規格要求事項の水準を超えたチェックポイント

1. 民間の二者間の共同や，産官学共同など，各種形態がある．要求事項は，自組織が主体であることを前提に記しているが，逆ならば契約受託である．
2. 共同研究では，研究目的・内容の明確化と関係者間の役割分担から始まる．成果の保有者と使用条件，守秘義務など，権利関係の明確化は重要である．
3. 共同で行う場合でも，組織内外での環境側面の特定と対応は必要である．
   ⇒発生した廃棄物の適正処理などもある．また，効率向上など好ましい環境影響を外部に及ぼすことも可能である．
4. 経過や成果の記録を，自組織として的確に持つための工夫も必要である．

■ 質問の仕方

A　共同で行う設計・開発や研究の相手先との役割分担などを，どのように決めていますか．

B　設計・開発・研究の経過や成果の記録を，当組織として後から活用できる形態で保有できることを説明してください．

C　活動を通じて設計・研究で発見・確立した成果などは，どのような条件で使えますか．

D　共同活動で環境への取組みを適切に行っていることを説明してください．

019 設計・開発をリスク及び機会への取組みの場として適切に活用しているか

■ 規格要求事項

Q **8.3.3 設計・開発へのインプット**（第1段落）［前略］組織は，次の事項を考慮しなければならない．e）製品及びサービスの性質に起因する失敗により起こり得る結果

E **6.1.1（リスク及び機会への取組み）一般**（第2段落）［前略］次の事項のために取り組む必要がある，［中略］リスク及び機会を決定しなければならない．―外部の環境状態が組織に影響を与える可能性を含め，望ましくない影響を防止又は低減する．

■ 懸念事項と判断の要旨

1. 設計・開発は，新たなものを産み出す場であり，抜本的な予防処置を含めて，リスク及び機会への取組みの実践の場である．
2. 設計・開発の計画，インプット，レビュー，検証，妥当性確認など，リスク及び機会への取組みの必要性を検討する場面はいろいろある．また，設計・開発の変更を通じて，従来から気づいていたことを解消することもある．
   ⇒規格要求事項は，ISO 9001/14001 ともに"6.1 リスク及び機会への取組み"を当ててよい．ただし ISO 9001 では 8.3.3 が直接的でわかりやすい．
3. 製造ミスが生じにくい形状，誤操作が起こりにくい配列，資源回収しやすい構造など，設計・開発段階での取組みには大きな可能性がある．
   ⇒現実には，リスク及び機会への取組みと意識せずに行っていることが多い．

▨ 質問の仕方

A この設計・開発で，どのようなことを工夫しましたか．見せてください．
B これはリスク及び機会ですね．適切であることを一緒に調べましょう．
   ⇒現実には，この取組みと意識せずに行っていることが多い．気づいてもらえばそれでよし．細かい手続きよりも，役立つことを重視する．

020 設計・開発を著しい環境側面の決定の場として適切に活用しているか

■ 規格要求事項
E **6.1.2 環境側面**（第1段落） 組織は，環境マネジメントシステムの定められた適用範囲の中で，ライフサイクルの視点を考慮し，組織の活動，製品及びサービスについて，組織が管理できる環境側面及び組織が影響を及ぼすことができる環境側面，並びにそれらに伴う環境影響を決定しなければならない．（第3段落） 組織は，設定した基準を用いて，著しい環境影響を与える又は与える可能性のある側面（すなわち，著しい環境側面）を決定しなければならない．

■ 懸念事項と判断の要旨
1. 設計・開発は，製品仕様に織り込むタイプの環境対応が可能な場面（一旦設計・開発した後には，もはや手を打てないこともある）．
2. 設計・開発する製品ごとに仕様などが異なるので，環境側面（有益面と有害面）も異なる．
3. 計画段階で著しい環境側面を検討することと，環境専門員が設計・開発のレビューに参加するのが現実的．
   ⇒著しい環境側面を定期的に見直す手順でもよいが，短期間で行う設計・開発では，次回の見直しまでに設計・開発が完結してしまうこともある．

■ 質問の仕方
A この設計・開発には，どんな著しい環境側面が該当していますか．
B この設計・開発には，○○が著しい環境側面に該当しそうですね．これを検討しましたか．検討した場合，該当しないと判断したのはなぜですか．
C その結論を出す際に，環境内容を熟知している人は参画しましたか．
   ⇒最後の質問の際に，追い詰めてしまわないように注意．

021 製品・サービスのライフサイクルを通じた環境影響の低減を設計・開発の場で考慮しているか

■ 規格要求事項

Q **8.3.3 設計・開発へのインプット**（第1段落）　組織は，設計・開発する特定の種類の製品及びサービスに不可欠な要求事項を明確にしなければならない．

E **6.1.2 環境側面**（第1段落）　組織は，環境マネジメントシステムの定められた適用範囲の中で，ライフサイクルの視点を考慮し，組織の活動，製品及びサービスについて，組織が管理できる環境側面及び組織が影響を及ぼすことができる環境側面，並びにそれらに伴う環境影響を決定しなければならない．

■ 懸念事項と判断の要旨　　注：規格要求事項の水準を超えたチェックポイント

1. ライフサイクルの定義で，「原材料の取得，設計，生産，輸送又は配送（提供），使用，使用後の処理及び最終処分が含まれる」と注記している．製品・サービスのライフサイクルにおける考慮対象の候補は幅広い．
2. 使用材料を指定する際は，もととなる原料の採掘や由来なども考えたい．使用時の実施事項や使用後の処理，最終処分に対する考慮も必要である．
   ⇒材料や部品ごとに最終処分の方法が異なる場合には，それらを分けやすい構造にするなどの配慮が，設計・開発時に必要となることがある．
3. 設計・開発へのインプットの検討時に環境の専門家が参加するのが望ましい．

■ 質問の仕方――――――――――――――――――――

A　最近設計・開発した製品・サービスでは，ライフサイクルについて，何に，どのように配慮しましたか．

B　こうした配慮が，環境面のどの分野に，どのくらい役立ちますか．

C　製品・サービスの設計・開発時のライフサイクルの観点を教えてください．
　⇒ライフサイクルの視点の考慮に関する要求事項には，範囲の指定がない．どのような場合にどこまで配慮するか，組織の考え方の確立を促したい．

022 製品・サービスに適用になる可能性のある法規制や規格を確実に漏れなく調べ上げる方策が確立しているか

■ 規格要求事項

[Q] **8.3.3 設計・開発へのインプット**（第1段落） 組織は，設計・開発する特定の種類の製品及びサービスに不可欠な要求事項を明確にしなければならない．組織は，次の事項を考慮しなければならない．c) 法令・規制要求事項

[E] **6.1.3 順守義務**（第1段落） 組織は，次の事項を行わなければならない．
[a)～c) 省略]

■ 懸念事項と判断の要旨

1. 大組織では，専門部門が法規制・公的規格の候補を調査していることが多い．ただし，個別設計・開発に適用になる，条文や具体的内容の特定は不足傾向．
 ⇒大前提過ぎるものほど，案外，十分に意識されていなかったりする．
2. 製品の輸出先の法規制・規格の調査は，結構難しい．ある程度はインターネットで調査できるが，現地の販売代理店などの協力が必要なこともある．
3. 日本国内では，行政指導に関する情報収集が難しい．明文化されていないものや公表されていないものが多く，それ以上に，強制力があるか否かが不明なこともある．
4. 問題が生じた製品やサービスで，法規制・規格の調査が不足していると，マスコミなど各界からの指摘につながり，広範な影響を受けることがある．

■ 質問の仕方

A この設計・開発には，どのような法規制・規格が適用になりますか．

B その法規制・規格のどの条文が適用になるか，この設計・開発のどこにどのような形で織り込まれているかを，具体的に示してください．

C どのようにして，法規制・規格の調査の漏れがないようにしていますか．

023 環境に配慮した構造・原材料・処理方法などに関する技術情報が利用可能か

■ **規格要求事項**

E **4.4 環境マネジメントシステム**（第2段落） 環境マネジメントシステムを確立し維持するとき，組織は，4.1及び4.2で得た知識を考慮しなければならない．

■ **懸念事項と判断の要旨** 注：規格要求事項の水準を超えたチェックポイント

1. 製品品質や製品安全などの技術基準は整備されていることが多い．しかし，こうした状況で環境上の技術基準の整備が十分でないと，その都度の調査が必要であるため，どうしても環境に配慮した設計・開発の機運が低下する．
   ⇒社内で蓄積した技術情報（成功情報・失敗情報・要検討情報）もあれば，法規制・規格とその対応策や，提携パートナに関する情報などもある．
   ⇒本件は，ISO 9001の"7.1.6 組織の知識"に相当する．
2. 性能基準などを設計・開発部門以外が整備する組織では，設計・開発者は"環境技術情報も他部門が設ける"と思っているが，環境部門は"設計・開発部門が作るだろう"と思っていることもある（認識の整合を確認したい）．
3. この種の技術基準を用意した後の，内容更新が十分でない（技術の進歩に内容更新が追いついていない）ケースが多い．

▨ **質問の仕方**

A 設計・開発を行う際に，環境に関するどのようなことの適用の要否を検討する必要がありますか．

B 環境に関して何を考慮する必要があるか，適用させることができるかを，どのようにして知ることができますか．

C この設計・開発を例にとって，模擬的に調査してください．
   ⇒デモンストレーションをもとに，情報整備の状況と習熟度を確認する．

024 該当時に，意匠デザインや量目設定など製品の特性・仕様を実現できるよう，設計・開発として運営管理しているか

■ **規格要求事項**

Q **8.3.3 設計・開発へのインプット**（第1段落） 組織は，設計・開発する特定の種類の製品及びサービスに不可欠な要求事項を明確にしなければならない．組織は，次の事項を考慮しなければならない．a）機能及びパフォーマンスに関する要求事項

E **6.1.4 取組みの計画策定**（第1段落） 組織は，次の事項を計画しなければならない．a）次の事項への取組み 1）著しい環境側面 b）次の事項を行う方法 1）その取組みの［中略］他の事業プロセスへの統合及び実施

■ **懸念事項と判断の要旨**

1. 質実剛健もよいが，消費者に製品を手に取ってもらうには，意匠面も重要．レストランでは，盛りつける量や室内のムード設計も必要な要素である．
 ⇒レストランで食べ残しを廃棄することは環境影響につながる．
2. ISO 9000 の 3.4.8 での設計・開発の定義は「対象に対する要求事項を，その対象に対するより詳細な要求事項に変換する一連のプロセス」である．
 ⇒世間一般でいう設計・開発の固定観念を取り除いてみる．"設計・開発を通じて何を実現させるか"から考える（特にサービス業と消費者用製品）．

▨ **質問の仕方**

A この製品・サービスを顧客に買い求めてもらうために，どのようなことに配慮する必要がありますか．
 ⇒こうした配慮は製品・サービスに関する要求事項の一部であり，設計・開発へのインプットである．
B それを実現するために，どのように設計・開発していますか．

025 該当時に，パッケージ設計（梱包材の機能や外装などを含む）を適切に運営管理しているか

■ 規格要求事項

Q **8.3.5 設計・開発からのアウトプット**（第1段落）　組織は，設計・開発からのアウトプットが，次のとおりであることを確実にしなければならない．
　b) 製品及びサービスの提供に関する以降のプロセスに対して適切である．

E **6.1.4 取組みの計画策定**（第1段落）　組織は，次の事項を計画しなければならない．a) 次の事項への取組み　1) 著しい環境側面　b) 次の事項を行う方法　1) その取組みの［中略］他の事業プロセスへの統合及び実施

■ 懸念事項と判断の要旨

1. 出荷して消費者の手に渡るまでに製品が壊れては困る．消費者用製品では梱包材の性状や形状も必要な要素となりうる．
   ⇒製品の適切性が継続することは廃棄の抑制であり，環境に直接的に役立つ．梱包材にどの材料を用いるかの指定も環境影響につながる要素である．
2. コンビニエンスストアなど限られたスペースに置くには，外装の形や寸法にも配慮が必要である．これらの実現も設計・開発の一環となりうる．
   ⇒販売者も広義の顧客である（売る人がいるから商売が成り立つ）．買い手のニーズや期待と売り手のニーズや期待とが異なることは多い．

■ 質問の仕方

A 　製品の物流段階で，どのような取扱いを受ける可能性がありますか．製品本体の破損を防止できる梱包であることを説明してください．
B 　販売者は，製品の外装の形状などにどのような希望を持っていますか．
　⇒この点について推察に基づく情報しか得ていないことも多い．早い段階から意識して設計・開発活動を効率的に進めることは，環境にも寄与する．

026 ライフサイクルの観点から製品・サービスの使用段階での考慮が必要な事項として使用者に伝わっているか

■ 規格要求事項

[Q] **8.3.5 設計・開発からのアウトプット** d）意図した目的並びに安全で適切な使用及び提供に不可欠な，製品及びサービスの特性を規定している．

[E] **7.4.3 外部コミュニケーション** 組織は，コミュニケーションプロセスによって確立したとおりに，［中略］環境マネジメントシステムに関連する情報について外部コミュニケーションを行わなければならない．

■ 懸念事項と判断の要旨　注：規格要求事項の水準を超えたチェックポイント

1. 製品寿命をまっとうするには使用時に適切なメンテナンスが必要となったり，使用後の分解・分別処理を伴ったりというケースもある．これらは納入先や使用者に実施を委ねることになる．
2. これら実施事項を取扱説明書に記したとしても，納入先や使用者が読まないことや，本体に表示しても気づかないこともありうる．また，気づいても実施してもらえなければ，ライフサイクルへの取組みは活きてこない．
3. どんなメッセージも，相手に伝わって，相手が意識してくれて，相手が実践してくれて初めて活きる．ライフサイクルへの取組みは，意外に難しい．
　⇒これらの手法を編み出すことを環境目標に設定するのも一法である．

■ 質問の仕方

A ライフサイクルに対する考慮のうち何を使用者の実施に委ねますか．
B 委ねる事項を使用者に伝えるために，どんな方法を取りましたか．
C それは，どの程度使用者に伝わっていますか，実施してもらっていますか．
　⇒設計・開発者が思い描いていることと，使用者の実施状況とのギャップがないことがベストだが，この質問を機に熟考してもらうだけでも一歩前進．

該当時に,設計・開発の段階で製造性・施工性やサービス提供の確実性を配慮しているか

■ 規格要求事項

Q **8.3.3 設計・開発へのインプット**(第1段落) 組織は,設計・開発する特定の種類の製品及びサービスに不可欠な要求事項を明確にしなければならない.組織は,次の事項を考慮しなければならない.a) 機能及びパフォーマンスに関する要求事項

E **6.1.4 取組みの計画策定**(第1段落) 組織は,次の事項を計画しなければならない.a) 次の事項への取組み 1) 著しい環境側面 b) 次の事項を行う方法 1) その取組みの[中略]他の事業プロセスへの統合及び実施

■ 懸念事項と判断の要旨   注:規格要求事項の水準を超えたチェックポイント

1. 設計・開発では,製品やサービスの仕様・性能・効果などを確保するだけでなく,製品の構造・形状・材質やサービスの構成要素・内容などを指定することで,結果的に製造やサービス提供の方法などを決定づけることも多い.
2. 設計・開発のレビューで製造・施工面なども検討する.ただし,設計・開発が進んだ後からは変更が難しいこともあり,当初からの配慮が重要である.
3. 一般に,製造性や施工性、サービス提供の確実性がよくなると業務効率が高くなる.業務効率は,投資と効果の対比であり,製造・施工の工数にも結びつくので,環境の面からも,原価低減の面からも考慮したい事項である.
 ⇒原価低減は,品質・環境を考慮するうえでの推進力と捉えるとよい.

■ 質問の仕方

A これまでに行ってきた設計・開発で,製造面・施工面・サービス提供面でいっそうの配慮が必要となった事例はありますか.
B そこで得た知見を,今回の設計・開発に,どのように活かしていますか.
 ⇒何をどこまで配慮するかを考える際に,実例から入ると説得力がある.

028 設計・開発の段階ごとに，インプットとアウトプットを明確に示せるか

■ 規格要求事項

Q **8.3.3 設計・開発へのインプット**（第1段落） 組織は，設計・開発する特定の種類の製品及びサービスに不可欠な要求事項を明確にしなければならない．

Q **8.3.5 設計・開発からのアウトプット** 組織は，設計・開発からのアウトプットが，次のとおりであることを確実にしなければならない．a) インプットで与えられた要求事項を満たす．

■ 懸念事項と判断の要旨

1. 設計・開発の段階ごとにインプットとアウトプットとを繰り返す（設計・開発全体でのインプット・アウトプットを1段階で示す模式図を目にするが）．
2. インプットは，最初からすべて詰めてなくても，インプットの詳細を順次整備する方式で問題ないケースが多い（だから設計・開発に段階がある）．
3. アウトプット内容の適切性は，これ以降のプロセスに必要な情報を含んでいるかで判断する（次の段階の設計・開発や，その後の購買・製造など）．
4. 顧客と打ち合わせたり技術的に詰めたりしてインプット情報が変化するケースでは，"いまどの情報が活きているか"が容易に判明することも，ミス防止には必要である．

■ 質問の仕方

A この設計・開発のこの段階では，どのような内容を設計・開発に織り込みますか．それらの情報は，どの段階でどのように活用するためのものですか．

B この段階の設計・開発を進めるには，どのような情報が必要ですか．
 ⇒上記のアウトプットとインプットを見せてもらい，説明を受けるとよい．なお，アレンジ的な設計・開発では，既存の製品・サービスでの前提を超えた事項に関する確認が，インプットの一環として必要なこともある．

029 当該製品・サービスの設計・開発のレビューが各段階のレビューの目的に合っているか

■ **規格要求事項**

Q **8.3.4 設計・開発の管理** b) 設計・開発の結果の，要求事項を満たす能力を評価するために，レビューを行う．e) レビュー［中略］の活動中に明確になった問題に対して必要な処置をとる．

■ **懸念事項と判断の要旨**

1. 設計・開発のレビューは，最終的に要求事項を満たせることの見極めと，必要に応じた軌道修正の提案が，総括的な目的である．
2. "チェックポイント 028" にも記したように，設計・開発は段階を経て進める．段階ごとに設計・開発の目的が異なれば，レビューの目的も段階ごとに異なることがある．
   ⇒ ISO 9001 の 8.3.2 b) では，設計・開発の段階及び管理を決定するに当たって「要求されるプロセス段階，適用される設計・開発のレビューを含む」を考慮することを要求している．
3. どの段階のレビューでも，検討や記録の内容が画一的という形式的なものでは趣旨に合わない．本来の段階ごとの目的と対比して確認したい．
   ⇒ レビューの記録も，それが何を証明するためのものかも考えていきたい．
4. 目的を計画後に変更することもあるので，計画変更の状況も併せて調査する．

▨ **質問の仕方**

A 計画時に設定した設計・開発の各段階のレビューの目的を教えてください．
B それに見合う段階，方法，内容・資料，参加者で設計・開発のレビューを実施していますか．
C 段階ごとの設計・開発のレビューの記録を見せてください．個々の記録が，それぞれの用途に見合った内容となっていることを説明してください．

030 設計・開発のレビューにおいて，進め方，検証・妥当性確認の内容・方法・結論に関して審議しているか

■ **規格要求事項**

Q **8.3.4 設計・開発の管理** b) 設計・開発の結果の，要求事項を満たす能力を評価するために，レビューを行う．e) レビュー［中略］の活動中に明確になった問題に対して必要な処置をとる．

■ **懸念事項と判断の要旨**

1. 設計・開発のレビューでは，設計・開発の経過や検証・妥当性確認の内容・方法・結論の適切性を確認し，今後の進め方などを検討・指示する．
  ⇒環境への配慮の適切性評価もありうる（すべての段階でなくてもよい）．
2. 設計・開発のレビュー，検証，妥当性確認の実施は，ISO 9001 の 8.3.4 の注記にあるように，個別の実施でも，組み合わせての実施でもよい．趣旨に合うことが大切．
  ⇒サービス業を意識した注記だが，製造業の小規模な設計・開発でも同様．
3. 「手順書ではレビュー形態を，複数の部門が参画する大会議しか定めていないが，現実には部門内での当事者による打合せが主体」というケースも多い．
  ⇒記録の残しやすさと，外部審査での説明の容易さから大会議を指定しているケースが多いが，現実に即さなければ意味をなさないことに留意する．

■ **質問の仕方**

A この設計・開発では，進め方や問題点をどの段階で検討・解決しましたか．
B そこでは，どんな結論や指示（追加検討や環境面を含む）を出しましたか．
C その結果をどこに記しましたか．それを見せてください．
  ⇒実施の場面・方法・参加者・記録の実情を計画と対比する．ルールから切り込まず，現状を尋ねて現実を捉え，本質を突いているかで判断する．
  ⇒環境上の考慮がレビュー時に抜け落ちていないことを，併せて確認する．

031 必要時に，設計・開発の検証や妥当性確認用のデータの採取に用いる測定機器を校正しているか/精度は見合っているか

■ 規格要求事項

Q **7.1.5.2 測定のトレーサビリティ**（第1段落） 測定のトレーサビリティが要求事項となっている場合，又は組織がそれを測定結果の妥当性に信頼を与えるための不可欠な要素とみなす場合には，測定機器は，次の事項を満たさなければならない．a）定められた間隔で又は使用前に，国際計量標準又は国家計量標準に対してトレーサブルである計量標準に照らして校正若しくは検証，又はそれらの両方を行う．

■ 懸念事項と判断の要旨

1. たとえば，試作品を設けてデータを取って検証する形態の場合，測定機器が示す数値が正確なものでないと，的確な判断を下せない．
2. 検証するために使用する測定機器に，どの程度の測定の精度と確実性，測定した絶対値の正確性が必要かを確認し，校正の要否を，論理的に突き詰めることが，本件を判定するうえでの前提となる．
   ⇒校正は，検査・試験や工程条件管理だけでなく，設計・開発の検証など，測定結果の正確性を保証しなければならない場合には，必要となる．
3. このことは一部の基礎研究にも当てはまる．基礎研究で得たデータを活用したいならば，正しい数値を得ていることは必須条件となる．

■ 質問の仕方

A 検証用に採取しているデータには，どの程度の正確さが求められますか．

B データの採取に用いた測定機器を見せてください．この測定機器の精度と数値の正確さはどの程度ですか．またどの程度の精度で実際に測定できますか．
   ⇒二つの質問結果を対比する．測定精度や校正のことを考えたことがないケースもある．しかし，実際に校正してみると数値が正確なことも多い．

032 製品・サービスの仕様や設計・開発条件を変更する際に，法令・規制の適用や環境影響を再評価しているか

■ 規格要求事項

[Q] **8.3.6 設計・開発の変更**（第1段落）　組織は，要求事項への適合に悪影響を及ぼさないことを確実にするために必要な程度まで，製品及びサービスの設計・開発の間又はそれ以降に行われた変更を識別し，レビューし，管理しなければならない．

[E] **8.1 運用の計画及び管理**（第2段落）　組織は，計画した変更を管理し，意図しない変更によって生じた結果をレビューし，必要に応じて，有害な影響を緩和する処置をとらなければならない．

■ 懸念事項と判断の要旨

1. 製品の仕様や設計・開発条件が変更になると，新たな法令・規制や規格が適用になったり，適用の仕方が変わったりすることがある．それに伴って，当該製品の設計・開発へのインプットの変更や，著しい環境側面や順守義務の決定に関して，あらためて評価・検討する必要性が生じることがある．
2. ある程度設計・開発が進んでいる場合には，完了している設計・開発にも，再度のレビューや著しい環境側面の再決定が必要となることもある．

■ 質問の仕方

A 製品の仕様や設計・開発条件が変更になった場合には，どのように法令・規制・規格の適用を再評価しますか．

B 著しい環境側面や環境上の順守義務の変更，指定解除，追加指定をどのように再評価しますか．

C 再評価の方法と結果が適切であることの確認を，どのように行いますか．
⇒設計・開発の当事者以外によるレビューが必要となることがある．

033 設計・開発・基礎研究の経過・結果を，根拠情報をも含めて，将来確認しやすい形態で整理しているか

■ **規格要求事項**

Q **7.1.6 組織の知識**（第1段落） 組織は，プロセスの運用に必要な知識，並びに製品及びサービスの適合を達成するために必要な知識を明確にしなければならない．（第2段落） この知識を維持し，必要な範囲で利用できる状態にしなければならない．

■ **懸念事項と判断の要旨**

1. 設計・開発としての必要事項を完了し，問題が解決し，生産などへの引継ぎが終わった後，成果や知見を整える（技術資料への追記を含む）と，"将来に役立つ資料"として活きてくる．
2. 製品仕様・製造方法・検査方法・保管方法などを指定した結果は，ISO 9001の"8.3.5 設計からのアウトプット"の中に，すでに含まれている．
3. 当該製品の内容が適正であり，組織が的確に検討・確認したことの証明に必要な資料を整備することは，製品を提供する組織にとって不可欠である．
   ⇒レビュー・検証・妥当性確認の記録が主体だが，たとえば万一の裁判についても想定して整備しておくとよい．
   ⇒本件は，記録の管理と組織の知識としての二つの側面を持つ．

■ **質問の仕方**

A この設計・開発に関する設計からのアウトプットの資料を見せてください．

B それ以外の途中経過データや資料などは，どこに収めていますか．

C これらのうち，製品に盛り込まなかったり，根拠に使用しなかったりしたものは，どう扱いますか．

D 設計・開発ごとのファイル内に収めるだけでなく，共有情報とすることで，将来に役立ちそうな情報には，どのようなものがありますか．
   ⇒実際に示してもらって，探せることを確認するとよい．

034 外部から導入する技術に関連する製品・サービスの性能・成果などの実証が必要となる場合の評価・判定は適切か

■ **規格要求事項**

[Q] **8.3.4 設計・開発の管理**　b）設計・開発の結果の，要求事項を満たす能力を評価するために，レビューを行う．

[E] **6.1.4 取組みの計画策定**（第2段落）　これらの取組みを計画するとき，組織は，技術上の選択肢，並びに財務上，運用上及び事業上の要求事項を考慮しなければならない．

■ **懸念事項と判断の要旨**　注：規格要求事項の水準を超えたチェックポイント

1. 外部との提携などによって導入する技術には，そのまま適用可能なものもあれば，組織用に再検証してからでないと適用できないものもある．
2. 外国から技術導入する場合，法令・規制の相違なども含めて，前提条件が異なっていることがある．
   ⇒性能・成果などを実証する場合には，各種条件の再吟味も含めて評価・判定するのが現実的である．
3. ISO 9001の直接該当する箇条は"8.3.3 設計・開発へのインプット"であるが，導入評価の観点から8.3.4を紹介した．また，ISO 14001も技術導入の是非を検討するという観点から，現実的な線で6.1.4を紹介した．

■ **質問の仕方**

A　外部から技術導入したケースがあれば，資料などを見せてください．

B　外部から導入したこの技術に関連して，適用・導入の可否や条件を評価・判定するために，性能・成果などを実証する必要はありましたか．

C　実証に伴う評価・判定に際して，どのような点を考慮する必要があるか，その背景も含めて説明してください．
　⇒これらを積み重ねることで，堂々と適切性を証明できればOKである．

2.3 購買(調達・外部委託)＆原材料・資材保管部門

《当該部門・業務の特徴的な事項》

(1) 購買(調達・外部委託)で扱う範囲

　購買には，原材料や資材のほか，設計・製造・検査などの外部委託，構内外注や輸送委託などの役務，設備の購買や保守の委託，外部校正，付帯サービスの外部委託などがある．業種によっては，ネズミや虫の駆除，店舗雰囲気に関するコンサルティング，業務ノウハウの移入やフランチャイズ加盟なども一種の購買となる．さらに，環境設備の購買・保守，廃棄物の貯蔵・運搬・処理，環境分析や試薬，環境技術の導入などの環境系も購買に含まれる．

　なお，組織によっては，購買する内容ごとに，評価部門，発注部門，購買製品(サービス)の受入検証部門が異なることがある．

(2) なぜそこから買うか，そこに委託するか

　購買先(2015年版では外部提供者)に対する能力評価は，"製品・サービス供給の安定性を求める""開発力を求める""環境での協力関係を築く""公的証明を得る"など，個々の購買先に何を求めるかで，おのずと異なる．また，"どこまで任せられるかを見極める"の観点から能力評価することもある．能力評価の内容・評価項目や購買先が，上記(1)で紹介した購買内容ごとに担当部門が異なる例は意外に多い．したがって，"相手先に何を求めるか"があいまいか画一的だと，形式的な評価に陥りやすい．

　購買先を能力評価・調査しているうちに，製品やサービスに適用・応用可能な新技術を見いだすことがある(積極的な調査もあれば偶発的な発見もある)．この情報をどう活かすかも，組織の戦略から考えていきたい．

2.3 購買（調達・外部委託）＆原材料・資材保管部門

(3) 購買先にも環境活動に一役買ってもらう

環境には，ライフサイクルの視点を含めて購買先の協力が必要なものもある（当然，品質の協力も必要）．"どの相手先に，どんな協力を求めるか" "協力の程度は十分か" など，"購買情報" と "購買先の能力評価" が，環境にもかかわってくる．またグリーン調達では，意図する環境分野と効果の程度への整合の確認がポイントである．ここでも "購買先の能力評価" が関連する．

(4) 発注して入手・確認する

購買情報の要点は "何を買いたいかを明確に伝える" こと．商品名だけで正しく伝わるならばそれで構わない．詳細を図示しないと伝わらないならば図面を渡す．指定が必要ならば "誰に実施してもらうか" も伝える．

使うときに原材料・資材がなくては困る．生産・施工・サービスの時期から逆算して発注する形態もあれば，残量をもとに発注点管理する形態もある．

受入検証として，何をどの程度実施するか，検証記録をどうするか（記録の要否を含む）は，ISO 9001 では，組織に任されている．組織として一意的に決める形態もあれば，"購買先と購買製品に対する管理の方式と程度" に基づいて購買製品の内容と購買先の状態によって決める形態もある．

(5) 原材料・資材の保管

在庫中の原材料・資材の状態維持も必要事項である．保管中に変化したり，在庫品の使用予定がなくなったりして廃棄することや，在庫品が見つからずに再購入することは，環境面・経費面ともに損失となる．これも環境への取組みへの一要素と捉えるのが現実的である．

また，原材料・資材にまでトレーサビリティを取れるようにするには，受入れ・在庫・払出しの確認や記録などが必要となることも多い．

035 どこまでの範囲を購買（調達・外部委託）管理に含めようとしているかが明快か

■ 規格要求事項

Q **8.4.1**（外部から提供されるプロセス，製品及びサービスの管理）一般（第1段落） 組織は，外部から提供されるプロセス，製品及びサービスが，要求事項に適合していることを確実にしなければならない．

E **6.1.2 環境側面**（第1段落） 組織は，環境マネジメントシステムの定められた適用範囲の中で，ライフサイクルの視点を考慮し，組織の活動，製品及びサービスについて，組織が管理できる環境側面及び組織が影響を及ぼすことができる環境側面，並びにそれらに伴う環境影響を決定しなければならない．

■ 懸念事項と判断の要旨　注：規格要求事項の水準を超えたチェックポイント

1. マネジメントシステムでの購買管理の対象は，意外に幅広い可能性がある．組織内で一般に購買と称しているもの以外にも，購買活動がある可能性があることから，まず基本線を固めておきたい．
   ⇒購買というと，原材料・資材の発注や製造外注だけを想定しがちである．外部倉庫や輸送，設計外注や測定機器の外部校正なども含めて，外部に費用を支払うものは購買であり，品質・環境面に影響すれば，相当するマネジメントシステムでの管理の対象となる．
2. 環境側面のうち，購買先に協力要請できるものや，供給者だからこそ対応可能なものも多い．環境への取組みを深めていく道筋の中で，どこまでを環境の観点から購買管理に組み入れていくかを考えることも有効である．

■ 質問の仕方

A どのような物品やサービスを自部門や他部門で購買していますか．
⇒"外部への支払いを伴うものに何があるか"から切り込むのも有効．

B 環境に関して，購買先や外部委託先の協力を得ると，成果が上がる可能性のあるものに，どのようなものがありますか．

## 036 個々の部門が実際に担う購買（調達・外部委託）内容が諸規定と合致しているか

■ 規格要求事項

Q 8.4.1（外部から提供されるプロセス，製品及びサービスの管理）一般（第1段落）　組織は，外部から提供されるプロセス，製品及びサービスが，要求事項に適合していることを確実にしなければならない．

E 8.1 運用の計画及び管理（第3段落）　組織は，外部委託したプロセスが管理されている又は影響を及ぼされていることを確実にしなければならない．

■ 懸念事項と判断の要旨

1. "チェックポイント035"のように，品質・環境に影響する購買の範囲は広く，各部門の認識と実態とが異なっている可能性がある．
2. 上記1.を前提に，各部門の購買面での役割を確認しておきたい．
   ⇒購買活動は発注・受入れや相手先の評価が代表的である．ただし，"購買先への環境面の協力依頼"も，広義の購買活動と捉えるのが現実的である．
3. "購買と名のつく部門だけが購買活動を行う"と決めてかかる人がいる．たとえば，設計外注を購買部が発注しても，設計結果の良否は設計部が判断（受入検証）していることもある．このような場合，外部委託先の評価を，実質的に設計部が行うのが自然な姿であることが多い．
   ⇒形式的な書類作成よりも，本質的な評価の面から捉えていきたい．

▨ 質問の仕方

A　この部門の担当する業務の一部を，外部委託することはありますか．また，外部委託成果が技術的に適正であったことを，評価していますか．

B　発注や受入れは，どの部門が担当しますか．評価・選定と発注手続き，受入検証を別部門が担当することもあるので，ここで一緒に一覧表にまとめていきましょう．

037 "原材料などの物品や製造・輸送・設計などの業務を購買して，なぜ安心か"を誰が明快に示せるか

■ 規格要求事項

Q **8.4.2 管理の方式及び程度**（第1段落） 組織は，外部から提供されるプロセス，製品及びサービスが，顧客に一貫して適合した製品及びサービスを引き渡す組織の能力に悪影響を及ぼさないことを確実にしなければならない．

■ 懸念事項と判断の要旨　注：規格要求事項の水準を超えたチェックポイント

1. チェックポイントの"安心"は，あくまでも比喩的な表現．"品質保証上の問題がないことの確証を得ている"という意味合いで用いた．
　⇒できれば，もう一歩踏み込んで"当組織の意図どおりの確信"としたい．
2. 物品購入や業務委託を任せられるのは，何らかの根拠があるから．つまり"この業者ならば，費用・技術・納期などの面から大丈夫"という構図を描けていて，経営トップや関係者に理由を示せるようになっているものである．
　⇒だから安心して注文できる．
3. "チェックポイント036"とも関連するが，たとえ発注手続きを他部門に委ねていても，発注仕様を指定するのは，技術的に長けている，当該業務を担当する部門であることが多い．
　⇒誰が書類を作るかも大切だが，誰が本音で判断できるかを考えたい．

■ 質問の仕方

A 『購買依頼書』などを用いて，購買したい内容を指定して，発注部門に依頼していますか．

B その際に，"このようなことができる業者であること"などの条件は，どの部門で決めていますか．
　⇒書類作成者よりも，ここでは条件などの決定者を明確にしておきたい．

2.3 購買（調達・外部委託）＆原材料・資材保管部門　　121

038 現在の外部委託先に対する管理方法で，安心して外部委託を継続できているのはなぜか

■ 規格要求事項

Q **8.4.2 管理の方式及び程度**（第2段落）　組織は，次の事項を行わなければならない．a) 外部から提供されるプロセスを組織の品質マネジメントシステムの管理下にとどめることを，確実にする．b) 外部提供者に適用するための管理，及びそのアウトプットに適用するための管理の両方を定める．

■ 懸念事項と判断の要旨

1. 外部委託（アウトソース）先は，"組織外であり，間接コントロールしか行えないのに，なぜ安心して任せられるか""確実に管理できると信じられる秘訣がどこにあるか"のメカニズムの存在から調査する．
2. これらの理由が明確で，相手先と確約が取れていて，しかも実践できていることを確認する．
3. "組織内でないから安心"という理由がときどき聞かれるが，どう考えても論理的でない．
   ⇒ ISO 9001の4.1の第4段落では「組織が行うプロセスを外部に委ねる」ことを，アウトソースとしている．現実には，規格でいうアウトソースであるか否かの論議よりも，組織として当該業務の委託先にどのような管理が必要かの検討を優先して，組織としての安心感に寄与したい．

■ 質問の仕方

A　この外部委託先には，どのような管理を行っていますか．
B　その管理を行えば，外部委託先に安心して仕事を任せられるのは，なぜですか．

039 購買先に対する再評価の方法と基準は，製品・サービスと環境の安心状態持続の観点から見合っているか

■ 規格要求事項

Q **8.4.1（外部から提供されるプロセス，製品及びサービスの管理）一般**（第3段落）　組織は，要求事項に従ってプロセス又は製品・サービスを提供する外部提供者の能力に基づいて，外部提供者の評価，選択，パフォーマンスの監視，及び再評価を行うための基準を決定し，適用しなければならない．

E **8.1 運用の計画及び管理**（第3段落）　組織は，外部委託したプロセスが管理されている又は影響を及ぼされていることを確実にしなければならない．

■ 懸念事項と判断の要旨

1. 一旦認めた購買先でも，相手先の状態が変われば，購買先に対する能力評価を再考する必要が生じる（状態変化には悪化も良好化もある）．
   ⇒能力評価結果の再考に関連して「管理の方式と程度」を変えることもある．
   ⇒環境に関する状態の変化に伴って，再評価が必要となることもある．
2. 年1回など定期的にすべての購買先を能力評価する形態でもよいが，形式的な事務手続きに陥りやすい．ただし，"普段はなかなか気づきにくいことを，データ集計して定期評価で見極める"のであれば有意義な活動といえる．
3. たとえば，試験的に購買して，その後の状態の推移などから本格購買に切り替える形態では，購買形態の切替え時に，実質的に再評価を行っている．

■ 質問の仕方

A　取引を開始した購買先が，その後も安心状態が持続していることを，どのようにして確認していますか．

B　どのような状態になった場合に，購買先に対する再評価を実施しますか．また，再評価の基準が，良好状態の持続に見合うことを説明してください．

"購買先・外部委託先に対する管理の方式と程度"に関する情報が業者選定や受入検査等を行う際に使える状態にあるか

■ 規格要求事項

Q **8.4.2 管理の方式及び程度**（第2段落） 組織は，次の事項を行わなければならない．a）外部から提供されるプロセスを組織の品質マネジメントシステムの管理下にとどめることを，確実にする．b）外部提供者に適用するための管理，及びそのアウトプットに適用するための管理の両方を定める．

■ 懸念事項と判断の要旨　注：規格要求事項の水準を超えたチェックポイント

1. 規格要求事項の「購買先に対する管理の方法と程度」は，"どうすれば使えるか""どこまで使ってよいか"と読み替えてよい．
   ⇒たとえば，"加工はよいが組立に難あり""装置の都合で製造可能は5mまで""実施者を指名しておく"など，発注条件と関連することも多い．
2. 上記1.の情報を見るのは発注者や受入検査員など．たいてい主要情報は本人の頭の中に入っているが，実務者が交代するとこの情報を探すことになる．
   ⇒活用目的の情報では，実務者がその情報を入手できて初めて意味をなす．
   逆に情報の活用形態がわかれば，何の評価が必要かが判明する．
3. 現行の評価記録を見ても業務に役立つ情報が何もないならば，評価内容を疑ってみる．"本音の評価情報がどれか"は，手順書などに載っていない可能性が高い．

▨ 質問の仕方

A 個々の購買先と取引を継続するうえで必要な情報は，どうすれば得られますか（と尋ねて，普段から情報にアクセスしていることを確認する）．

B 個々の購買先に対する管理の方式と程度は，どうすればわかりますか．

C 人事異動などで実務者が交代する場合，この情報の入手方法と利用方法を，新任者にどのように伝えますか．

D 管理の方式と範囲が変わった場合，実務者に情報をどのように伝えますか．

041 該当する購買先に伝えた環境上の協力や効果の発揮に関する依頼事項が確実に伝達して理解されているか

■ 規格要求事項

E **6.1.2 環境側面**（第1段落）　組織は，環境マネジメントシステムの定められた適用範囲の中で，ライフサイクルの視点を考慮し，組織の活動，製品及びサービスについて，組織が管理できる環境側面及び組織が影響を及ぼすことができる環境側面，並びにそれらに伴う環境影響を決定しなければならない．

E **8.1 運用の計画及び管理**（第3段落）　組織は，外部委託したプロセスが管理されている又は影響を及ぼされていることを確実にしなければならない．

■ 懸念事項と判断の要旨

1. 環境上の効果の発揮できることは組織内に限らない．購買先と協力し合うから実現できる課題もある．供給者の協力を得るには，組織内で行う場合以上に，取り組む意義を理解して納得してもらう必要がある．
   ⇒ "組織内で取り組む特定の課題を，購買先などの技術面に依存して達成させる"という形態の環境協力の依頼もある（ライフサイクルの面も考慮）．
2. 購買先にも都合があり，組織の"本気度"が試される．儀式的に環境協力の依頼文書を渡しているだけで，必ず対応してくれるほど甘くはない．
3. 購買先が本当に対応してくれているかは知りたい．たとえば，特定の目的で購買先を訪問調査する人がいるならば，それに随行して見てくるのもよい．

■ 質問の仕方

A　購買先には，どのような環境上の協力や，効果の発揮を依頼していますか．
B　環境上の協力依頼事項を本当に実行して効果を発揮しているかどうかについて，どのように情報を得て，どのように評価しますか．
C　評価の結果，協力依頼の仕方などを変える必要はありましたか．

042 自組織で開発した環境技術の購買先への移転や伝授を実践又は考慮しているか

■ 規格要求事項

E **6.1.2 環境側面**（第1段落）　組織は，環境マネジメントシステムの定められた適用範囲の中で，ライフサイクルの視点を考慮し，組織の活動，製品及びサービスについて，組織が管理できる環境側面及び組織が影響を及ぼすことができる環境側面，並びにそれらに伴う環境影響を決定しなければならない．

■ 懸念事項と判断の要旨

1. 自組織で開発した環境技術を購買先が活用してもらい，購買先の環境影響を低減することは，私たちの環境上の貢献，つまり成果である．
2. 自組織の工程の購買先への移転に伴う環境技術の移転は容易である．また，購買条件に含まれる場合には，否応なしに対応せざるを得ない．
   ⇒後者に際しては，会社法などの法的な事項の十分な考慮が必要である．
3. 上記1.,2.以外では，購買先が環境技術の導入にメリットを感じてもらえるような働きかけが重要である．
   ⇒原材料費や燃料費の低減，業務の効率化，不具合発生の抑制など，購買先での経営的なメリットを描き出せると，採用に至る可能性が高くなる．
4. 開発した環境技術に市場性がある場合，ビジネスとしての展開も可能である．

■ 質問の仕方

A　私たちが開発した環境技術のうち，購買先が導入すると効果を発揮できるものはありますか．
B　それらを購買先に導入を促すために，どのような努力を進めてきましたか．
C　購買先での環境改善は私たちの環境上の取組みの成果です．それらの累積によって，どのくらいの効果が上がりましたか．
   ⇒この質問をあらためて成果を認識し，さらに促進するきっかけとしたい．

043 購買先の能力評価・選定や管理の方式・程度の決定をリスク及び機会への取組みの場として適切に活用しているか

■ 規格要求事項

Q **8.4.2 管理の方式及び程度**（第1段落） 組織は，外部から提供されるプロセス，製品及びサービスが，顧客に一貫して適合した製品及びサービスを引き渡す組織の能力に悪影響を及ぼさないことを確実にしなければならない．

E **6.1.1（リスク及び機会への取組み）一般**（第2段落）［前略］次の事項のために取り組む必要がある，［中略］リスク及び機会を決定しなければならない．―外部の環境状態が組織に影響を与える可能性を含め，望ましくない影響を防止又は低減する．

■ 懸念事項と判断の要旨

1. 購買先との付き合いの仕方を決める場面である．物事を根本から考え直せるからリスク及び機会に取り組め，抜本的な予防処置を講じることができる．
2. "もしこんなことが生じたら"が頭をよぎれば，それは予防処置である．
   ⇒技術面に心配があって，実地で協議するか，受入検査基準を変えるか，発注範囲を絞るならば，それらはすべて予防処置である．購買品の不良発生を未然に防いで廃棄物量が低減すれば，環境上も予防処置でもある．
3. 現実問題として，ISO 9001 の 8.4.1 での供給者の能力評価の大半は，抜本的な是正処置や予防処置である．ISO 14001 の 8.1 で伝達する手順や要求事項のうち問題発生の懸念から生じたものも同様である．
   ⇒意識せずに行っていて，的を射ているものが，最強の予防処置である．

■ 質問の仕方

A この購買先と付き合ううえで，どのようなことに注意していますか．
B それは，どのような背景や問題から必要となった注意事項ですか．
C そのことに注意するようになってから後は，問題は生じていますか．
   ⇒最後の質問で，予防処置の有効性のレビュー結果が確認できる．

044 原材料・資材の発注品目・数量・納期を生産に支障のないように決めているか

■ 規格要求事項

Q **8.4.3 外部提供者に対する情報**（第1段落）　組織は，外部提供者に伝達する前に，要求事項が妥当であることを確実にしなければならない．

E **8.1 運用の計画及び管理**（第1段落）　組織は，次に示す事項の実施によって，環境マネジメントシステム要求事項を満たすため，並びに6.1及び6.2で特定した取組みを実施するために必要なプロセスを確立し，実施し，管理し，かつ，維持しなければならない．［後略］

■ 懸念事項と判断の要旨

1. 原材料・資材を生産に支障のないよう遅れずに確保する方法として，一般に，① 生産予定と在庫量をもとに発注する形態（都度発注）と，② 在庫の残量が発注点を切った時点で発注する形態（発注点管理）のいずれかが多い．
2. ①の形態には，(a) コンピュータ管理，(b) 机上計算で算段，(c) 在庫の定期確認などがある．(b)には熟練を要するので要員育成方法を尋ねるとよい．
3. ②では，生産量や使用量の予測が変わった時点で発注点を見直さないと，在庫切れを起こすか，過度の余剰が起こる可能性があるので留意する．
   ⇒過度の余剰に起因する廃棄を，環境側面として捉えることがある．

■ 質問の仕方

A　生産に用いる原材料・資材を，何に基づいてどのように決めていますか．

B　"生産しようとする際に原材料不足"という事態が生じない仕組みであることを，手順をもとに説明してください．
　⇒入手に時間を要するものを，先行手配や見越し手配することがある．

C　（発注点管理の場合）生産予定や需要量予測が変更になったという情報は，どこから入りますか．その情報をもとに，どのような観点から"発注点"を設定し直すか，設定変更が不要と判断するか，説明してください．

045 購買先に伝える情報は購買内容から見て必要で十分か

■ 規格要求事項

Q **8.4.3 外部提供者に対する情報**（第1段落）　組織は，外部提供者に伝達する前に，要求事項が妥当であることを確実にしなければならない．

E **8.1 運用の計画及び管理**（第1段落）　組織は，次に示す事項の実施によって，環境マネジメントシステム要求事項を満たすため，並びに6.1及び6.2で特定した取組みを実施するために必要なプロセスを確立し，実施し，管理し，かつ，維持しなければならない．［後略］

■ 懸念事項と判断の要旨

1. 組織固有の仕様による製造依頼などでは，詳細情報を確実に伝えるために，製作図・管理値・検査基準などを提示するか，打合せで詰めることが多い．
2. 校正の委託では，精度・トレーサビリティ・証明書も必要情報であろう．
3. 設計の外部委託では，性能仕様書や基本図をもとに，打合せで相互理解を図り，設計・開発のレビューを合同開催するなどして刻々と購買情報を伝える形態もある．
4. 一般流通する部材では，カタログ番号や品名などだけで十分なことも多い．
5. グリーン調達では，購買製品や製造管理などの環境条件を購買先に伝えるか，その条件に基づいて組織内で事前に選定する形態が多い．
6. 上述のように伝える情報は大きく異なる．趣旨に合うか否かで判断する．

■ 質問の仕方

A　この製品・サービスを購買する際に，購買先に対してどのような情報を，どのような形態で伝えますか．

B　その情報が，意図する製品・サービスを確実に購買するうえで見合うことを，伝達が必要な内容と実際に伝えた内容を対比して説明してください．
⇒自分を購買先と仮定して，情報不足や理解不足が生じないかと考えてみる．

046 購買先からの要求事項をマネジメントシステムの一角に含めているか

■ 規格要求事項

Q **4.2 利害関係者のニーズ及び期待の理解**（第1段落） 次の事項は，顧客要求事項及び適用される法令・規制要求事項を満たした製品及びサービスを一貫して提供する組織の能力に影響又は潜在的影響を与えるため，組織は，これらを明確にしなければならない．b) 品質マネジメントシステムに密接に関連するそれらの利害関係者の要求事項

E **4.2 利害関係者のニーズ及び期待の理解** 組織は，次の事項を決定しなければならない．b) ［前略］利害関係者の，関連するニーズ及び期待（すなわち，要求事項）

■ 懸念事項と判断の要旨　注：規格要求事項の水準を超えたチェックポイント

1. ISO 9001 の "8.2.3 製品及びサービスに関する要求事項のレビュー" では，要求事項を顧客，組織，法令・規制が規定するとしている．購買先の要求事項の中にも，製品・サービス関連以外も含めて，適用が必要なものもある．
2. 購買品に使用条件が設定されているケースでは，適用が必須のこともある．また，環境上の効果を最大化するために，適用が望ましいものもある．
   ⇒規格要求事項だけを追求したりすると，本件が組織内のルールから抜け落ちる可能性があることから，あえてチェック項目として紹介した．

■ 質問の仕方

A　購買先からの要求事項を適用する必要があるケースはありますか．
B　それらを，誰が，どのような観点でレビューし，記録しますか．
C　要求事項の内容とレビュー結果を，どの部門に，どんな形態で伝えますか．
　⇒上述で調査した現実の実施事項が，扱う内容から見て適切なものであり，確立・定着していて，今後も継続可能であることを確認する．

047 保管状態不良や使用予定中止などによって原材料・資材を廃棄することがないよう，適切に手段を講じているか

■ 規格要求事項

Q **8.5.4 保存** 組織は，製造及びサービス提供を行う間，要求事項への適合を確実にするために必要な程度に，アウトプットを保存しなければならない．

E **8.1 運用の計画及び管理** ―プロセスに関する運用基準の設定

■ 懸念事項と判断の要旨　注：規格要求事項の水準を超えたチェックポイント

1. 保管中にダメになったり，在庫部材を使わなくなったりすると，余計な費用がかさみ，廃棄すれば資源がムダになり，在庫し続ければ置き場所がムダになる．
2. 原材料・資材が保管中に悪くならない，つまり適切状態を維持するには，品目ごとの保管方法の設定や，移動時の破損防止策などが必要であろう．
    ⇒原材料・資材の状態が悪くなる要因には，温度・湿度・振動・直射日光・化学物質のほか，指紋や汚れの付着などもある．業種によって，さらに購買製品の内容と用途によって，考慮が必要な事項は大幅に異なる．
3. 使用予定数量の見込み違いで原材料・資材を使わなくなってしまう事態を避けることは，"チェックポイント044"の発注手順のことと関連する．
    ⇒発注品目や数量の間違いによって，使用予定のない在庫を持ってしまうこともある．

■ 質問の仕方

A　この原材料・資材の保管方法を教えてください．

B　この原材料・資材の状態が変化するのは，どのような場合ですか．現在の保管方法で，問題なく対応が可能であることを確認させてください．

C　もし，この原材料・資材を廃棄すると，どの程度の環境影響がありますか．
　　⇒"もったいない"の発想から話したほうが相手に伝わりやすいこともある．

048 日常的には使用しない原材料・資材を容易に見いだせる形態で保管しているか

■ 規格要求事項

Q **8.5.2 識別及びトレーサビリティ**（第1段落） 製品及びサービスの適合を確実にするために必要な場合，組織は，アウトプットを識別するために，適切な手段を用いなければならない．

E **8.1 運用の計画及び管理** ―その運用基準に従った，プロセスの管理の実施

■ 懸念事項と判断の要旨

1. 原材料・資材，製造用・修理用・交換用部品，調理用素材，顧客への貸出し用の傘など，それが何であるかがわかるようにしておく（識別）．
   ⇒どこにあるか（どこに収納している）もわかるようにしておく．
2. 普段は使用しない部材や，売れ行きの止まった製品は，どうしても倉庫の隅に追いやられる．置き場所は隅でも構わないが，すぐに見つかること，状態が変化していない（つまり，使える状態にある）ことは，ここでの必須条件．
3. 補修用・交換用部品や，来訪者が多い場合にしか使わない予備の椅子など，ある用件で必要な原材料・資材を，容易に探し出せる形態で保管しており，使いたいときに使いたいタイミングまでに見つかることを確認する．
   ⇒デモンストレーションしてもらうのが，手っ取り早い確認方法．
4. 行方不明になっていて，代替品を入手しなければならないならば，新たなムダの発生につながる．環境面と経費面から考えて評価するとよい．

■ 質問の仕方

A　たとえば，○○という製品の修理依頼が入ったと仮定して，必要な修理用部品を取り揃えてみてください．

B　見つからない，使えないと困りますね．修理義務があるうちは，使用部材の保有は必要です．
　⇒追い込むのが目的ではない．実情を肌で感じ取ってもらえばよい．

2.4 生産技術・施工技術・サービス技術部門

《当該部門・業務の特徴的な事項》

(1) 製造・施工・サービス提供方法の設定が必要な場面

製造・施工・サービス提供方法を設定するのは，① 新規製品や変更製品の製造開始時，② 設備配置の変更時や生産設備の更新時，③ 生産方法の大幅変更時，④ 問題発生時（是正処置時），⑤ 法規制などの変更時，⑥ 環境目的・環境目標の達成策の設定時などが多い．4M（設備・原材料・作業方法・作業者）としてまとめることの多い各種要素の当初設定時や変更時がこの種の場面の代表例である．

(2) 製造・施工・サービス提供方法の設定

方法の設定は"決める"の場面である．設定するためのルールには各組織の特徴が出やすい．また，対象製品ごとに，方法設定の内容や進め方の違いが生じやすい．複数の部門が設定に関与する，プロジェクト形態のケースもよくある．

製造業での決定事項には，① 生産工程の要素・順序・組合せ（系統樹など），② 担当部門（外部委託では管理方法も），③ 設備（新規・既存），④ 要員（資格・レベル・人数・教育訓練），⑤ 監視（ポイント・数値・方法・装置），⑥ 検査（段階・基準・項目・方法），⑦ 製品の取扱い方法，⑧ 記録などがある．

製造などは，なぜ安定運用できるのだろうか．自動化，標準化，要員の技能確保，都度指示などの要因をうまく組み合わせて確実化を図っている．さらに，予防保全や予知保全もあるかもしれない．いずれにしても，うまくいくメカニズムを確立するのが，"製造・施工・サービス提供方法の設定"である．また，

データの採取と分析・活用についても考えておきたい．① 工程の安定化，② 問題発生の兆しのキャッチ，③ 工程条件や管理方法の変更の要否判断に備えたデータ蓄積など，本件を設定するのが望ましい事項は数多くある．さらに，データ分析から得た情報の回付ルートの設定も必要となる．

(3) 抜本的な環境対応の検討

抜本的な環境対応の検討も，製造・施工・サービス提供方法の設定時に合わせて行う．まさに"著しい環境側面"の検討・決定の場面である．

方法を設定した後に工夫できることには，おのずと限度がある．普段から"次回の製造・施工・サービス提供方法の設定時に，このような要素を組み込む"という情報をためておかないと，いざ本番となったときに，（急には思い出せないので）対応を忘れることが多い．こうした情報を蓄積するファイルやデータベースなどを用意しておいて，日常的に備えておくことが望ましい．

(4) 製造・施工・サービス提供方法の伝達・実施・検証

設定結果は，継続実行が必須であり，関係者への伝達が必要になる．伝達方法には，文書・口頭のいずれもあるが，その程度・範囲は，製品・サービスの内容，組織形態，要員などを考慮して決めていくことになる．

製造・施工・サービス提供方法の設定結果は，整合性・実現性・継続性などの観点から検証する．工業製品では，生産初期から大量生産への移行期などに，設定どおりに実行可能かを初期段階の調整で検証することが多い．

(5) 製造・施工・サービス提供技術の研究開発

製造・施工・サービス提供技術の研究開発も大切である．一般的な操業・管理方法だけでなく，技術面の抜本的な見直しや技術導入を通じて，大きな飛躍に結びつけていきたい．検証による裏付けも必要となる．この種の研究開発も"リスク及び機会への取組み"として捉えることになる．

049 製造・施工・サービス提供方法の設定の必要性を見いだしてから，実際の設定・検討に至る手順の乗り継ぎが明確か

■ 規格要求事項

Q **4.4 品質マネジメントシステム及びそのプロセス**（4.4.1 第1段落） 組織は，この規格の要求事項に従って，必要なプロセス及びそれらの相互作用を含む，品質マネジメントシステムを確立し，実施し，維持し，かつ，継続的に改善しなければならない．

E **4.4 環境マネジメントシステム**（第1段落） 環境パフォーマンスの向上を含む意図した成果を達成するため，組織は，この規格の要求事項に従って，必要なプロセス及びそれらの相互作用を含む，環境マネジメントシステムを確立し，実施し，維持し，かつ，継続的に改善しなければならない．

■ 懸念事項と判断の要旨　注：規格要求事項の水準を超えたチェック項目

1. 製造・施工・サービス提供方法の設定・検討に至る手順間のつながりを，現実のマネジメントシステム内に，明確に設けてあることの確認．
   ⇒2.4項（1）のように，さまざまなことが契機となって，製造・施工・サービス提供方法の設定・検討に至る．
2. 製造・施工・サービス提供方法の設定は，環境側面の特定に伴うものもある．
3. 明確化イコール文書化ではない．"手順の乗り継ぎ"についてよく考えていて，十分に浸透・実践していることを，状況の確認を通じて判断する．
   ⇒もし手順の乗り継ぎを文書化する場合でも，フロー図で表してもよいが，手順書本文の途中に"これ以降どこにつながるか"を書いてもよい．なお記述する場合には，送り出し側に書いておかないと当事者が気づきにくい．

▨ 質問の仕方

A　どのような場合に，製造・施工・サービス提供方法の設定が必要ですか．
B　必要と気づいてから，実際に設定するまでの流れを説明してください．
　⇒必要と思われる場面の調査中に上記を尋ねるほうが，実情が判明する．

050 製造・施工・サービス提供方法の設定にかかわる場面で何を決定するかが明確か

■ 規格要求事項

Q **8.1 運用の計画及び管理**（第1段落） 組織は，次に示す事項の実施によって，製品及びサービスの提供に関する要求事項を満たすため，並びに箇条6で決定した取組みを実施するために必要なプロセスを，計画し，実施し，かつ，管理しなければならない．［a）～e）省略］

E **8.1 運用の計画及び管理**（第1段落） 組織は，次に示す事項の実施によって，環境マネジメントシステム要求事項を満たすため，並びに6.1及び6.2で特定した取組みを実施するために必要なプロセスを確立し，実施し，管理し，かつ，維持しなければならない．［後略］

■ 懸念事項と判断の要旨

1. 製造・施工・サービス提供方法に関して何を決めるかは，その背景や状況によって異なる．画一的に指定するのは現実的でない．ただし，設定する目的や用途，懸念事項を明らかにすることで，検討の基本線や方向性を示すことができる．
2. 製造・施工・サービス提供方法の設定は，複数部門がかかわることが多い．定型パターンがあるならば，各部門の役割か会議体の機能を明確にする．その都度指定する形態の場合には，役割を誰が指定するかを定める．

■ 質問の仕方

A 製造・施工・サービス提供方法を設定する際には，どのようなことを決定するのが通例ですか（又は直近の実施結果から説明してください）．

B これらを決定する際には，どの部門や会議体がかかわりますか．その役割を説明してください．

051 製造・施工・サービス提供方法の設定をリスク及び機会への取組みの場として適切に活用しているか

■ 規格要求事項

Q **6.1 リスク及び機会への取組み（6.1.1）** 品質マネジメントシステムの計画を策定するとき，［中略］次の事項のために取り組む必要があるリスク及び機会を決定しなければならない．a) 品質マネジメントシステムが，その意図した結果を達成できるという確信を与える．

E **6.1.1（リスク及び機会への取組み）一般（第2段落）**［前略］次の事項のために取り組む必要がある，［中略］リスク及び機会を決定しなければならない．—環境マネジメントシステムが，その意図した成果を達成できるという確信を与える．

■ 懸念事項と判断の要旨

1. 製造方法などの設定は，作り方やサービス提供の仕方，そして保管方法や購買方法，要員の確保，現場への搬入時期，各種段取りなどを決める活動である．一旦設定したならば，できれば変更せずに進めたい．だからこの時点で想定できる不安要素は払拭して，確実性を高めておきたい．
   ⇒リスクに端を発する予防処置そのもの．併せて是正処置を行うことも多い．
2. 予防処置は未然防止．対象課題は，過去の経験や知見，シミュレーションによる問題抽出，熟考を通じた予知，闊達な打合せから生じる気づきなど，体系的に進むものもあれば，ひらめきが発端となるものもある．
   ⇒まだ発生していない事象に思い至ることが，予防処置のスタートライン．

■ 質問の仕方

A 製造方法などを決めるときに，どんなことを検討したか教えてください．
   ⇒予防処置の内容と成果を確認するための切り口となる質問．

B 未発生だが考慮が必要なことを，何がきっかけとなって気づきましたか．
   ⇒手順に定めようがないが，将来に備えて，気づきのきっかけは調べたい．

052 製造・施工・サービス提供方法の設定を著しい環境側面の決定の場として適切に活用しているか

■ 規格要求事項

E **6.1.2 環境側面**（第2段落） 環境側面を決定するとき，組織は，次の事項を考慮に入れなければならない．a）変更．これには，計画した又は新規の開発，並びに新規の又は変更された活動，製品及びサービスを含む．

■ 懸念事項と判断の要旨

1. 製造・施工・サービス提供方法を設定する場面は，環境に関して抜本的で大きな変革の必要性や具体的な課題，範囲などを検討できる機会である．
   ⇒一旦生産が始まってしまうと，なかなか抜本対策は取りづらい．
2. 製造・施工・サービス提供の内容ごとに，対象となる環境側面（有益と有害の両面）は異なる可能性がある．ここで，どのような著しい環境側面を検討・配慮するかで，本質的な対応への道が開ける．
3. この場面で著しい環境側面について検討する際に，環境に関する専門員が参画するというのも，現実的な実施方法である．

■ 質問の仕方

A 今回の製造・施工・サービス提供方法の設定では，何を著しい環境側面として扱うことになりましたか．

B このケースでは，〇〇を著しい環境側面として扱う必要がありそうですが，該当しないと判断したのはなぜですか．
⇒考慮の必要なものを検討の対象としていること，従業員や関係者が納得できる結論の出し方（＝将来に継承可能）としていることを確認する．

053 製造・施工・サービス提供に関連するプロセスを監視・測定する必要性を検討して，方法を設定しているか

■ 規格要求事項

Q **8.1 運用の計画及び管理**（第1段落）　組織は，次に示す事項の実施によって，製品及びサービスの提供に関する要求事項を満たすため，並びに箇条6で決定した取組みを実施するために必要なプロセスを，計画し，実施し，かつ，管理しなければならない．b) 次の事項に関する基準の設定　1) プロセス

E **8.1 運用の計画及び管理**（第1段落）　組織は，次に示す事項の実施によって，環境マネジメントシステム要求事項を満たすため，［中略］に必要なプロセスを確立し，実施し，管理し，かつ，維持しなければならない．―その運用基準に従った，プロセスの管理の実施

■ 懸念事項と判断の要旨

1. ISO 9001 はプロセスアプローチが基本．メイン業務は，箇条8の序論である8.1で計画に沿って，どのプロセスでどんな監視・測定が必要かを特定・実施する．これが"9.1.3 分析及び評価"の"d) 計画が効果的に実施されたかどうか．"に引き継がれる．
 ⇒ ISO 14001 でも，プロセスアプローチに基づいていることが読み取れる．
2. 製造・施工・サービス提供に直結するプロセスについて，何を対象とし，どのように監視・測定するかを，この流れの中で指定するのが現実的．
 ⇒監視・測定の時期が悪いと，気づいたときには手遅れということもある．

■ 質問の仕方

A　この製造・施工・サービス提供には，どんな段階や業務がありますか．

B　それぞれの段階や業務が順調であることを確認し，問題発生などの兆候を見いだすために，何を監視・測定しますか．
 ⇒この尋ね方であれば，質問の真意が伝わりやすい．

054 製造・施工・サービス提供方法が実務者に確実に伝わっているか

■ 規格要求事項

Q **8.1 運用の計画及び管理**（第2段落） この計画のアウトプットは，組織の運用に適したものでなければならない．

E **8.1 運用の計画及び管理**（第1段落） 組織は，次に示す事項の実施によって，環境マネジメントシステム要求事項を満たすため，[中略]に必要なプロセスを確立し，実施し，管理し，かつ，維持しなければならない．——その運用基準に従った，プロセスの管理の実施

■ 懸念事項と判断の要旨

1. "決める"がうまくいっても，"伝わる""継続できる"が実現できるとは限らない．実務者への伝え方は，文書というケースもあるが，文書だけに限らない．ここでは実効性のある決め方となっていることを確認する．
 ⇒限度見本も一種の文書（文書は"情報が媒体に載ったもの"が定義）である．用途に合えばよい．文書化には，さまざまな方法がある．
2. 文書以外の方法をとった場合，それを継続実施できるかどうかを判断する．
 ⇒現在の従事者には確実に伝わるが，将来の担当者に伝えるのは難しいというケースもありうる．将来をどう考えているかも確認しておきたい．
3. 製造業では，全体像をQC工程表などに表すことがある．これを，どの場面で何の目的で使用するかを尋ね，内容と用途が見合うことを確認するとよい．
 ⇒ QC工程表を作成する目的（用途）の再認識の機会として活用したい．

▨ 質問の仕方

A 設定した製造・施工・サービス提供方法それぞれについて，どのようにして実務者に伝達・定着・継続させるかを説明してください．

B 設定した内容を，将来の実務者が継続できるようにするために，どのようにしていますか．

055 設定した製造・施工・サービス提供方法そのものを適切に検証しているか

■ 規格要求事項

Q **8.1 運用の計画及び管理**（第1段落） 組織は，次に示す事項の実施によって，製品及びサービスの提供に関する要求事項を満たすため，並びに箇条6で決定した取組みを実施するために必要なプロセスを，計画し，実施し，かつ，管理しなければならない．b) 次の事項に関する基準の設定　1) プロセス

E **8.1 運用の計画及び管理**（第1段落） 組織は，次に示す事項の実施によって，環境マネジメントシステム要求事項を満たすため，［中略］に必要なプロセスを確立し，実施し，管理し，かつ，維持しなければならない．—その運用基準に従った，プロセスの管理の実施

■ 懸念事項と判断の要旨

1. 製造・施工・サービス提供の開始前に，設定した内容の適切性を検証する．試作・試行で確認することもあれば，机上計算で検証することもある．
2. 少量生産や短期間で生産完了する場合，また施工のように一品一葉の場合には，過去の経験と書類のほか現存装置の能力などから判断することが多い．
大量生産では，試験的な製作と初期段階の調整を経て確定させることが多い．
3. 製造・施工・サービス提供の方法設定では，複数部門がかかわることが多い．意志決定の場面であることから，役割や責任・権限の明確化も必要である．
⇒設定どおりに行っても，順調に稼働・推移しなかったとき，どのように軌道修正するかの設定も必要となることがある．

■ 質問の仕方

A　設定した製造・施工・サービス提供方法が，適正に運営管理し続けられることを，どのように検証しますか．

B　検証の仕方が十分であることを，事例を用いて説明してください．

056 4M（人，設備，材料，方法）の変更時には，影響する可能性のある業務の適切性の持続を評価して必要な方策を講じているか

■ 規格要求事項

Q **8.1 運用の計画及び管理**（第3段落）　組織は，計画した変更を管理し，意図しない変更によって生じた結果をレビューし，必要に応じて，有害な影響を軽減する処置をとらなければならない．

E **8.1 運用の計画及び管理**（第2段落）　組織は，計画した変更を管理し，意図しない変更によって生じた結果をレビューし，必要に応じて，有害な影響を緩和する処置をとらなければならない．

■ 懸念事項と判断の要旨

1. 一般に，手順や方法を設定する際には，4Mに着目するとよいと言われている．これらを適切に設定できると，業務の確実性を持続しやすくなる．
2. 一旦設定した手順も，その前提となっている4Mを変更すると，どうしても不安定な状態が生じやすくなるので，あらためて手順を評価したい．
   ⇒ 4Mの変更に伴ってどの手順が変わったかを，関係者に浸透させ，定着させることで，業務の確実性を持続できるようになる．
3. 4Mへの着目は，業種を問わないし，日常業務に限定するものでもない．環境目標の実施計画の策定についても，この観点で捉えることで，有効な活動を継続できる．

■ 質問の仕方

A　前回の内部監査以降，部門内での業務担当の変更や，業務方法・使用設備・使用材料などに変更はありましたか．

B　（前項の質問への回答を受けて）これが変更になっても業務に影響を及ぼさないようにするために，どのようなことを行いましたか．

057 不適合な製品・サービスの発生を削減・防止するために，何らかの手を打つ必要があるかを評価・検討しているか

■ 規格要求事項

Q **9.1.3 分析及び評価**（第2段落） 分析の結果は，次の事項を評価するために用いなければならない．a）製品及びサービスの適合

E **9.1.1（監視，測定，分析及び評価）一般**（第1段落） 組織は，環境パフォーマンスを監視し，測定し，分析し，評価しなければならない．

■ 懸念事項と判断の要旨

1. 不適合製品が発生すれば，原材料・部品がムダになり，費用がかさみ，労力も必要となり，納期面の心配も生じる．不適合製品の発生減少は品質・環境・経費・労力のいずれにもかかわるので，何か策を講じる必要があるか，評価・検討して結論を出していきたいものである．不適合なサービスについても同じことが言える．

2. 組織はたいてい不適合な製品・サービスの発生の削減・防止に手をつけている．打てる手をすべて打っていても，何かのきっかけで，新たな手立てに気づくことがある．そんな"気づきのアンテナ"を，大切にしたい．
   ⇒気づきの源は，品質目標・環境目標の展開かもしれないし，会議での検討かもしれない．しかし，気づきに至るのは，普段からデータを目にしていて，いろいろと頭を巡らせているからこそである．

■ 質問の仕方

A どんな不適合な製品・サービスがどのくらい発生しているかを，どう把握していますか．

B どんな不適合な製品・サービスの発生防止策を取るかは，どんな観点から判断しますか．
  ⇒正解のない質問だが，再考するための引き金として問いかけるとよい．

058 製造・施工・サービス提供方法の設定に有用な情報を日頃から収集・蓄積しているか

■ **規格要求事項**

Q **9.1.1（監視，測定，分析及び評価）一般**（第1段落）　組織は，次の事項を決定しなければならない．a）監視及び測定が必要な対象　b）［前略］監視，測定［中略］の方法　c）監視及び測定の実施時期

E **9.1.1（監視，測定，分析及び評価）一般**（第2段落）　組織は，次の事項を決定しなければならない．a）監視及び測定が必要な対象　b）［前略］監視，測定［中略］の方法　d）監視及び測定の実施時期

■ **懸念事項と判断の要旨**　注：規格要求事項の水準を超えたチェックポイント

1. 有用な情報は一朝一夕には集まらないし，使える状態で残らない．しかし，意識していると，使える情報が目について，蓄積できるようになる．
   ⇒この観点で，該当データを関係部門で監視・発信してもらうケースもある．なお，この種の活動の成否は，施策の指定者の力量や感性（気づくかどうか）に左右される．
2. 将来を見据えた情報の収集・蓄積から始まるが，最後は活用できて初めて役に立つ．本件の成否は，どの情報を収集・蓄積するかの指定次第で大きく異なる．
   ⇒地道な活動であり，続けようという気持ちにさせるための工夫も重要．

■ **質問の仕方**

A　業務方法を設定する際には，どのような基準や情報に基づきますか．
B　設定の仕方を工夫するために，どのような情報を日頃から収集・蓄積していますか．
C　こうした工夫がどのように役に立ったか，事例を教えてください．

059 固有技術を決めた背景を次の世代の人たちに伝授できる体制か

■ 規格要求事項

Ⓠ **7.1.6 組織の知識**（第1段落）　組織は，プロセスの運用に必要な知識，並びに製品及びサービスの適合を達成するために必要な知識を明確にしなければならない．（第2段落）　この知識を維持し，必要な範囲で利用できる状態にしなければならない．

Ⓔ **9.1.2 順守評価**　c）順守状況に関する知識及び理解を維持する．

■ 懸念事項と判断の要旨　注：規格要求事項の水準を超えたチェックポイント

1. 確立した固有技術は組織の財産である．しかし，実施内容は伝わっているが，「なぜその方法や管理値などとしているか」が伝わっていないことがある．その背景が伝わっていないと，固有技術が発展しなくなる可能性が生じる．

2. 手作業や手動管理を自動化する際には，それまでに培ってきた技術的知見を集大成する．自動化以降に配属になった人に，自動化を前提に決めた背景を伝授することなく教育訓練すると，それらがブラックボックス化しやすい．
   ⇒一旦この状態に陥ると，こうした背景の伝授の道が途絶えかねない．

3. 古くから伝わる固有技術は，もととなったデータや決定・算出結果などを探し出すのが難しいこともあるが，将来に備えて整備しておくことも考慮したい．
   ⇒もしかすると，すでに退職した先人たちに尋ねる必要があるかもしれない．

▨ 質問の仕方

A　いま担当している業務の実施内容や方法を教えてください．

B　それらは，なぜその内容や方法なのですか．技術的な背景を教えてください．

C　こうした情報は，どこで，何で調べられますか．
　⇒当該部門では調べがつかないこともある．調査先がどこであるかを，該当しそうな部門に，一緒に尋ねたり探したりすることも必要となろう．

2.4 生産技術・施工技術・サービス技術部門　　145

060 固有技術を編み出す力を維持・向上させているか

■ 規格要求事項

Q **7.2 力量**　c）該当する場合には，必ず，必要な力量を身に付けるための処置をとり，とった処置の有効性を評価する．

E **7.2 力量**　d）該当する場合には，必ず，必要な力量を身に付けるための処置をとり，とった処置の有効性を評価する．

■ 懸念事項と判断の要旨　注：規格要求事項の水準を超えたチェックポイント

1. 組織が固有技術を有していることは，ビジネス戦略を描くうえで，また優位性の高い環境活動を進めるうえで重要であり，組織の財産である．
2. 組織にとって，高い固有技術を有していることは重要であるが，それ以上に大切なことは，固有技術を生み出す力．この力を養うには，これまでに蓄積した開発経験や物事の捉え方の伝統と，それに携わる人の力量が必須である．
3. この種の力量の一部は教育訓練でカバー可能かもしれないが，開発に携わり，試行し，無から有を生み出す経験がものをいう．新工場，新ライン，新設備，新要素技術の確立・導入のほか，大規模な改造を行う際に，こうした分野に適性を持つ者に機会を与えることで，固有技術を生み出す力を養いたい．

⇒数世代前の人たちがたどった道筋を追体験するのも一法である．それには，必要な情報を，現物教材として残しておくことが必要かもしれない．

▨ 質問の仕方

A　組織の固有技術を編み出せる力量を持つ要員を育成するために，どのような機会を誰に与えていますか．
B　当該者はどんなことを経験し，何をどこまでできるようになりましたか．
C　学び取ったことを，どのように次の世代に引き継ぐ準備をさせていますか．
D　固有技術の開発者の，今後の育成方法について，何か気づきを得ましたか．

2.5 生産部門 & 生産計画部門
　　（製造・施工・サービス提供）

《当該部門・業務の特徴的な事項》

(1) 生産計画部門

　生産計画は生産・施工・出荷の情報ターミナル．内容・数量・日程などの指示とその後の予定変更の情報は，ここから発信する．それには必要情報がタイムリーに集まって，流れることが不可欠である．

(2) 製造部門

　製造での管理内容・方法は製品や設備などで大きく異なる．ISO 9001 の 8.5.1 は最低限の共通項であり，組織として何が大切かから設定する．また，8.5.1 f) は製造後に検証できない場合が対象であり，製造工程で所定の手順を適切に実施し，状況変化に応じて手を打つこと．まさに"品質は工程で作り込め"のことである．現実には，たとえば全数検査が可能でも，効率上の問題から抜取検査としているケースでは，この原理を応用していることになる．

　半導体や食品製造などでは，作業環境の管理がポイントとなることもある．また，業務形態は，ライン型とバッチ型とでは，異なることが多い．なお，人員集約型の業務形態のうち，担当業務や担当要員が日によって変わる職場では，新規就業者に短時間で業務方法をマスターさせる方法の確立が求められる．

(3) 施工部門

　施工現場が異なれば，品質上・環境上の要求内容（工事内容・工種，規模，場所，現場条件，周辺状況など）が異なり，編成・体制が異なる．施工は，① 一括請負したうえで工種ごとに施工業者を選定して工事全体を監理する"ゼネ

コン"形態と，② 自前職人か外部の個人職人が施工する"直営施工"形態 の2種に大別され，現場での実施や管理の方法や形態が異なる．

環境要件も現場ごとに違うので，著しい環境側面の決定が毎回必要である．"工事が忙しくなるにつれて，環境意識が低下する"という一般的な傾向がある．"地域・住民・行政から，いつ環境の話を問われても，胸を張って堂々としていられるようにする"という発想の切替えも必要かもしれない．

なお，ISO 9001：2015 では製品とサービスを分けて捉えているが，建設業はサービス業としての扱いであることを付記する．

(4) サービス提供部門

サービス業は実に多種多様．機器の修理・設置・検査などの技術サービス，弁護士・税理士などの専門サービス，商店やブティックなどの販売サービス，さらにホテルやレストランなども含めてまとめれば，接客サービス，物流・輸送サービス，金融サービスなどがあり，行政も広義のサービス業である．

技術サービスや専門サービスでは成果の一部を目で見ることが可能だが，成果が目に見えないサービスも多い．したがって，自組織の"品質"は何か，"製品"とは何かを明確化したうえで，当事者に自覚させるのも大切である．

サービス活動は，"実施者の技量と意識水準の確保"と"実施中に状況確認して必要な手を打つ"の組合せによる管理が多い．つまり，職務遂行能力への依存（＝能力の事前確認）に加えて，業務の標準化や設備・ソフトウェアとの調和も考える必要がある．内部監査でのポイントは，"これらが，なぜうまくいっているか"など，その秘訣を中心に確認するのが有効である．

(5) 環境への対応と将来に向けて

不適合な製品・サービスが生じないことは，それだけで環境に役立っている．QCサークルなどでのヒヤリ・ハット運動や，職場内での話合いは，予防処置の機能を有していることが多く，継続的改善の柱として位置づけるのが好ましい．

061 生産計画や施工・サービス提供の段取りを的確に立案し，関係者が適切に行動できるように伝達しているか

■ 規格要求事項

Q **8.5.1 製造及びサービス提供の管理**（第1段落）　組織は，製造及びサービス提供を，管理された状態で実行しなければならない．

E **6.1.2 環境側面**（第3段落）　組織は，設定した基準を用いて，著しい環境影響を与える又は与える可能性のある側面（すなわち，著しい環境側面）を決定しなければならない．

■ 懸念事項と判断の要旨　注：規格要求事項の水準を超えたチェックポイント

1. ISO 9001には生産計画に関する具体的な要求事項はない．しかし，納期も顧客との契約の一つであり，品質の一要素として扱うのが現実的である．
2. 生産計画は，受注，販売予測，在庫，生産能力（外部委託先の生産能力と原材料の調達能力を含む）などをもとに算出することが多い．ただし，受注生産と見込生産とでは，生産計画の立案方法や管理方法が異なる．
3. 施工は，現場ごとに位置や条件，従事者などが異なる．業務遂行し，品質・環境を達成させるかが課題である．特に多工種が混在する時期に，円滑に進める方策を立て，現場代理人が仕切れることがポイントである．
4. 環境面の条件が現場ごとに異なるので，著しい環境側面の決定が不可欠．① 工種・資材ごとの標準的な環境側面の予備資料の中から該当事項を抽出して，② 今回の現場に特有の事情を加味して，③ 最終決定することが多い．
5. サービス業では業務予定などが相当するが，業種や組織による差が大きい．

■ 質問の仕方

A　生産計画は，どんな情報をもとに，どのように立てますか．また日々の状況変化をどう反映しますか．計画結果と情報を用いて，説明してください．

B　施工計画を，どんな情報と方法で立てるか，どんな方法で誰に伝えるか，この現場を例にとって，説明してください．

062 使用期日までに必要な部品・原材料・資材を入手できるようにするために，必要な処置を講じているか

■ 規格要求事項

Q **8.5.1 製造及びサービス提供の管理**（第1段落） 組織は，製造及びサービス提供を，管理された状態で実行しなければならない．

■ 懸念事項と判断の要旨

1. 使用する原材料・資材が届かないと，予定している製造・施工・サービス提供を行えない．予定期日までに届くための手配は重要である．
   ⇒特定の自動車産業で行っているJIT（ジャストインタイム：部品在庫を持たずに予定時刻に必要量を届けてもらう仕組み）はその極端な例．
2. 製造業やサービス業での原材料や資材の手配は，"チェックポイント044"を参照されたい．
3. 建設業での資材手配は，現場主導で行うケースと，本社・支店などの事務部門が主体で行うケースがある．いずれの形態でも，① どの時期に当該の工種を行うので，② いつまでに資材が現場に到着する必要がある，③ 手配から搬入までに要する時間を想定して，④ いつまでに業者を決める必要があるといった手続きの積み重ねである．
   ⇒手配そのものは，こまごまとした資材を別々に発注するというよりも，同一業者で扱う資材をまとめて発注することが多いので，スケジュール立案と必要な資材の明確化が柱と言える．

■ 質問の仕方

A この製造や施工で使用する資材は，誰が発注しますか．
B 予定の期日までに資材が届くようにするために，どのような方策を講じていますか．

063 余剰が発生し過ぎないよう,需要予測と生産計画の立て方を工夫しているか

■ 規格要求事項

[Q] **8.5.1 製造及びサービス提供の管理**(第1段落) 組織は,製造及びサービス提供を,管理された状態で実行しなければならない.

[E] **6.1.1(リスク及び機会への取組み)一般**(第2段落) [前略]次の事項のために取り組む必要がある,[中略]リスク及び機会を決定しなければならない.―外部の環境状態が組織に影響を与える可能性を含め,望ましくない影響を防止又は低減する.

■ 懸念事項と判断の要旨　注:規格要求事項の水準を超えたチェックポイント

1. ISO 9001には,需要予測や生産計画に関する直接的な要求事項はない.しかし業種によっては,これらを適切に予測・計画することが重要となりうる.
2. 計画の読みが外れて生産品が大量に余り,在庫になると,売れるまでお金を生まず,流行が変わって売れなければ廃棄もありうる.生鮮品の製造の場合,需要を読み違えて売れなければ廃棄もありうる.小売店では,仕入れた商品が見込んだほど売れなければ,安売りするか,廃棄もありうる.
   ⇒廃棄は,原材料やエネルギーをムダに使うことになる.環境活動では,需要予測や生産計画の立て方が,重要な取組みの要素となることも多い.
3. この種の事項は,変動する各種要素と結果との因果関係を解明(推測)し,情報を収集・蓄積・分析して活用することで,予測精度を高めることが多い.

■ 質問の仕方
- **A** 失礼な質問ですが,需要予測や生産計画はどのくらい当たるのですか.
- **B** 精度を高めるために,どんなことに工夫していますか.
- **C** 後任の人にこの仕事をマスターさせるには,どのようにするのですか.
  ⇒ **C**の質問を通じて,本件で何がポイントかの情報を得ることができる.

064 製造・施工・サービス提供の工程が安定運用できるメカニズムを監督者が理解しているか

■ **規格要求事項**

Q **8.1 運用の計画及び管理**（第1段落） 組織は，次に示す事項の実施によって，製品及びサービスの提供に関する要求事項を満たすため，［中略］に必要なプロセスを，計画し，実施し，かつ，管理しなければならない．［a)～e) 省略］

E **6.1.4 取組みの計画策定**（第1段落） 組織は，次の事項を計画しなければならない．a) 次の事項への取組み 3) 6.1.1 で特定したリスク及び機会 b) 次の事項を行う方法 1) その取組みの環境マネジメントシステムプロセス又は他の事業プロセスへの統合及び実施

■ **懸念事項と判断の要旨** 注：規格要求事項の水準を超えたチェックポイント

1. 本件はプロセスアプローチそのもの．ISO 9001では，この概念を取り入れている．ISO 14001 でも，順守義務に伴うものは，この捉え方が必要である．
2. 製造・施工・サービス提供の工程に限らず安定して運営管理できるのは，その工程がうまくいくメカニズム（ストーリー）を描いてあるから．その概念が明確になっているのは当然として，できれば監督者と実務者双方が熟知していると，品質・環境ともに，根本的な改善に至ることが可能になり，認識・自覚向上の基礎となりうる．

■ **質問の仕方**

A 段階ごとの製造・施工・サービス提供の工程が，それぞれなぜうまく実施できるか，そのポイントを教えてください．

B こうした基本原理を，どのように次世代の担当者に引き継いでいきますか．
⇒次世代への継承から尋ねると，どのように理解させるかが見えてくる．

065 ISO 9001の8.5.1 f)が該当する工程の管理方法・内容の決め方が適切であることを確認する

■ 規格要求事項

Q **8.5.1 製造及びサービス提供の管理** f) 製造及びサービス提供のプロセスで結果として生じるアウトプットを，それ以降の監視又は測定で検証することが不可能な場合には，製造及びサービス提供に関するプロセスの，計画した結果を達成する能力について，妥当性確認を行い，定期的に妥当性を再確認する．

■ 懸念事項と判断の要旨

1. ISO 9001の8.5.1 f)は，後から監視・測定で検証できないか，不具合が使用開始後にしか判明しない工程・業務が対象（この工程・業務で確実性を確保することが検査の代わり）．
2. 全数検査でなく抜取検査としている場合は，この原理の適用が前提である．
3. 工程や業務の管理方法・内容が理にかなうことを確認する．① 従事者の適格性確認，② 装置の適切性・再現性と管理値順守の一方か，組合せの形態が多い．
   ⇒管理方法・内容や管理値を決めたバックデータを確認する．
4. 従事者の適格性確認が根拠の場合には，① 本当に再現性があるか，② 従事者の適格性確認をどの頻度で再実施するかも設定しておく必要がある．
5. 継続実施できることも必要．適切状態が続いていることを，製造・業務の結果や装置能力などで，製造・業務実施ごとか定期的に確認する（妥当性の再確認）．

■ 質問の仕方

A　この工程で，8.5.1 f)を該当させるとうまくいくのは，なぜですか．
B　工程の確実性は，① 人の技量確保で維持しますか，② 設備の確実性ですか．
C　その状態・水準を常に確保できる根拠を教えてください．

066 製造・施工・サービス提供に携わる者が実務作業と運営管理の手順を確実に習得する手法が確立しているか

■ **規格要求事項**

[Q] **7.2 力量**　c）該当する場合には，必ず，必要な力量を身に付けるための処置をとり，とった処置の有効性を評価する．

[E] **7.2 力量**　d）該当する場合には，必ず，必要な力量を身に付けるための処置をとり，とった処置の有効性を評価する．

■ **懸念事項と判断の要旨**　注：規格要求事項の水準を超えたチェックポイント

1. 所定の決め事を着実に実施することは，確実な運営管理と業務実施の柱．
2. 何を知って，何をマスターするか，必要情報はどこから得られるかなど，習得方法が確立していないと，育成指導者も育成対象者も困ることがある．
   ⇒徒弟制度色が強い職場では，これらが明確になっていないことも多い．特にサービス業では当人の力量が大きくものをいうので，本件は重要．
3. 新たな製造技法を導入する場合にも，同様のことを考える必要がある．
4. 現時点で習熟度に不足があっても，経験を積ませるために仕事につかせることもある．この場合，後見人をつけて品質の逸脱を防ぐのも一法である．
   ⇒後見人が注意力・指導力・洞察力などを有していることも必要である．

■ **質問の仕方**

A　この仕事を習得するには，何を理解して，何をできる必要がありますか．
B　未経験の業務に携わる場合には，どのように手順や約束事を学びますか．
C　不足分を補いながら仕事につく場合には，どんな手立てを講じますか．

067 施工現場従事者が十分な職務遂行能力を有することを確認し，不可欠な注意点を理解させているか

■ 規格要求事項

Q **7.2 力量** b）適切な教育，訓練又は経験に基づいて，それらの人々が力量を備えていることを確実にする．

E **7.2 力量** b）適切な教育，訓練又は経験に基づいて，それらの人々が力量を備えていることを確実にする．

■ 懸念事項と判断の要旨

1. 施工従事者の熟練度や資質は千差万別である．現場を適切に管理するには，現場代理人などが，各人の能力や特色を早めに見極めるのがポイント（危険予知の面もある）．
   ⇒ゼネコン型では，委託先の監督者の能力・特色の把握の比率が高い．
2. 直営施工の比率が高い組織では，社員以外に，自営の外部職人と専属契約（又はそれに近い形での契約）で施工に携わってもらうことも多い．
   ⇒要員の力量や認識度の確保を，社員と同じ手順とするのも現実的な選択．
3. 施工内容・工種・特殊条件を，理解させ，実践させることが必要となる．

▨ 質問の仕方

A　この施工現場で働いている個々の人たちの職務遂行能力を，資格と実際の技能の観点から説明してください．

B　各人に対して，どのような役割分担，途中確認，管理などが必要ですか．

C　施工内容・工種・特殊条件から，どんな注意点を伝える必要がありますか．
   ⇒記録よりも，本当に理解・実践しているかをもとに判断する．

068 製造・施工・サービス提供の実施内容と要点が明確で，実務者が理解・習熟しているか

■ 規格要求事項

Q **8.5.1 製造及びサービス提供の管理**（第1段落） 組織は，製造及びサービス提供を，管理された状態で実行しなければならない．

E **8.1 運用の計画及び管理**（第1段落） 組織は，次に示す事項の実施によって，環境マネジメントシステム要求事項を満たすため，［中略］に必要なプロセスを確立し，実施し，管理し，かつ，維持しなければならない．［後略］

■ 懸念事項と判断の要旨

1. ここではどの業種にも共通のことであるが，サービス業では特に留意したい．サービス業では人の技量が占める割合が高いが，それでも標準化はありうる．

2. アルバイトなどに短期間で習熟させる業種では，マニュアルか育成方法を充実させている．専門サービスでは，細かい手の動かし方までは規定しないまでも，実施内容と要点（勘どころと思考の方向性など）を明確化する事例も多い．
　⇒目的や理由を理解することで，応用が効くようになる．

3. 実施内容と要点は，紙に表す形態もあれば，専用ソフトウェアを用いれば実施できるようにしたうえで，主要項目を別途明確化する形態もある．
　⇒このような場合，どの専用ソフトウェアを導入するかは重要事項．

■ 質問の仕方

A　サービスを行う内容と要点は，どのような形で明確化していますか．
　⇒環境面からの実務事項の明確化が必要なこともある．

B　これらを実務者が十分に理解・習熟していることを，説明してください．

C　なかなかマスターできない場合，どのような方法で理解・習熟度を高めるようにしますか．

069 製造・施工・サービス提供の各工程で、指定どおり順番・内容・器具・管理値を確認・記録しているか

■ 規格要求事項

Q **8.5.1 製造及びサービス提供の管理**（第1段落） 組織は、製造及びサービス提供を、管理された状態で実行しなければならない。

E **8.1 運用の計画及び管理**（第1段落） 組織は、次に示す事項の実施によって、環境マネジメントシステム要求事項を満たすため、[中略]に必要なプロセスを確立し、実施し、管理し、かつ、維持しなければならない。[後略]

■ 懸念事項と判断の要旨

1. 工程の系統・順番・内容・器具・管理値・確認内容・記録を明確に指定してあり、調べられることが大前提。
2. 製造業では、QC工程表をすべて整備していれば一目瞭然である。しかし、"初期段階の調整時はQC工程表を整備するが、その後は遅れ気味""初期段階の調整には間に合わないので後から整備"など、状況は千差万別である。
   ⇒ "QC工程表は顧客の立会の際の説明用"と割り切っている事例もある。
3. 作業標準や工程ごとの管理シートに、順番・内容・管理値などを規定して、実運用に用いるケースもある。この場合、作業標準か管理シートの番号を記した系統樹と組み合わせれば、QC工程表と同一効果を得ることができる。
4. 本件では形式から入らずに、"どのように管理するか""実務者にわかるようにする"の本音がどこにあるかを探すことが基本である。

■ 質問の仕方

A 工程の系統・内容・器具・管理値・確認内容・記録は何でわかりますか。
B それらが製品の仕様書などと整合していることを説明してください。
C 実際に製造・施工・サービス提供を実施している場所に出向いて、状況を見せてください。また指定されている記録を見せてください。

070 使用する設備・機器・器具などは，意図する性能・機能を発揮できているか

■ 規格要求事項

Q **8.5.1 製造及びサービス提供の管理** d）プロセスの運用のための適切なインフラストラクチャ及び環境を使用する．

E **8.1 運用の計画及び管理**（第1段落） 組織は，次に示す事項の実施によって，環境マネジメントシステム要求事項を満たすため，［中略］に必要なプロセスを確立し，実施し，管理し，かつ，維持しなければならない．［後略］

■ 懸念事項と判断の要旨

1. 設備・機器・器具が所定の性能や機能を発揮することは，大前提である．
2. 設備管理部門を設けている組織でも，製造などの実務者が始業点検を行うことも多い．想定範囲内の設備部品の交換は，実務者が行う形態もある．
   ⇒この種のことをできる技能を有していることを確認しておきたい．
3. 製造品目の切替えの場合には，当該設備を使って作業する者とは別に，所定の専門家がセッティングや確認を行う形態も多い．
   ⇒製造などの間に定常状態を保てる技能と，セッティングに必要な技能が大きく異なるような場合に，このような形態としていることが多い．
4. もし使用中に設備などの状態が変化した場合には，状況を確認したうえで，必要な手段を講じることになる．
   ⇒使用部門と設備管理部門のいずれが対応するかは組織の手順に基づく．

■ 質問の仕方

A 使用する設備・機器・器具などが，意図する性能・機能を発揮できるようにするために，どのようなことを行っていますか．

B もし点検時や使用中に，性能・機能が発揮できない場合には，どのようにしますか．

071 製品・部品・原材料・資材の管理方法は，それらの状態維持の観点から適切か

■ 規格要求事項

Q 8.5.4 保存 組織は，製造及びサービス提供を行う間，要求事項への適合を確実にするために必要な程度に，アウトプットを保存しなければならない．

E 8.1 運用の計画及び管理（第1段落） 組織は，次に示す事項の実施によって，環境マネジメントシステム要求事項を満たすため，［中略］に必要なプロセスを確立し，実施し，管理し，かつ，維持しなければならない．［後略］

■ 懸念事項と判断の要旨

1. 製造・施工・サービス提供の途中段階といえども，製品・部品・原材料・素材の性状が変化しない状態で管理する必要はある．
   ⇒食品などでは，品質だけでなく安全の確保が不可欠なこともある．
2. 製品・部品・原材料・資材の性状によって，どんな管理が必要かは異なる．
   ⇒温度管理が必要，直射日光を嫌う，湿気に弱い，密封して空気の出入りを遮断，脱酸素処理を行うなどの管理方法がありうる．
3. 保管状態が悪くて処分すると，納期面への影響，経費ロスのほか，貴重な資源がムダになれば環境面での影響を考慮する必要がある．

■ 質問の仕方

A この製品・部品・原材料・資材を適切な状態に保つためには，どのような管理が必要ですか．
B 状態が変化したかどうかは，どうすれば検出できますか．
C 使用不可となった場合には，どのような処置を行いますか．

072 所定の品質の製造・施工・サービスを行うのに必要な作業環境を確実に管理しているか

■ 規格要求事項

Q **7.1.4 プロセスの運用に関する環境** 組織は，プロセスの運用に必要な環境，並びに製品及びサービスの適合を達成するために必要な環境を明確にし，提供し，維持しなければならない．

E **8.1 運用の計画及び管理**（第1段落） 組織は，次に示す事項の実施によって，環境マネジメントシステム要求事項を満たすため，［中略］に必要なプロセスを確立し，実施し，管理し，かつ，維持しなければならない．［後略］

■ 懸念事項と判断の要旨

1. ISO 9001の7.1.4で扱うのは，プロセスの運用に必要な作業環境と，製品・サービスの適合を達成するために必要な作業環境．労働安全衛生上の作業環境は，規格では扱っていない．
   ⇒このことを承知のうえで組織として本件で扱うのは，何ら支障ない．
2. 粉塵制御のクリーンルーム，電子部品の静電気対策，食品加工時の室温，音響検査での騒音，キズ検出での照度，熟考時の静かな部屋などが代表例．
   ⇒品質確保のために作業環境が決定的な要因ならば対応が必要である．
3. 作業環境として設定した条件が実情に見合うこと，必要な作業環境の確保という観点で，運営管理の内容と方法が趣旨に合致するかが確認ポイント．

■ 質問の仕方

A 製造工程の中で，"所定の製品品質を確保するために，作業環境を確実に管理しなければならない工程"には，どのようなものがありますか．

B その工程では，どのような水準の作業環境を確保する必要がありますか．

C 必要な作業環境を確保するために，どのような管理方法を行っていますか．

D この管理方法で，製品や施工結果，提供したサービスの品質の確保に必要な水準の作業環境を確保できることを説明してください．

073 食品製造の衛生管理など人の体調の良否が影響する業務で，業務従事者の健康管理を適切に行っているか

■ 規格要求事項

Q **8.5.1 製造及びサービス提供の管理**（第1段落） 組織は，製造及びサービス提供を，管理された状態で実行しなければならない．（第2段落） 管理された状態には，次の事項のうち，該当するものについては，必ず，含めなければならない．[a) ～ h) 省略］

■ 懸念事項と判断の要旨

1. 食品製造や調理に携わる者が感染症などにかかっていると，提供する製品を通じて顧客に疾病をもたらすかもしれない．また，手指の傷にも注意が必要．
   ⇒入室時の手洗い，服装，指輪のとり外しなど，作業環境上の条件もある．
2. 運輸業では運転士・操縦士の酒気帯びは御法度．厳密には安全上のことであるが，顧客の期待を考えると，運輸業で安全は品質の一要素．
   ⇒もちろん運輸業では，睡眠や休業など，酒気以外の健康管理も必要なのは言うまでもない．
3. 上記の1. と2. は健康管理が決定的要因となるが，それ以外の業種でも，多かれ少なかれ健康が業務に影響を与える．ただし，決定的要因でない場合には，どこまで管理するかは，業務内容と組織の考え方によって決まる．
   ⇒顧客からの信用獲得という切り口から考えると，必要事項が見えてくる．

▨ 質問の仕方

A この業務の従事者の健康が十分でないと，どのような影響がありますか．
B そのために，どのような管理を行いますか．またその管理方法で，必要な水準での確認を行えることを説明してください．
   ⇒健康検診と日々の自己申告で確認という形態もあるが，業種によっては，対面確認やアルコール検知など，さらに確実性の高い方法を取っている．

074 ヒューマンエラー発生のメカニズムの解明に取り組んでいるか

■ 規格要求事項

[Q] **8.5.1 製造及びサービス提供の管理** g）ヒューマンエラーを防止するための処置を実施する．

[E] **6.1.1（リスク及び機会への取組み）一般**（第2段落）［前略］次の事項のために取り組む必要がある．［中略］リスク及び機会を決定しなければならない．―環境マネジメントシステムが，その意図した成果を達成できるという確信を与える．

■ 懸念事項と判断の要旨

1. 人が介在する限り，ヒューマンエラー（人的ミス）が発生する可能性はある．ISO 9001でこれを扱うのは8.5.1だが，受注や発送の業務などでも発生する．
2. たとえば「図面の読み違い」は，あくまでも症状である．その発生原因は，作業者の力量不足，表記が悪い図面，FAXで届いた不鮮明な図面，疲労の蓄積，集中力を持続しづらい職場環境，仕事の中断後の再開時に生じる勘違いなど，不適切な作業場のレイアウトなどがありうるが，それを特定するのが難しい．
   ⇒一歩踏み込んで原因究明することが，ヒューマンエラー対策の基本である．
3. 原因がわかっても恒久的な対策は難しい．永遠の課題と言えるかもしれない．
   ⇒ベストな対策は難しくても，ベターな対策のさらなる向上を目指したい．

■ 質問の仕方

A このプロセスでは，どのようなヒューマンエラー対策をとっていますか．
B それを始めてから，どのくらいヒューマンエラー発生を抑制できましたか．
C この対策がなぜ有効か，そのメカニズムを教えてください．
D このプロセスには，さらにどのような対策を設けていますか．

075 誤った資料・器具・ソフトウェアを用いないよう，片づけなどの必要な処置を行っているか

■ **規格要求事項**

Q **8.5.4 保存** 組織は，製造及びサービス提供を行う間，要求事項への適合を確実にするために必要な程度に，アウトプットを保存しなければならない．

■ **懸念事項と判断の要旨**

1. 部品・原材料・資材・手順書・器具・ソフトウェアを混同・混入すると，工程の飛ばしや重複，順序の誤り，設置位置の誤認のほか，仕事の効率の低下などを招くことがある．これは自分の作業場も共用部分も同様である．
   ⇒サービス業での事務仕事で生じやすいが，設計・研究でも同様である．

2. 顧客から預かった修理対象製品や専門サービス用の資料が，他の類似物に混入すると区別がつかなくなる．作成中の資料にも，他の顧客のものや，同一顧客の他時期のものと区別しづらいものもある．誤らないよう，次の業務を始める際には，それ以外のものを片づけておきたい．これは，購買先などから預かった場合でも同様である．
   ⇒顧客から預かった図面などを紛失しないことは，知的財産の保護である．

3. これらは，5S（整理・整頓・清掃・清潔・躾又は習慣化）に一脈通じる．

▨ **質問の仕方**

A 資料・器具・ソフトウェアなどを誤って用いないように区別するために，置き方や収め方などを，どのようにしていますか．
   ⇒共用部分での物の置き方についても尋ねたい．

B 机や作業場所は，どのような場合に片づけますか．
   ⇒片づけることの強要ではなく，業務上の支障の排除という点から捉える．

2.5 生産部門 & 生産計画部門

076 工程間の連携の方法・時期などが明確になっていて，確実に実施しているか

■ 規格要求事項

Q **8.1 運用の計画及び管理**　b) 次の事項に関する基準の設定　1) プロセス

E **8.1 運用の計画及び管理**（第1段落）　組織は，次に示す事項の実施によって，環境マネジメントシステム要求事項を満たすため，［中略］に必要なプロセスを確立し，実施し，管理し，かつ，維持しなければならない．──その運用基準に従った，プロセスの管理の実施

■ **懸念事項と判断の要旨**　注：規格要求事項の水準を超えたチェックポイント

1. 多くの職種では，部門内の他の人や他の部門の人と協調して仕事を行う．建設業では現場ごとの工種間の連携方法などの明確化は特に必要である．
   ⇒同時期に行う工種が多く，密接に関連している場合には，ネットワーク形式の工程表を設け，朝礼などで工種間の連携と調整を図ることが多い．
2. 次工程を配慮することで，業務の効率や確実性が向上することも多い．
   ⇒"次工程はお客様"を実践するには，次工程を知り，熟考する．
3. 順調なとき，順調でないときの，連携方法・時期の設定も大切である．
   ⇒品質だけでなく，環境面の連携の設定・実施も必要．日常の環境活動を部門ごとに個別に行っている組織では，連携が十分でないことが多い．工程間・部門間の協力が加わることで環境効果が大きくなることもある．

■ 質問の仕方

A 次工程以降のことを考えて，日常的にどのようなことを行っていますか．
   ⇒新たな工夫を喚起したいが，本当に次工程に役立っているかも考えたい．

B どのようなことが起こったときに，どの工程と連携を取りますか．
   ⇒連携を取る目的や効果を知っていると，有効度が高まることが多い．

問題発生の兆しをキャッチし,どのような状況になれば手段を講じるかの基本線が明確か(スケジュールやタイミングを含む)

■ 規格要求事項

Q **9.1.3 分析及び評価**(第1段落) 組織は,監視及び測定からの適切なデータ及び情報を分析し,評価しなければならない.(第2段落) 分析の結果は,次の事項を評価するために用いなければならない. d)計画が効果的に実施されたかどうか.

E **9.1.1(監視,測定,分析及び評価)一般**(第1段落) 組織は,環境パフォーマンスを監視し,測定し,分析し,評価しなければならない.

■ 懸念事項と判断の要旨　注:規格要求事項の水準を超えたチェックポイント

1. 業務状況の変化から問題発生のきざしをキャッチすれば,早めに次の一手を打てる.日常業務の変化から環境上の変化に気づくこともある.
   ⇒影響推定をもとに"普段から何を見ておくか"を決めることから始まる.
2. この先どうなるか,どういう状況や症状が生じる可能性があるか,何が引き金となってそこに至る可能性があるかなど,出来事を予見することも必要となりうる.
3. どこまでが安全領域で,どこからが危険領域か,予想される影響などから,どのように考えるかの基本線や方向性を,ある程度は考えておきたい.

■ 質問の仕方

A "実施状況の何を,どの観点で,どの時期に監視するか"に関する決め事は,問題時の対応の目的に見合いますか.

B 監視プロセスやホールドポイントなどは明確になっていますか.
   ⇒判断の仕方が適切であることも,併せて確認する.

078 進捗や業務の状況が変化した場合に，関係者に連絡を取って対応の要否を判定し，必要時に適切な処置を講じているか

■ 規格要求事項

Q 8.5.6 変更の管理（第1段落）　組織は，製造又はサービス提供に関する変更を，要求事項への継続的な適合を確実にするために必要な程度まで，レビューし，管理しなければならない．

■ 懸念事項と判断の要旨

1. 状況が変化すれば何らかの判断を下す．基準（定量的・定性的）に沿って判断する形態もあるが，技術的見地から結論づけることもある．
    ⇒管理者・監督者には，管理能力だけでなく技術力も必要かもしれない．
2. "生産計画どおりに順調に進んでいるか"もここでの観点となりうる．
3. 顧客に出向いて行う業務では，実務者からの経過や結果の定時報告は，管理者・監督者に有用なことが多い．何が生じた場合に定時外の報告が必要か，内容・水準に応じて誰に報告するかを，明確に示して理解させておく．
    ⇒報告内容によっては，タイミングを逃すと手遅れになってしまうおそれがあるので，タイムリーな指示が求められることがある．
4. とろうとしている処置内容の適否の判断も重要である．特に判断者から離れた場所での出来事を適切に判断するには，どのような現地の状況を判断者に提供する必要があるかをわかっているか否かによって，判断の適切性に差異が生じることがありうる．

■ 質問の仕方

A 進捗情報はどのように入りますか．また，生産計画・業務計画をどのように変えますか．
B 技術面の状況報告は，どのようなときに必要ですか．
C （実務者に）いつ何を定時報告し，どのようなときに定時外報告しますか．
D （管理者・監督者に）報告を受けたら，どのようにアドバイスしますか．

079 不適合製品の処理を処理方法の決定者として定められた者の指示に基づいて実施しているか

■ 規格要求事項

Q **8.7 不適合なアウトプットの管理**（**8.7.1** 第2段落） 組織は，不適合の性質，並びにそれが製品及びサービスの適合に与える影響に基づいて，適切な処置をとらなければならない．これは，製品の引渡し後，サービスの提供中又は提供後に検出された，不適合な製品及びサービスにも適用されなければならない．

■ 懸念事項と判断の要旨

1. 不適合製品の処理方法の決定者は，① どの処置方法でもすべて同一の者という形態と，② 処理方法ごとに決定者を指定する形態の2種に大別される．
　⇒製造・施工・サービス提供する内容ごとに変えている事例もある．
2. 部品交換で容易に良品になるならば，担当者が決定してもおかしくない．サービス業で容易にやり直せるケースでも，担当者が決定する事例は多い．
3. 特別採用（"チェックポイント081"参照）のうち，顧客要求を満たせないものでは，顧客との信頼関係にも影響する可能性がある．接客業で顧客に平謝りして許しを乞うケースでは，店長が出てくる必要があるかもしれない．
4. 現物を良品化したり，廃棄して作り直したりするのに多くの資材・労力・費用を要するならば，上層部が決定するかもしれない．
　⇒どのような決め方でも構わないが，状況ごとに決定者が異なる場合には，決定者が誰であるかを関係者が知っていることは必要不可欠である．

■ 質問の仕方

A 不適合製品をどのように処理するかを誰が決めますか．もし不適合製品の形態によって異なるならば，個別にお答えください．
B このことを不適合製品の発生に気づく人に，どのように周知していますか．
C 不適合製品発生事例をもとに，決定者が規定どおりかを確認します．

080 発生した不適合製品と同一か類似の不適合が製作中・在庫中・出荷済みの製品に存在する懸念を払拭できているか

■ 規格要求事項

Q 8.7 不適合なアウトプットの管理（8.7.1 第1段落） 組織は，要求事項に適合しないアウトプットが誤って使用されること又は引き渡されることを防ぐために，それらを識別し，管理することを確実にしなければならない．

■ 懸念事項と判断の要旨　注：規格要求事項の水準を超えたチェックポイント

1. 不適合製品そのものの処理は当然だが，製作中・在庫中・出荷済みの製品に類似不適合が内在する可能性の有無の検討も必要かもしれない．

2. 製造業で，たとえば"量産品の抜取検査でのロット不合格"で見つかった不適合製品では，他のロットに不適合製品が混入している可能性がある．接客業で，たとえば"顧客に失礼なことを言った"という類の不適合サービスでは，すでに帰った顧客にも類似の失礼があったかもしれない．
   ⇒商売を考えると，製品・施工・サービスに関する不適合の顧客への流出は，食い止めなければならない．現品だけではないかもしれないので．

3. ISO 9001 はここまで踏み込んでいないが，適切な製品・サービスを提供することが，そもそも原点である．これらを考慮して，心配事項を完全に払拭するか，場合によっては，問題の影響度から腹をくくる必要があるかもしれない．
   ⇒リコールの可能性を考慮しなければならないケースもありうる．

■ 質問の仕方

A この不適合製品と類似の不適合製品が発生している可能性はありますか．

B 類似の不適合製品が存在・流出している可能性について，どのような見地から，どのように分析して結論を出しましたか．
   ⇒不適合製品の発生の広がりと影響度，組織の信用について確認したい．

081 "特別採用はどのような場合に認められるか"の基準や考え方が確立しているか

■ 規格要求事項

Q **8.7 不適合なアウトプットの管理**（**8.7.1** 第3段落）　組織は，次の一つ以上の方法で，不適合なアウトプットを処理しなければならない．d）特別採用による受入の正式な許可の取得

■ 懸念事項と判断の要旨　注：規格要求事項の水準を超えたチェックポイント

1. 特別採用を，ISO 9000 の 3.12.5 で「規定要求事項に適合していない製品又はサービスの使用又はリリースを認めること」と定義している．建設業やサービス業でこの用語を使うことは少ないが，製造業の一部では使われている．
⇒現品に手を加えても，完全に良品にならなければ特別採用である．

2. 規定要求事項には，① 顧客に対する保証事項（契約事項）と，② 組織内で決めた基準だが顧客への保証に影響しないものがある．ここでの留意点は，顧客への保証に影響するか否か．①の特別採用には顧客の承諾が必要だが，②はあくまでも組織だけの問題である（工程内検査での特別採用もある）．
⇒顧客への申請手続きも大事だが，申請するか否かは組織の考え方である．

3. 特別採用（①では顧客申請）を，どのような場合に認めるか，誰が認めるかは，組織の思想に基づいて決める．画一的な基準を設けるのは現実的でないが，影響度などをもとに少なくとも判断時に考える方向性だけは定めておきたい．

▨ 質問の仕方

A　特別採用は，どのような場合に認められますか．
　⇒事務手続きではなく，考え方の基本線を答えてもらう．
　⇒実例をもとに，技術面や法規制面での正当性を調べる．

B　特別採用を認めるのは誰ですか．
　⇒組織内基準と顧客基準のどちらに抵触するかで異なるかもしれない．

082 緊急事態への対応など，非日常的な実施事項が該当時に適切に実施できる状態にあるか

■ 規格要求事項

Q **8.1 運用の計画及び管理**（第3段落）　組織は，計画した変更を管理し，意図しない変更によって生じた結果をレビューし，必要に応じて，有害な影響を軽減する処置をとらなければならない．

E **8.2 緊急事態への準備及び対応**（第1段落）　組織は，6.1.1で特定した潜在的な緊急事態への準備及び対応のために必要なプロセスを確立し，実施し，維持しなければならない．

■ 懸念事項と判断の要旨　注：規格要求事項の水準を超えたチェックポイント

1. 緊急事態への対応というと環境のことを思い浮かべるが，品質にもある．本件は，緊急事態が発生したか，発生のきざしの検出からスタートする．
   ⇒兆しに気づくには，想定した緊急事態をイメージできることも大切．
2. 非日常的なことは，条件反射的に行えるようにする．何を行うかを思い出させる機能を設けるなど，何かを仕組まないと肝心なときに実施できない．
   ⇒訓練を行っている場合には，緊迫度を調査して，役立ち度を確認したい．
   ⇒文書を設けたとしても，それをすぐに取り出せない，該当ページもすぐに開けない，一読しただけでは実務内容が理解できない状態だと，適切に実施できないケースもありうる．

■ 質問の仕方

A 緊急事態には，どんなものがありますか（品質面と環境面）．
B 緊急事態が発生しそうかは，何をきっかけに気づくことができますか．
C 緊急事態の発生時に何を行うかを，デモンストレーションしてください．
   ⇒手順書などを見てよいが，言われてすぐに行えるならば支障はない．ただし，実際の緊急事態と同程度の緊迫度であることが前提．

2.6 検査・試験部門

《当該部門・業務の特徴的な事項》

(1) 製造業での検査・試験

検査・試験は，製品の適否を確認して結論を出すためのもの．確認の内容・実施者・判定方法・基準・頻度・記録用紙などは，ISO 9001 の"8.1 運用の計画及び管理"で設定する．なお，量産型の生産を行う組織では，検査の数量や頻度を決めるために，統計的手法を始めとする QC（品質管理）手法を活用することが多い．

検査内容や判定基準などが，検査記録用紙・QC 工程表・検査規格・検査手順書の相互間で整合していないことがある．記録用紙など日常的に用いる文書に誤りがあることは少なく，日常的に用いない文書の改訂が追いついていないために，このような不整合が生じることが多い．日常文書と非日常文書で管理の仕方を変えるのも一法である．

(2) 建設業での検査・試験

建設業では，自組織が行う検査以外に，施主が行う検査もある．公共工事では，検査官は専門知識を有しているので，純技術論で意見交換してもよい．民間工事の場合，中でも住宅建築など個人が施主の場合には，施主本人は通常は素人であり，技術論とは異なる次元での意見や判断が出ることも多い．対応方法は"組織としてどうするか"という組織の姿勢から結論づけるのが実情である（品質方針か品質マニュアルで姿勢を示すのが現実的である）．

(3) サービス業での検査・試験

サービス業では，検査・試験といってもピンとこない．技術サービスでは，性能要件を満たしているか否かを測定・分析・検証して判定することが多い．また，専門サービスでは，顧客への報告書や提出資料などの成果物を内容確認することで，検査・試験に相当する検証行為を伴うことが多い．

接客サービスでは，たとえば，フロアマネジャーがスタッフの動きや業務状況の監視が，ISO 9001 の "8.6 製品及びサービスのリリース" と，"9.1.1（監視，測定，分析及び評価）一般" を兼ねることもある．しかしスタッフの近くに寄って会話内容に聞き耳を立てるわけにもいかない．"8.5.1 製造及びサービス提供の管理" の f)（後から検証できない）と捉えるのが現実的である．

(4) 検査・試験の結果

ISO 9001 の "8.6 製品及びサービスのリリース" での記録の要求は，合否判定基準への適合の証拠とリリースを正式に許可した人（又は人々）に対するトレーサビリティ．どこまで検査結果を記録するかは組織として判断する．なお，製品によっては "法律順守の証拠の記録" という面もあり，顧客・行政・マスコミや，場合によっては裁判のことも想定する必要があるかもしれない．

検査・試験で不合格になると，次は現品の処理．不良の状況によって処理方法や判断者が異なる場合には，情報の連絡先の明確化も必要である．

なお，検査・試験に用いる機器の校正や自動検査装置の点検が，上記活動に伴って必要となることもある（この内容は，本書の 2.10 節で扱う）．

(5) 検査・試験で得た知見の活用

検査・試験は，製品性状を見る機会であり，生産結果を見る機会でもある．ここで得た知見は，製品の改善や，製造・施工・サービス提供方法の改善，さらには生産計画や営業施策の改善に結びつくことがある．これらのうちのいくつかは，リスクへの対応の要否を判断するためのきっかけとなっている．

083 検査段階・検査項目・検査方法と判定基準は誤ることなく当該者に伝達可能か

■ 規格要求事項

Q **8.1 運用の計画及び管理**（第2段落） この計画のアウトプットは，組織の運用に適したものでなければならない．

■ 懸念事項と判断の要旨

1. 検査段階・検査項目・検査方法（抜取検査ではサンプリング数を含む）と検査判定基準が明確で，当事者に確実に伝わることは，必須要件である．
2. これらが，QC工程図，検査規格書，検査手順書のほか，製品や検査段階ごとの検査記録用紙（コンピュータ入力画面を含む）にも載っているなど，該当文書が多過ぎることがある．現実的には，実務者が日常的に目にする文書に載っているのが最良である（結局それを優先的に見ることになり，この種の文書を最もよくメンテナンスしていることが多い）．
3. 指定情報を誤ることなく読み取れることも必須である．書き方が悪いと，肝心なことを読み落としたり，理解できずに失敗したりすることもある．
   ⇒ここでは検査について記したが，これは製造・購買・物流・設計など，あらゆるものに適用できる原則である（明確であり，明快であること）．

■ 質問の仕方

A 検査段階・検査項目・検査方法と判定基準は，どこを見ればわかりますか．
　⇒内部監査員は"もし自分が検査者ならばこれを明快に理解できるか"の観点から判断する．予備知識がないと理解できない技術内容については，検査者に解説してもらうとよい．

B （文書でない形態の場合）検査段階・検査項目・検査方法と判定基準を，どのように知ることができますか．
　⇒教育訓練などを通じて確実にマスターできていれば，それで支障ない．

084 検査記録を抽出し，検査結果→検査判定基準→設計・開発結果→顧客との合意事項や法令・規制の順に整合性を確認する

■ 規格要求事項

Q 8.1 運用の計画及び管理 b）次の事項に関する基準の設定 1）プロセス 2）製品及びサービスの合否判定

■ 懸念事項と判断の要旨

1. ISO 9001 の"8.6 製品及びサービスのリリース"は，製造業・建設業では"検査・試験"に相当．検査・試験の手順・基準が，その段階の製品に求められている諸条件に沿っていて，規定どおり実施していることの確証を持つ．
2. 何をどのように検査するかは，ISO 9001 の"8.1 運用の計画及び管理"で設定する．基本となる情報は設計・開発の結果からもたらされ，通常は，最終的に検査記録に成果が載る（組織内に設計・開発がある場合）．
3. この調査ポイントは"体系的に整理されているか"の観点から，各事項の相互間の整合性を順にたどっていくことを想定している．具体的には，チェックポイントで紹介している資料（記録用紙を含む）をテーブルの上に並べて，見比べながら，内容や数値などが整合していることを確認していく．
4. 検査基準の制定では，設計・開発の結果で指定している顧客保証値よりも，厳しめの値とすることも多い．
   ⇒可能であれば，検査基準の設定の考え方も併せて確認するとよい．

■ 質問の仕方

A 検査結果（検査記録用紙），判定基準，設計・開発の結果，顧客との合意事項や法令・規制を並べてみます．

B これらを相互比較して，保証事項を保証できること，必要な検査を行っていることを確認します．
 ⇒ここでは質問ではなく，文書間の比較によって判断する．

085 検査の実施に必要な場合，適切な作業環境を確保しているか

■ 規格要求事項

Q 7.1.4 プロセスの運用に関する環境 組織は，プロセスの運用に必要な環境，並びに製品及びサービスの適合を達成するために必要な環境を明確にし，提供し，維持しなければならない．

■ 懸念事項と判断の要旨

1. 検査で色合いやキズの状態を目視確認するときに，照明が暗いと不具合に気づかず判定を誤る可能性がある．また，照明の色がニュートラルでないと，色合いを判定し損ねる可能性がある．また，騒音が大きい場所では，楽器の音色を判定しようとしても，正しい判定とならない可能性もある．
2. 上記1.の各ケースは，検査に際して"誤った判定を下さない"の目的から，作業環境が必要な事例である．
   ⇒ここに紹介したものに限らず，"正しく判定するにはどうするか，何が必要か"から作業環境を捉える．
3. 必要な作業環境の管理基準を指定するには，何らかの根拠が必要である．条件を変えて試行して決めるのがベストかもしれないが，ある基準で必ず正確に判定できることが実証できるなら，それも根拠である．
   ⇒業務によっては，学会や業界などの文献値から規定することもありうる．
   "こうだから大丈夫"ということを明快に言えるならば，それでよい．

▨ 質問の仕方

A 作業環境の確保が不可欠な検査には，どのようなものがありますか．
B それぞれについて，現在どのような作業環境を，どのような方法で確保していますか．
C 作業環境に関する基準を制定した背景を示してください．実用上の妥当性も教えてください．

086 官能検査の実施者が必要な力量を保有し続けているか

■ 規格要求事項

Q 7.2 力量 b) 適切な教育，訓練又は経験に基づいて，それらの人々が力量を備えていることを確実にする．

■ 懸念事項と判断の要旨

1. 色合い，音調，香り，味，肌触りなど，人間の五感（視覚・聴覚・嗅覚・味覚・触覚）をもとに判定する検査を，官能検査という．この場合の五感はセンサーであり，力量の観点から捉えて，適切性を維持する．
   ⇒ ここでいう官能検査は，感受性などに基づく微妙な判定が対象である．単純に有無を目視で確認するだけならば，ここまでは求められない．
2. 五感に依存するものは検査だけとは限らない．たとえば，お酒のブレンドのように，原材料の微妙な違いをもとに配合比率を決めるのも同様である．
3. 五感の感受性を持続していることの確認は，一種の検証である．定期的か随時，能力の検証を行うことが多い．また，日々の状態は，体調を申告して管理することもある．ただし，厳格な確認が必要な製品では，数値や状態が既知の検体を用いて，所定の成果が得られることで確認することもある．
   ⇒ ISO 9001 の "7.1.5.2 測定のトレーサビリティ" の対象となる "機器" の英語（equipment）には，このニュアンスが含まれている．

▨ 質問の仕方

A 人の五感に基づいて検査や業務を行う工程では，その業務に従事する人の五感が適切に持続できていることを，どのように確認しますか．

B 官能検査を行う人のその日の五感の状態が適切であることを，どのように確認・管理しますか．

087 受入検証の範囲・内容・方法・形態は，製品・サービスへの品質・環境上の影響から見て適切か

■ 規格要求事項

Q **8.4.2 管理の方式と程度** d）外部から提供されるプロセス，製品及びサービスが要求事項を満たすことを確実にするために必要な検証又はその他の活動を明確にする．

E **8.1 運用の計画及び管理**（第3段落） 組織は，外部委託したプロセスが管理されている又は影響を及ぼされていることを確実にしなければならない．これらのプロセスに適用される，管理する又は影響を及ぼす方式及び程度は，環境マネジメントシステムの中で定めなければならない．

■ 懸念事項と判断の要旨

1. 原材料や部品の適切性は確保する必要がある．全数検査や抜取検査もあるが，外観確認や員数確認もあり，伝票照合のみという形態もある．
   ⇒購買先や外部委託先の実力や状況，品質上の影響度，製造時に不具合を検出できるかなどをもとに決めることも多い．相手に対する能力評価の結果とも関連する．
2. 環境面の検査は，環境影響のある材料の不使用や限定使用の証明では書類確認という形態もある．消費電力量などは品質検査と兼ねることもある．
   ⇒制約条件などは，発注仕様として提示しているのが通例である．
3. 大型設備など購買先の側でないと不具合の解消が難しい場合には，購買先のところに出向いて検査することもある．
   ⇒設備など非日常的な購買製品では，形式的確認でないことを調査したい．

■ 質問の仕方

A 原材料・部品・設備などの受入検証の内容を，それぞれ教えてください．

B これらの受入検証の形態で，組織の品質・環境を適切に保証できることを，それぞれ説明してください．

2.6 検査・試験部門

088 不適合な製品・サービスの修正後に行う検証は，それによって生じる可能性のある影響の範囲と程度から見て妥当か

■ 規格要求事項

Q **8.7 不適合なアウトプットの管理**（**8.7.1** 第4段落） 不適合なアウトプットに修正を施したときには，要求事項への適合を検証しなければならない．

E **8.1 運用の計画及び管理**（第1段落） 組織は，次に示す事項の実施によって，環境マネジメントシステム要求事項を満たすため，［中略］に必要なプロセスを確立し，実施し，管理し，かつ，維持しなければならない．［後略］

■ 懸念事項と判断の要旨

1. ISO 9001の8.3 a）の「検出された不適合を除去するための処置」には，"完全良品にする"と"用途に見合う水準とする"の2種がありうる．
2. 製品に手を加えたならば，結果を再検証（検査など）することになるが，どこまでの範囲を検証するかを，判断しなければならない．① 修理・交換した部分だけの検証，② 見込まれる影響範囲までの検証，③ 通常の検査をすべてやり直すなど形態は各種ある．修正することによる本体への影響が大きい製品では，通常の検証よりも範囲が広いケースもある．
   ⇒①②③などの形態によって，記録の残し方が異なることがある．製品によっては，修正した製品に関する記録の追跡が必要となることがある．
3. どこまで検証するかは"組織としてどのような思想で取り組むか"の観点から，結論づけることになる．

■ 質問の仕方

A 不適合製品を修理・部品交換した後は，どの範囲まで再検証しますか．
B 検証する範囲が，修理・部品交換によって影響を生じる可能性のある範囲と見合うことを説明してください．

089 検査で不合格になった製品を誤って使用することがない管理方法を取っているか

■ 規格要求事項

Q **8.7 不適合なアウトプットの管理**（**8.7.1** 第1段落）　組織は，要求事項に適合しないアウトプットが誤って使用されること又は引き渡されることを防ぐために，それらを識別し，管理することを確実にしなければならない．

E **6.1.4 取組みの計画策定**（第1段落）　組織は，次の事項を計画しなければならない．a）次の事項への取組み　3）6.1.1で特定したリスク及び機会　b）次の事項を行う方法　1）その取組みの環境マネジメントシステムプロセス又は他の事業プロセスへの統合及び実施

■ 懸念事項と判断の要旨

1. 不合格になったものは，少なくとも完全良品ではない．ただし，ロット単位での抜取検査の場合には，良品と不良品が混在している可能性がある．
   ⇒ロット不合格の場合には，良品と不良品を選別することもある．
2. 検査対象の製品については，"どれが合格判定済みか"が判明して，少なくとも"検査を受けて合格になったものだけを使える状態"になっていれば，不合格品を誤って使ってしまう可能性は大幅に低下する．
3. 大型機械など，容易に持ち運べないものは，検査記録を横に置くだけでも区別できる．しかし，容易に手で持ち運びできるものは，できれば積極的に場所を変えるか表示して，誤使用する可能性を低減することが望ましい．

▨ 質問の仕方

A　検査で不合格になった製品には，表示や置き場所の変更など，どのような管理方法を取ることで，誤使用を防いでいますか．

B　内部監査員自身の目から見て，慌てているときに誤る可能性があるか評価・検討する．

2.6 検査・試験部門

090 検査で得た知見のうち，必要な情報を設計・生産技術・施工技術部門などに伝達しているか

■ 規格要求事項

Q **7.4 コミュニケーション** 組織は，次の事項を含む，品質マネジメントシステムに関連する内部及び外部のコミュニケーションを決定しなければならない．a) コミュニケーションの内容 c) コミュニケーションの対象者 d) コミュニケーションの方法 e) コミュニケーションを行う人

E **7.4.2 内部コミュニケーション** a) 必要に応じて，環境マネジメントシステムの変更を含め，環境マネジメントシステムに関連する情報について，組織の種々の階層及び機能間で内部コミュニケーションを行う．

■ 懸念事項と判断の要旨　注：規格要求事項の水準を超えたチェックポイント

1. 検査すると，製品の合否だけでなく，製品性状の変化，製造状態との相関，変化の兆し，使い勝手，安定性，改良点など，さまざまなことに気づく．これらはすべて製品自体や製造・施工方法の工夫のきっかけとなりうる．
2. 何気なく見ていても，将来の応用の可能性に気づかなければ活きてこない．気づいて，伝えられれば，今後の変革に役立つための道が開ける．
3. 検査・試験部門は，よそから孤立していないか．不合格の検出と流出防止以外にも役立っていることがわかると検査への注視度はさらに高くなる．

■ 質問の仕方

A 検査を通じて，どんなことに気づいて，それを誰に伝えますか．

B 設計部門・生産技術部門などは，何を知らせてほしいといっていますか．
⇒情報の発信元と活用者とでは，伝える情報の認識に違いがあるか．

C 検査部門での気づきが，どのような業務や製品の工夫に役立ちましたか．
⇒有効事例が出ていることは，各人が工夫を続けるうえで張り合いになる．

2.7 在庫管理・出荷・引渡し部門

《当該部門・業務の特徴的な事項》

(1) 在庫製品の管理

鮮魚での温度管理や水質管理，ガラス製品での破損防止など，在庫管理・出荷・引渡しのいずれも，製品性状が変化しない手段を講じることと，物の区別をつけて間違わないことは基本である．スペースの都合で所定の位置と異なる場所に置く場合には，混乱を防止する手段の検討も必要かもしれない．

保有製品の種類・数量や生産時期の把握を行うこともある．また，先入れ先出し管理や会計面から行う棚卸しは，在庫データの再確認にも結びつく．

(2) 出荷と引渡し

出荷以降も，顧客と合意した時点までは，製品の状態維持は組織の責任で行う．出荷は，直営形態もあれば，外部委託形態もある．外部委託先に出荷輸送を手配することは，購買であるが，購買と意識されていないこともある．

この間に製品がダメになると，用いた資源やエネルギーがムダになりうるので，環境面で配慮するのが現実的である（もちろん経費面でもロスになる）．

(3) 外部倉庫と輸送外注

外部倉庫や輸送外注の場合，組織直営と異なって目が届かない状態となる．なぜ任せられるかの構図を描くことも大切である．また外部倉庫から顧客に直送するのであれば，委託先との手順のすり合わせが必要となることもある．

091 生産完了〜出荷依頼〜引渡しの間の情報授受と結果連絡・予定変更連絡を適切に実施しているか

■ 規格要求事項

Q **7.4 コミュニケーション** 組織は，次の事項を含む，品質マネジメントシステムに関連する内部及び外部のコミュニケーションを決定しなければならない．a）コミュニケーションの内容 c）コミュニケーションの対象者 d）コミュニケーションの方法 e）コミュニケーションを行う人

E **7.4.2 内部コミュニケーション** a）必要に応じて，環境マネジメントシステムの変更を含め，環境マネジメントシステムに関連する情報について，組織の種々の階層及び機能間で内部コミュニケーションを行う．

■ 懸念事項と判断の要旨　注：規格要求事項の水準を超えたチェックポイント

1. 組織の生産業務は，生産計画・購買・製造・検査・物流など関係する役割間の連携で成り立っている．"ホウ・レン・ソウ"，つまり報告・連絡・相談が，こうした連携の基本である．

2. 上記1．のような連携は，情報の円滑なやりとりが基本となっている．そのためには情報交換の手段が必要で，ISO 14001の7.4ではコミュニケーションプロセスと表記して，これが"プロセス"の一つであることを強調している．

3. プロセスを設定しても，うまく稼働しなければ"絵に描いた餅"である．プロセスが有効であることを，内部監査を通じて調査・確認していきたい．

■ 質問の仕方

A 生産完了〜出荷依頼〜引渡しの情報授受として設定した方法は，うまく稼働していますか．

B 結果の連絡と予定変更の連絡は，うまく稼働していますか．設定した方法に支障はありませんか．

092 製品状態の維持に必要な場合，特別な保管条件を指定し，持続していることを確認する

■ 規格要求事項

Q **8.5.4 保存** 組織は，製造及びサービス提供を行う間，要求事項への適合を確実にするために必要な程度に，アウトプットを保存しなければならない．

E **8.1 運用の計画及び管理**（第1段落） 組織は，次に示す事項の実施によって，環境マネジメントシステム要求事項を満たすため，[中略] に必要なプロセスを確立し，実施し，管理し，かつ，維持しなければならない．[後略]

■ 懸念事項と判断の要旨

1. 保存（製品状態の維持）について，ISO 9001の8.5.4の注記では，識別（錯誤の防止で状態維持），取扱い（移動の仕方で状態維持），包装（製品周囲にあるもので状態維持），保管（置き場所と周辺環境で状態維持），保護（衝撃防止やその他の要素での状態維持）などを上げている．懸念と必要性の調和から考えていきたい．
2. 動きを伴うものの事例には，荷崩れ防止，混入防止などがある．
3. 周辺環境関連には，冷蔵庫の使用と温度確認，密封による空気移動の遮断，乾燥剤や脱酸素材など封入空気の管理など，種々の方法・事例がある．
4. 内部監査では，在庫中と出荷から引渡しの製品状態の維持状況を確認する．
⇒不具合が生じて廃棄することは，環境影響のもとと捉えるとよい．

■ 質問の仕方

A この製品の状態を維持するには，保管環境など，どんな要件が必要ですか．

B 必要要件を持続することで，製品の状態を維持できていることを説明してください．

093 保管と輸送の外部委託先が適切に実施していることの確証を得ているか

■ 規格要求事項

Q **8.4.2 管理の方式及び程度** c）次の事項を考慮に入れる．1）外部から提供されるプロセス，製品及びサービスが，顧客要求事項及び適用される法令・規制要求事項を一貫して満たす組織の能力に与える潜在的な影響　2）外部提供者によって適用される管理の有効性

E **8.1 運用の計画及び管理**（第3段落）　組織は，外部委託したプロセスが管理されている又は影響を及ぼされていることを確実にしなければならない．これらのプロセスに適用される，管理する又は影響を及ぼす方式及び程度は，環境マネジメントシステムの中で定めなければならない．

■ 懸念事項と判断の要旨

1. 外部倉庫を使うことはよくある．組織の敷地の不足や，在庫数の変化への対応，温度の管理，費用などで，組織内よりも外部のほうが手堅いならば，外部倉庫を使うだろう．一方，輸送の外部委託も多い．① すべて外部，② 特定顧客だけ直営，③ 少量配送は外部　など，こちらも理由はさまざま．
2. 外部倉庫・輸送委託で，業務実施している確証をどのように得ているか．① 契約約款に基づいて定期連絡をもらう，② 定期的に訪問して確認　など．
  ⇒不適切状態発生の報告もきちんと入れる約束になっている　など．
3. 外部倉庫から顧客に直送してもらう場合の管理も必要となる．
4. こうした条件を契約書に書き，管理体制を確認して，安心を得る．

■ 質問の仕方

A　○○の外部委託先が適切に管理していることを，どのように確証しますか．
B　いま説明のあった管理形態と契約内容で安心できるのは，なぜですか．

094 注文頻度は低いが在庫することにした物品を容易に見いだせる形態で保管しているか

■ **規格要求事項**

Q **8.5.2 識別及びトレーサビリティ**（第1段落） 製品及びサービスの適合を確実にするために必要な場合，組織は，アウトプットを識別するために，適切な手段を用いなければならない．

E **8.1 運用の計画及び管理**（第1段落） 組織は，次に示す事項の実施によって，環境マネジメントシステム要求事項を満たすため，[中略] に必要なプロセスを確立し，実施し，管理し，かつ，維持しなければならない．[後略]

■ **懸念事項と判断の要旨**

1. 何を常備在庫するかは組織としての戦略である．在庫品が見つからないと困るのは組織．ただし，注文頻度の高低で置き場所を変えるならば，持ち出すのに要する時間は異なるかもしれない．
2. 完成品として持つものも，中間品，原材料・資材として持つものもある．自分にはわかる識別も，他の人にはわからないこともある．特定の人しか触らないか，それ以外の人も触るかを考慮して，管理方法を決めていく．
3. 普段使用しない原材料・資材や，売れ行きの止まった製品は，どうしても倉庫の隅に追いやられる．置き場所は隅でよいが，使うタイミングまでに見つかることは，ここでの必須条件．

    ⇒販売用や補修用など特定の用件に必要な物品を容易に探し出せる形態で保管していることを，デモンストレーション的に確認するとよい．

■ **質問の仕方**

A たとえば，○○という製品の修理依頼が入ったと仮定して，修理を行うには，どのような原材料や部品が必要ですか．

B それでは，必要な修理用の原材料・部品を取り揃えてみましょう．

095 販売用の在庫品は顧客に販売できる状態を持続しているか

■ 規格要求事項

Q 8.5.4 保存 組織は，製造及びサービス提供を行う間，要求事項への適合を確実にするために必要な程度に，アウトプットを保存しなければならない．

E 6.1.4 取組みの計画策定（第1段落） 組織は，次の事項を計画しなければならない．a）次の事項への取組み 3）6.1.1で特定したリスク及び機会 b）次の事項を行う方法 1）その取組みの環境マネジメントシステムプロセス又は他の事業プロセスへの統合及び実施

■ 懸念事項と判断の要旨

1. "在庫中にいつの間にかダメになっていて顧客に提供できない"では困る．状態を変化させない（使える状態にある）ことは，在庫の基本である．
   ⇒これは顧客販売用のものに限らない．製造に使う原材料・資材や，保有設備の交換部品でも同じことがいえる．
2. 在庫品が，売れない状態になっていて，廃棄しなければならないならば，資源のムダであり，環境上の影響も考える必要がある（経費もムダになる）．
3. 販売見込みのないものを持てば保管スペースのムダで，経費もムダとなる．保管自体の問題か，需要予測と仕入量の兼ね合いの問題かも考えたい．
   ⇒今回処分するのは仕方ない．需要予測などの是正処置の要否を考える．

■ 質問の仕方

A ここにある製品は販売用のものですか．顧客に販売できる状態を持続するために，どのようなことを行っていますか．

B この製品は，いつ頃まで保有し続けますか．在庫品を処分するのはどのような場合ですか．

2.8　付帯サービス部門

《当該部門・業務の特徴的な事項》

(1)　引渡しに付随するサービスと販売後のサービス

　設置工事，性能確認，取扱説明などの業務を，引渡し時に行うことがある．また，操作や運転に必要な技能を養成する教室も，この範疇に含まれる．

　販売後のサービスには，修理・交換，巡回・点検，電話相談などの活動のほか，交換部品や消耗品の提供，コンピュータの基本ソフトウェアのアップグレードに伴う対応ソフトウェアの提供などがある．これらによって，製品を使える期間を長くすることができる（つまり買い替えなくてよい）ならば，環境面でも役立つことになる．

　これらは，内容や契約，販売形態によって，有償・無償いずれの場合もある．上記サービスを別組織が行う場合には，必要な情報や資料の提供，実施者の育成，別組織の運営状況の監視が当該組織の付帯サービスということもある．これらの内容や範囲は法律に基づくことも，組織の思想に基づくこともある．

(2)　技術情報提供サービス

　製品を使用する，製品を設計に組み入れる（機種選定など），補修業務を行ううえで必要な技術情報を提供するサービスもある．冊子資料，相談窓口，オンライン計算サービス，専門技術講習など，実施形態は多様である．

(3)　出荷後のトレーサビリティ

　医療機器や車両などでは，出荷した製品の所在を明確にすることが法律で定められている．他業種では，ビジネス戦略上の都合から行うことがある．

096 付帯サービス業務を指定された手順で確実に実施しているか

■ **規格要求事項**

Q **8.5.5 引渡し後の活動**（第1段落） 組織は，製品及びサービスに関連する引渡し後の活動に関する要求事項を満たさなければならない．（第2段落）要求される引渡し後の活動の程度を決定するに当たって，組織は，次の事項を考慮しなければならない．［a)～e) 省略］

E **6.1.2 環境側面**（第1段落） 組織は，環境マネジメントシステムの定められた適用範囲の中で，ライフサイクルの視点を考慮し，組織の活動，製品及びサービスについて，組織が管理できる環境側面及び組織が影響を及ぼすことができる環境側面，並びにそれらに伴う環境影響を決定しなければならない．

■ **懸念事項と判断の要旨**

1. ISO 9001 は，付帯サービスを 1994 年版まで独立した箇条としていた．2000 年版で"7.5.1 製造及びサービス提供の管理"の一角としたが，2015 年版で，8.5.5 として再度独立させた．2000 年版での規格改訂以降も，付帯サービスを行う組織では，これらに関する管理を，たいてい適切に行ってきていた．
2. 顧客のもとに出向いて行う修理や設置工事などでは，"適切な要員を送り込むこと"も，適切な管理のポイントとなる．
3. 管理の良否によって顧客側での環境影響（良・悪とも）が変化する納入済製品の保守や運転指導の業務は，組織としての環境側面の一つとなる．

■ **質問の仕方**

A 修理業務など，付帯サービスには，どのようなものがありますか．

B 付帯サービスでは，具体的に何を行うことになっていて，それを適正管理できていることを説明してください．

C 顧客から預かった製品に不具合が生じた場合には，どうしますか．
⇒ ISO 9001 の"7.5.3 顧客又は外部提供者の所有物"が該当する．

097 外部に出向いて行うサービスを所定の手順に基づいて実施していることを，実地立会によって調査・確認する

■ 規格要求事項

Q **8.5.5 引渡し後の活動**（第1段落） 組織は，製品及びサービスに関連する引渡し後の活動に関する要求事項を満たさなければならない．（第2段落）要求される引渡し後の活動の程度を決定するに当たって，組織は，次の事項を考慮しなければならない．[a)～e) 省略]

E **6.1.2 環境側面**（第1段落） 組織は，環境マネジメントシステムの定められた適用範囲の中で，ライフサイクルの視点を考慮し，組織の活動，製品及びサービスについて，組織が管理できる環境側面及び組織が影響を及ぼすことができる環境側面，並びにそれらに伴う環境影響を決定しなければならない．

■ 懸念事項と判断の要旨　注：規格要求事項の水準を超えたチェックポイント

1. 訪問型の修理サービスや専門サービスなど，外部に赴いて行う活動には，監督者の目前で行っているものと異なって，状況に応じた助言が難しい．
2. 担当者は，自分で問題と感じたこと，顧客から言われたこと，次の売上げにつながることしか報告してこないことが多い．
　⇒問題ないと思っていると，本当は誤っていても報告しないことが多い．
3. OJTは実地で行うのが手っ取り早く，現地の状況を見れば容易にわかる．内部監査でも，訪問型の業務では，実施場所で立会調査するのが現実的．
　⇒立会のときだけ取り繕う人もいるが，立ち会わないよりもマシである．

■ 質問の仕方

A （監督者に）担当者が外部に出向いて行うサービスの実施状況や問題点を，どのように把握していますか．監督者が担当者に同行して実施状況を確認するのは，どのようなケースですか（又は何を懸念してですか）．

B （実務者に）今回の内部監査は，訪問型の業務を同行立会して調査・確認します．普段どおりに実施してください．

098 付帯サービスを通じて得た情報を次のビジネス戦略に活用しているか

■ 規格要求事項

Q **7.1.6 組織の知識**（第1段落）　組織は，プロセスの運用に必要な知識，並びに製品及びサービスの適合を達成するために必要な知識を明確にしなければならない．（第2段落）　この知識を維持し，必要な範囲で利用できる状態にしなければならない．

E **6.1.2 環境側面**（第1段落）　組織は，環境マネジメントシステムの定められた適用範囲の中で，ライフサイクルの視点を考慮し，組織の活動，製品及びサービスについて，組織が管理できる環境側面及び組織が影響を及ぼすことができる環境側面，並びにそれらに伴う環境影響を決定しなければならない．

■ 懸念事項と判断の要旨　注：規格要求事項の水準を超えたチェックポイント

1. 付帯サービスを通じてわかることは多い．提供した製品の不具合や弱点，製品の設置環境や使用状況，顧客の希望や困難点などの情報が得られる．
   ⇒品質・価格・環境・安全の面もあれば，潜在的な顧客・用途などもある．製品改良，業務改善，販売拡大の道筋，環境テーマなど，次のビジネス戦略のタネを見いだすことが可能である．
2. 付帯サービスから直接得られるものはあくまでも生データであり，上記のような情報にまで昇華するには，何らかの分析が必要である．
   ⇒生データを集計して得るもの，個別事象から気づくもの，顧客と話しているうちに知るものなど形態はさまざま．分析手法も大事だが，それに気づく人の感覚の鋭さも大切かもしれない．

■ 質問の仕方

A　付帯サービスから，ビジネス上のどのようなことを知ろうとしていますか．
B　そのために，普段からどのようなことを行っていますか．
　⇒せっかくの貴重なデータを，どう活かすかを考えるきっかけとしたい．

2.9 環境保全・処理技術部門

《当該部門・業務の特徴的な事項》

(1) 環境関連の処理装置

　大気汚染・水質汚濁・土壌汚染・騒音・振動・地盤沈下・悪臭など，公害関連の排出物や影響事項は法規制の対象であり，対応が必要である（協定に基づくものもある）．処理技術・処理装置は，① 組織が独自に開発して保有することもあるが，② 専門業者から導入していることもある．技術や装置は日進月歩であり，適宜調査して，新規導入したり改造したりすることも多い．

　処理装置を適正稼働し続けるには，管理体制の確立も必要である．大規模組織で汚染などへの影響度の大きい場合には，専門要員を配置することもある．ただし，そこまでの水準が必要でない場合には，計装・警報・制御装置を駆使することで，適正稼働の継続を実現させることもある．

　環境上の緊急事態が発生した場合の準備と対処方法の設定も必要である．緊急事態発生の検出方法，環境影響の緩和方法，外部への連絡方法の設定とともに，直接関係者が認識していることが不可欠である．

(2) 廃棄物と有価物

　事業活動に伴って不要になった物質は，廃棄物か有価物のいずれかとして処理する（別用途への転用ということもある）．

　廃棄物と有価物の境界は時代とともに変化する．金属や紙の値段が上がれば，これまで捨てていたものも有価物の対象となる．処理技術や抽出技術が高くなったり，低濃度でも採算ベースで取り出せるようになったりすると，扱いが廃棄物から有価物に移ることがある．また，分別の仕方で有価物となることもあ

るので生産方法・工程管理を含めて検討するのが現実的である．

これまで廃棄物として処理していたものを，製品の一部に組み入れたり，用途開発したりすることで，新たな有価物にもなるし，新たな商品にもなる．こうなると"環境技術を保有していること"が，ある種の商品や組織の魅力でもある．

(3) 事業に伴う産業廃棄物の処理

事業に伴って排出する廃棄物は，基本的に産業廃棄物として扱う．有価物とならない廃棄物には適正処理が求められているが，現実には，必要な処理能力を有する（許認可での確認を含む）専門業者に委託して，適正処理していることを『産業廃棄物処理票（マニフェスト）』で確認することが多い．

廃棄物は，組織内での管理の適切性も必要である．状態が変化しないよう適切に保管しないと引き受けてもらえなくなることがある（有価物も同様）．

(4) 広い意味での環境技術・環境活動

"不適合製品の発生を減らす" "部材の面取りの仕方を変えて資源効率化を図る（作業効率化との兼ね合いもあるが）" "原材料に戻す方法をあみ出す" など，日常業務に直結する，廃棄物を減少させる活動もある．

廃棄物とは異なるが，自動車の燃料使用量の削減も環境に影響する．車の運転の仕方での燃料使用量の低減も有効だが，車両の燃費を比較して，最も効率のよいものを選んで買うことが抜本対策となることもある．またデジタルタコグラフ（自動車の運転状況を電気的に監視・記録するもの）を設置し，常にチェックを受けていると意識することで，燃費が向上することもある．

いまや環境技術は売れる時代であり，開発した環境技術も将来のビジネスのタネとなりうる．新たな顧客との出会いを誘発し，技術が組織外にも広がれば，環境貢献は，組織内での実施以上に大きなものとなる可能性を秘めている．

099 排水・排ガス処理など環境装置を確実に稼働できる管理・監視方法を設定しているか

■ 規格要求事項

E **6.1.4 取組みの計画策定**（第1段落） 組織は，次の事項を計画しなければならない．a) 次の事項への取組み 2) 順守義務 b) 次の事項を行う方法 1) その取組みの環境マネジメントシステムプロセス又は他の事業プロセスへの統合及び実施 2) その取組みの有効性の評価（第2段落） これらの取組みを計画するとき，組織は，技術上の選択肢，並びに財務上，運用上及び事業上の要求事項を考慮しなければならない．

E **9.1.2 順守評価**（第1段落） 組織は，順守義務を満たしていることを評価するために必要なプロセスを確立し，実施し，維持しなければならない．

■ 懸念事項と判断の要旨

1. 排水処理装置など環境装置は，予定性能が見込めることを机上計算や実証データで導入前に確証を得て，試運転などで機能・性能の適切性を実証する．
   ⇒行政への許認可申請・届出などの手続きの必要なものもある．新規性が高い技術の導入では，途中段階で行政との協議が必要なことがある．
2. 管理方法・監視方法は，装置設計時（メーカーからの情報提供を含む）に基本設定したうえで，試運転などを通じて確立することが多い．
   ⇒試運転時に，運転員のトレーニングも併せて行うことが多い．
3. 基本操作方法の設定はもちろん，異常時の対応方法の設定も大切である．
   ⇒できれば基本技術も習得しておくと，改善時や突発時の備えとなる．

▨ 質問の仕方

A 環境装置などの管理方法・監視方法をどのように設定しますか．
B 確実に継続稼働なこと，異常時も適切対応できることを説明してください．

100 環境装置と処理結果を常時又は必要時に稼働させ，監視・測定・記録しているか

■ 規格要求事項

E **6.1.4 取組みの計画策定**（第1段落） 組織は，次の事項を計画しなければならない．a）次の事項への取組み 2）順守義務 b）次の事項を行う方法 1）その取組みの環境マネジメントシステムプロセス又は他の事業プロセスへの統合及び実施 2）その取組みの有効性の評価（第2段落） これらの取組みを計画するとき，組織は，技術上の選択肢，並びに財務上，運用上及び事業上の要求事項を考慮しなければならない．

E **9.1.2 順守評価**（第1段落） 組織は，順守義務を満たしていることを評価するために必要なプロセスを確立し，実施し，維持しなければならない．

■ 懸念事項と判断の要旨

1. 排水・排ガス処理などの環境装置は，規模によって官公庁への届出の対象となる．これを機会に，届出書類をあらためて見てみるとよい．
2. 環境装置の稼働状態を監視し，排水などを分析（組織内外）し，記録する．公害防止管理者が管理するのであれば，適正稼働していることが多いが，兼任での運転の場合には，管理がおろそかになっていることもある．
   ⇒ ISO 14001の"9.1.2 順守評価"で稼働・監視・測定などを再考するとよい．
3. オーバーホールも必要である．非常設備の動作や付着物除去なども，メーカーの作業に立ち会い，状況を自分の目で見て，写真に残してもよい．

▨ 質問の仕方――――

A 環境装置の稼働・監視・測定に関する記録を見せてください．
B 順守評価では，環境装置の稼働状況や結果などをもとに，今後どうするかについて，どのような方策の検討や指定がありましたか．

101 環境装置を適正稼働させるために，その前提となる発生元が行うことの理解を促しているか

■ 規格要求事項

E **8.1 運用の計画及び管理**（第1段落） 組織は，次に示す事項の実施によって，環境マネジメントシステム要求事項を満たすため，並びに6.1及び6.2で特定した取組みを実施するために必要なプロセスを確立し，実施し，管理し，かつ，維持しなければならない．―プロセスに関する運用基準の設定

■ 懸念事項と判断の要旨

1. 排水や排ガスの処理などの環境装置にも設計基準があり，受入条件はある．無原則に排出してよいわけではないが，捨てるものに配慮しない人は多い．
 ⇒厨房から公共下水に流す場合でも同じなのだが，意外に知られていない．
2. 排水などの発生元に対する説明会や説明資料配付などを行うことが多い．しかし，説明者は話していても，説明を受けた人が覚えているとは限らない．また，聞いた直後は覚えていても，しばらくすると忘れることもよくある．
 ⇒本来業務が忙しくなると，この種のことを忘れがちである．
3. 一般従業員に排出基準などを，そのまま指定しても通じにくい．品質管理でいう代用特性のように，生産量や色合いなど，日常的に目にする項目や数値に置き換えるとよい．
 ⇒生産計画段階で留意点を伝える，所定の水準を超えるとアラームが鳴るなど，手順書よりも手堅い伝達方法を設けるのが現実的な対応策．

■ 質問の仕方

A 環境装置を適正稼働させるために，発生元が気をつけることはありますか．
 ⇒単なる精神論ではなく，装置稼働に直接影響するものを特定する．
B 発生元が必ず留意・実施できるために，どのように理解を促していますか．
 ⇒"どうすれば行動が伴うか"という観点から，適切性を判断する．

102 環境基準を超えた場合の解消方法が確立していて、実施者に浸透しているか

■ 規格要求事項

E **10.2 不適合及び是正処置**（第1段落） 不適合が発生した場合，組織は，次の事項を行わなければならない．a) その不適合に対処し，該当する場合には，必ず，次の事項を行う．1) その不適合を管理し，修正するための処置をとる．2) 有害な環境影響の緩和を含め，その不適合によって起こった結果に対処する．

■ 懸念事項と判断の要旨

1. 排出などの環境基準を超えたならば，その状態を速やかに解消する必要がある．即座の解消が難しい場合には，少なくとも緩和策を取る必要がある．
2. 環境基準が設定されているものは，① 超過した場合の対処方法を設定し，② 所定の者が速やかに実施し，③ 関係機関に報告することが基本である．
3. 内容・状況によっては，対処方法が決まっていないか，想定範囲を超えていて所定の手順をそのまま適用できないことがある．このような場合には，特定の者に情報を集約するなりして，状況に応じて判断・指示することになる（判断の方向性のよりどころは，最後は『環境方針』である）．
4. 上記を実践するには，実施者が実施内容を理解できていて，肝心なときに思い出せること（環境方針の真意の理解を含む）がポイント．

■ 質問の仕方

A 環境基準を超えた場合に行うことを，実施者に，どのようにして習得してもらっていますか．

B 対応方法を想定していない事態が発生した場合には，判断に必要な情報を誰に集約して，指示を出せるようにしていますか．

103 実際に環境基準を超えた（超えそうになった）ケースで，不適合状態を解消する有効な処置を適切に実施できているか

■ 規格要求事項

E **10.2 不適合及び是正処置**（第1段落）　不適合が発生した場合，組織は，次の事項を行わなければならない．a）その不適合に対処し，該当する場合には，必ず，次の事項を行う．1）その不適合を管理し，修正するための処置をとる．2）有害な環境影響の緩和を含め，その不適合によって起こった結果に対処する．

■ 懸念事項と判断の要旨

1. 不幸にも環境基準を超えた（超えそうになった）ならば，速やかに不適合状態を解消し，環境への影響を緩和しなければならない．
2. 手順を決めてあっても本番では実行できない事例も多い．そもそも手順を決めてあることに思い至らず，装置メーカーや行政機関に尋ねて解決するケースや，手順が意味をなさずに自然解消して解決するケースもある．
   ⇒専門家の支援が不可欠ならば，割り切って"速やかに専門家に直接連絡できる方法を設定する"のも一法である．

■ 質問の仕方

A　環境基準を超えたときの処置の手順を教えてください．

B　こんな事態が発生したことはありますか．問題解消の結果と発生防止策の適切性を，記録をもとに確認しましょう．

C　この経験から，手順の決め方や行い方などで，何を学び取りましたか．
⇒内部監査で，環境基準超過の事例に遭遇することは多くない．不適合の特定，問題解消，環境影響の緩和，再発防止の手順を再認識する場面とするとよい（専任がいない組織では使える機会は積極的に活用する）．

104 環境法規制や地域協定など順守事項を逸脱した場合の外部連絡方法が確立・浸透しているか

■ 規格要求事項

E **7.4.3 外部コミュニケーション**　組織は，コミュニケーションプロセスによって確立したとおりに，かつ，順守義務による要求に従って，環境マネジメントシステムに関連する情報について外部コミュニケーションを行わなければならない．

■ 懸念事項と判断の要旨

1. 環境法規制や地域との協定によっては，特定の緊急事態が発生した場合や環境基準を超えた場合に，連絡することを定めているケースがある．
   ⇒緊急事態の内容によっては，緊急事態発生時の連絡方法を行政機関との間で事前に取り決めておくことが求められる．
2. 外部連絡手順は"基準値を超えた情報をどのように得て，内部で誰が誰に伝え，誰が外部のどこに，どう伝えるか"の全体像の設定から始まる．
   ⇒法規制が改正になると，連絡方法が変更・新設になることがある（行政指導という非公式な形態で提示されることがあるので注意を要する）．
3. 本来は，確立から浸透・実施につながるのだが，発生頻度が低い事象では，確立した手順を，肝心なときに実施・継続できるかどうかで見極める．
   ⇒内部監査では，ここでも"実施者は誰か"を意識して調査したい．

▨ 質問の仕方

A　環境法規制や地域協定のうち，"環境基準を超過したときに連絡すること"に関して何を定めていますか．

B　行政機関や地域住民など外部の利害関係者への連絡先・連絡方法・期限について，前項の規定内容ごとに，どのように定めていますか．
   ⇒マスコミへの公表方法も考えておいたほうがよいかもしれない（公表方法の妥当性のシミュレーションも含めて）．

105 『産業廃棄物管理票(マニフェスト)』の内容を適切に確認して保有しているか

■ 規格要求事項

E **8.1 運用の計画及び管理**（第5段落）　組織は，プロセスが計画どおりに実施されたという確信をもつために必要な程度の，文書化した情報を維持しなければならない．

■ 懸念事項と判断の要旨

1. 産業廃棄物として処理委託した場合には，適正処理したことの証として，マニフェスト（産業廃棄物処理票）を保有する．
　⇒マニフェストは，単に受領して保有するだけでなく，実際に目を通して，
　　① 内容・数量が見合うことと，② 処理経過についても確認しておきたい
　　（事務部門が扱うことが多いので，専門知識を持つ者が参画するとよい）．
2. 産業廃棄物の処理委託先が，適正管理できることの確証も得ておきたい．ある程度のことは資料で理解できるが，できれば訪問して，状況を自分の目で見ておきたい（先進的な処理施設の多くは見学を歓迎している）．
　⇒委託処理業者が適正処理していないと，組織の社会的信用にも影響する．

■ 質問の仕方

A　『産業廃棄物処理票（マニフェスト）』が何を意味するか説明してください．

B　処理委託した産業廃棄物すべてに，マニフェストが揃っていますか．

C　受領した『産業廃棄物処理票（マニフェスト）』のどこを，どのように確認していますか．

D　産業廃棄物の処理委託先が，本当に適正処理していることを，どのように確認していますか．
　⇒最終処分だけでなく輸送や中間処理の業者についても尋ねるとよい．

2.9 環境保全・処理技術部門

106 廃棄物の発生量（発生率）の低減に努めているか

■ 規格要求事項

E 10.3 継続的改善　組織は，環境パフォーマンスを向上させるために，環境マネジメントシステムの適切性，妥当性及び有効性を継続的に改善しなければならない．

■ 懸念事項と判断の要旨　注：規格要求事項の水準を超えたチェックポイント

1. ばくぜんとした調査項目であるが，少なくとも廃棄物系の環境影響では，発生量の低減は，常に考慮に入れたい課題である．
   ⇒これらを，環境目標のテーマに取り上げるのも方法である．
2. 製造・施工・サービス提供に伴う廃棄物の低減は，① 不良発生数を減らすことと，② 生産や輸送でのムダを減らすこと，さらに，③ 環境影響の大きい廃棄物や処理に大きな費用・手間がかかる廃棄物が出る原材料や生産工程から，影響度などが少ない廃棄物で済む方向にシフトすることも考えたい．
   ⇒割り切って"廃棄物処理費の低減"としても，上記の効果は期待できる．
3. 上記のことは，製品設計，生産工程の設定，輸送・保管の資材などの指定，確実性を高める要員育成などで，これまでも取り組んでいることが多い．つまりこの領域にまで入ると，環境と品質や経費とが結びつく．
   ⇒品質目標として取り上げていることが，環境目標であってよい．

■ 質問の仕方

A 廃棄物がどの程度発生しているか，発生量や発生率を教えてください．
   ⇒合計金額はわかるが，内訳を集計していなくて不明なこともある．
B 廃棄物の発生量や発生率は，どのような要因で決まりますか．
C それらを低減するために，どのような工夫を行っていますか．
   ⇒ B＋C が，製品不適合に関する抜本的な再発防止となることもある．

107 環境関連の処理技術に関して，必要な場合に新たな技術・装置を調査しているか

■ 規格要求事項

E **6.1.4 取組みの計画策定**（第2段落） これらの取組みを計画するとき，組織は，技術上の選択肢，並びに財務上，運用上及び事業上の要求事項を考慮しなければならない．

■ 懸念事項と判断の要旨　注：規格要求事項の水準を超えたチェックポイント

1. 公害防止を始めとする環境関連の処理技術は日進月歩である．装置導入時点でベストであった技術も，いまでは時代遅れになっているかもしれない．
    ⇒装置・技術関係の情報は，現在ではインターネットなどから容易に入手することができる．確実性とコストの観点から捉えるのもよい．
2. 法規制の改正に伴って環境基準が変わると，環境装置の構成・系統・稼働方法などを変える必要があるかもしれない．
3. 環境装置も長く稼働させると傷んだり性能が低下したりする．補修・交換しても，環境基準に対する余裕の減少や対応の限界に至ることもある．
    ⇒環境装置に限らず設備や装置に共通する悩みである．ただし，環境処理の調査・検討は後回しになりやすい．しかし，問題が生じると組織の信用が揺らぐ可能性があるならば，優先課題と捉える必要があるかもしれない．

■ 質問の仕方

A 排水処理装置・排ガス処理装置など環境装置の稼働状況はどうですか．環境基準の改正や地域住民の声に，十分に応えられる状況にありますか．

B 環境関連の処理に関する新技術の情報は，どのように入手していますか．
    ⇒"これらの情報の入手が必要なのはどんなときですか"と尋ねてもよい．

108 技術の進歩に伴って,どのようなものまで有価物として扱えるようになったか,その範囲拡大の状況を把握しているか

■ 規格要求事項

E 6.1.4 取組みの計画策定(第2段落) これらの取組みを計画するとき,組織は,技術上の選択肢,並びに財務上,運用上及び事業上の要求事項を考慮しなければならない.

■ 懸念事項と判断の要旨　注:規格要求事項の水準を超えたチェックポイント

1. 技術が進歩すれば,これまで廃棄物として処理してきたものも,有価物になりうる.取引の相場が変われば,従来の濃度では廃棄物だったものが,有価物として取引されるようになりうる.
2. この情報をどこから仕入れればよいか.専門業者やインターネットなどを駆使していきたい.また,環境技術以外の分野でも,新たな情報を得ていくうちに,組織の本来業務に活かす道が開けることも多い.
3. 環境関連の技術を自組織で確立すると,新たなビジネスになることもある.
   ⇒環境について注目を集めている現在,環境に関する固有技術はビジネスチャンスにもなりうる.外部にどのようにアピールするかも考えたい.

▨ 質問の仕方

A 従来は廃棄物だったものを有価物とすることになった事例はありますか.
B 環境関連技術の進歩や変化に関する情報を,どのように得て,どのような観点から検討しますか.
C 組織の周囲で変化している情報を普段から入手するメリットを,思いつくままで結構ですから,上げてください.

2.10　設備管理・測定機器管理部門

《当該部門・業務の特徴的な事項》

(1)　導入する設備の検討と確保

　設備は幅広く使われている．汎用設備・専用設備，金型を含むツール類，環境設備，測定機器，OA機器＆ソフトウェア，プラントなどが代表である．製造業でもサービス業でも自動化を積極推進する場合には，導入する設備の良否が，品質・環境達成の大きな鍵となる．

　設備仕様は，用途・耐久性・性能・使用形態などをもとに決めることが多い．設備仕様は，設備を使う部門か設備管理専門の部門が起案することが多いが，戦略的な設備については，経営者か上位経営陣が決めることが多い．

　設備を置く位置の決め方も重要である．ラインの組み方だけでなく，作業者や製品・部品，運搬車両などの動線によって，ずいぶん作業効率が異なる．

(2)　導入後の保全方法などの設定と管理

　設備が性能を発揮しなければ，所定の品質や環境条件は確保できない．設備が停止すれば，操業や環境管理に影響する．そのために，始業点検・定期点検・補修など内容・方法を決めて，実践していくことになる．

　設備保全は，① 設備が一切停止しないよう予防保全とする，② 故障時に予備機に切り替わるようにする，③ 消耗しやすい部品のスペアパーツを確保して停止時間を短縮化する，④ ある程度の故障はリスク面から割り切るなど，一様ではない．そこには組織としての設備管理に対する思想が反映される．もちろん設備それぞれの用途と重要度によっても異なる．

　プラントでは，個々の設備が良好に稼働しても，相互間がうまくマッチしな

2.10 設備管理・測定機器管理部門

いと，全体として性能を発揮しない．また，機械・電気・配管・配線・コンピュータソフトウェアなどの調和も必要である．したがって，個別単体の管理とともに，総合的な管理も必要となる．

(3) 測定機器の校正

測定機器の管理方法・内容は，"その機器で何を監視・測定するか"で決めることになる．これは，機器の精度決定だけでなく，"校正の対象とするか""計量標準へのトレース対象範囲の指定"も同様である．

検査・試験・工程監視・設計検証・化学分析・環境分析などで測定機器を用いることが多いが，校正の要・不要も考えたい．参考値だけならば校正不要である．"温度が○℃上昇"など相対値を見るだけならば校正不要である．メスフラスコなど容量が変化しないものは，校正は購入時のみでよい．変化したことを目視確認できれば，変化を点検で検出すればよい．変化しにくいならば校正頻度を下げてよい（実績データを活用）．外部校正すれば費用がかさむし，内部でも手間がかかる．校正の要否は十分に検討しておきたい．

(4) 計測に関連するコンピュータソフトウェアの管理

たとえば，放流水のpH自動測定・警報装置では，放流基準の超過時に警報が鳴らないと意味をなさない．自動検査装置などで，不合格判定したものを自動的に排除するものでは，① センサーの精度が確保でき，② 自動判定プログラムが適正に稼働し，③ 排除機能が正しく動作する（所要時間やタイミングを含む）ことが確認できて，初めて実用上の支障がないものと判定できる

コンピュータソフトウェアへの依存度の高い業種では，業務内容に見合ったソフトウェアを選定するとともに，アップデートへの対応も必要である．

109 導入する設備は意図する用途に対して適切なものか

■ **規格要求事項**

Q **7.1.3 インフラストラクチャ** 組織は，プロセスの運用に必要なインフラストラクチャ，並びに製品及びサービスの適合を達成するために必要なインフラストラクチャを明確にし，提供し，維持しなければならない．

E **7.1 資源** 組織は，環境マネジメントシステムの確立，実施，維持及び継続的改善に必要な資源を決定し，提供しなければならない．

■ **懸念事項と判断の要旨**

1. 恒久使用する高価な設備の導入では，全体像を明確化することが多い．
2. 用途と必要な固有性能をもとに，操作性・保守面，ランニングコストなどを加味して詰めることが多い．また，設置場所・配置や使用形態は，他の装置との関連と，振動・騒音など法規制に基づく環境面も考慮することが多い．
   ⇒法規制以外の環境面の評価・検討が不足していることがよくある．大型設備での環境上の検討は，ここで行わないと後からの対応は困難である．
3. 大きな組織では，品質面の適切性と費用を，稟議書か説明資料などにまとめて審議しているので，内部監査ではこれを確認するとよい．
   ⇒上記資料では結果はわかるが，理由や経過が読み取れないことも多い．最終決定者よりも，むしろ評価・選定の実務者に尋ねるのが現実的．

■ **質問の仕方**

A この設備の選定・導入に関する評価・検討資料を見せてください．

B 導入した設備は意図していた用途に対して，すべて適切でしたか．今回の経験で得たこと，知見を将来に活かすことがあれば教えてください．

110 導入した設備の配置の決め方は操作・維持・保全・作業・動線・環境の面から適切か

■ **規格要求事項**

Q **7.1.3 インフラストラクチャ** 組織は，プロセスの運用に必要なインフラストラクチャ，並びに製品及びサービスの適合を達成するために必要なインフラストラクチャを明確にし，提供し，維持しなければならない．

E **6.1.2 環境側面**（第2段落） 環境側面を決定するとき，組織は，次の事項を考慮に入れなければならない．a) 変更．これには，計画した又は新規の開発，並びに新規の又は変更された活動，製品及びサービスを含む．

■ **懸念事項と判断の要旨** 注：規格要求事項の水準を超えたチェックポイント

1. 設備の配置が業務の確実性と効率に影響することがある．配置によっては，操作・維持スペース確保や点検・部品交換の位置への影響，作業性や動線の錯綜による効率低下，食品では交差汚染の原因となるケースもある．
2. かなりの部分は図面ベースで判断がつくが，周囲の設備との関係や立体的な配置は，図面段階で気づかずに，設置してみて初めて気づくこともある．
3. このような場合，次回以降に同じ轍を踏まない（次回以降もうまくいく）ようにするために，今回得た知見をどのように活かしているかを尋ねる．
   ⇒これは，ISO 9001 の "9.1.3 分析及び評価" の "e) リスク及び機会への取組みの有効性" と "7.1.6 組織の知識" に関連する．

▨ **質問の仕方**

A 導入した設備は，操作・維持・保全・動線の面で満足いくものでしたか．
B うまくいった面と，そうでなかった面の，何を今後に役立てますか．
 ⇒問題点は一種の業務上の不適合である．問題点の再発防止や，もう一歩踏み込んで，良好面の踏襲をどのようにしているかを確認する．

111 設備導入を契機とする品質と環境の継続的改善に関する事前検討・配慮は適切か

■ 規格要求事項

Q **6.1 リスク及び機会への取組み（6.1.1）** 品質マネジメントシステムの計画を策定するとき，組織は，［中略］次の事項のために取り組む必要があるリスク及び機会を決定しなければならない．a）品質マネジメントシステムが，その意図した結果を達成できるという確信を与える．

E **6.1.2 環境側面**（第2段落） 環境側面を決定するとき，組織は，次の事項を考慮に入れなければならない．a）変更．これには，計画した又は新規の開発，並びに新規の又は変更された活動，製品及びサービスを含む．

■ 懸念事項と判断の要旨　注：規格要求事項の水準を超えたチェックポイント

1. 設備導入の前後は，品質・環境のいずれの面からも，従来に対して大きく飛躍できる，非常に貴重なチャンスである．これまでに蓄積した，設備や配置などから派生する問題点や工夫点をもとに，抜本的改善に結びつける．
   ⇒抜本的な改善を行える機会として，積極的に捉えることが重要である．
2. 設備導入に伴って著しい環境側面を検討する必要があることも多い．
   ⇒著しい環境側面を決めるための前提条件が変わるので，再検討が必要．
3. 期待する導入効果を，品質目標や環境目標として扱うとよい．
   ⇒改善できる内容は設備ごとに大きく異なる．状況に応じて判断する．

■ 質問の仕方

A 設備導入を通じて，どの内容に，どの水準までの改善を想定しましたか．
   ⇒目標の内容と到達点をあらかじめ明確化しておき，次の質問につなげる．
B 成果の評価も含めて，品質・環境の目標展開の面から説明してください．
   ⇒設備導入の話から，目標展開の話に移ることにとまどう内部監査対象者もいる．この面で捉えることの重要性を説く必要があるかもしれない．

112 設備導入に関連して、品質・環境・作業環境を適切な水準で確保できる方法を確立しているか

■ 規格要求事項

Q **8.1 運用の計画及び管理**（第1段落）　組織は、次に示す事項の実施によって、製品及びサービスの提供に関する要求事項を満たすため、並びに箇条6で決定した取組みを実施するために必要なプロセスを、計画し、実施し、かつ、管理しなければならない．[a)〜e)省略]

E **6.1.4 取組みの計画策定**（第1段落）　組織は、次の事項を計画しなければならない．a) 次の事項への取組み　3) 6.1.1 で特定したリスク及び機会　b) 次の事項を行う方法　1) その取組みの環境マネジメントシステムプロセス又は他の事業プロセスへの統合及び実施

■ 懸念事項と判断の要旨

1. 設備が変わると仕事の仕方も変わる．設備の管理方法を決めるだけでなく、製造・施工・サービス提供の技術面での設定、それに伴う工程条件の決定、業務間の関連事項の整合、環境面での各種設定、設備使用者の育成、業務変更に伴う関係者への説明と文書の整備など、各種事項が関連してくる．また、業務拡大をも含む場合には、顧客へのアピールを伴うこともある．
　⇒設備導入に伴って上記事項を設定・変更するうちに、他の設備・工程の手順など再設定の必要性に気づくこともある．
2. 複数部門が関与して業務方法を確立する形態では、部門単位での内部監査だと、答えづらいかもしれない．他部門も交えて総括的に判断してよい．

■ 質問の仕方

A この設備で、どの程度の品質・環境水準となることを目指していますか．
B その水準を達成するために、どのような管理方法を設定しましたか．
C 予定どおりの成果は得られましたか．うまくいったのはなぜですか．

113 設備と基礎・配線・配管・コンベアなど周辺部材の撤去・廃棄，それに伴う関連事項を適切に実施しているか

■ 規格要求事項

E **6.1.4 取組みの計画策定**（第1段落） 組織は，次の事項を計画しなければならない．a) 次の事項への取組み 3) 6.1.1 で特定したリスク及び機会 b) 次の事項を行う方法 1) その取組みの環境マネジメントシステムプロセス又は他の事業プロセスへの統合及び実施

■ 懸念事項と判断の要旨

1. 撤去した設備と関連する配管・配線・コンクリート廃材・機器類などは，大半が廃棄物（又は有価物）となる．
   ⇒設置状態か倉庫保管で予備品として残す，別用途で設置し直す，中古品として売却するものもある．
2. 設備によっては，撤去するときに，重金属・フロン・PCB・アスベストなど有害物質が発生・露呈したり，こぼれた廃油・残液が浸透する懸念があったりする．また，機械基礎の撤去や壁・床の配管貫通部の処理を誤ると，その部分を伝わって製品や資材に異物が混入することもある．
   ⇒撤去後の仮置きの際に，このような状態になることもあるので要注意．
3. 設備の撤去跡の処理や修復を適切に行わないと，けがの原因だけでなく，搬送時の転倒による製品や資材の損傷や，人や物の動線の悪化による作業効率の低下（エネルギー消費が増えれば環境に影響）を招くこともある．

▨ 質問の仕方

A 設備撤去に伴う廃棄物を，内容に応じて適正処理していることを説明してください．また，『産業廃棄物処理票（マニフェスト）』を見せてください．

B 有価物になりうるものは，どの程度を有価物として処理できましたか．
   ⇒"すべて"と尋ねると本音を答えにくいという気持ちに配慮．

C 撤去に伴う有害物質の発生などは，想定範囲に収まりましたか．

114 規定どおりの設備管理を行うことで、保全に関する組織の方針を実現しているか

■ 規格要求事項

[Q] **7.1.3 インフラストラクチャ** 組織は、プロセスの運用に必要なインフラストラクチャ、並びに製品及びサービスの適合を達成するために必要なインフラストラクチャを明確にし、提供し、維持しなければならない。

[E] **6.1.4 取組みの計画策定**（第1段落） 組織は、次の事項を計画しなければならない。a）次の事項への取組み 3）6.1.1 で特定したリスク及び機会 b）次の事項を行う方法 1）その取組みの環境マネジメントシステムプロセス又は他の事業プロセスへの統合及び実施

■ 懸念事項と判断の要旨

1. いわゆる装置産業では、品質確保での設備への依存度が高いので、設備の的確な管理が求められる。これは環境確保の面でも同様である。
2. 設備をどのように捉え、どのような観点から管理するかの方針は、設備管理の方向性を規定するものであり、明快に打ち出していくことが望ましい。
3. 故障による設備停止を絶対に避ける（予防保全）、停止したら予備に切り替える、停止時間を削減するためスペアパーツを持つ、メーカーにすぐに来てもらえるならばそれでよいなど、保全についての考え方はさまざま。
   ⇒すべての産業や設備に予防保全が必要とは限らない。実情に合えばよい。

■ 質問の仕方

A 設備管理・設備保全を、組織としてどのように捉えているか、その方針を説明してください。

B 現在の設備管理・設備保全の内容・方法が、この方針に合っていることを説明してください。

115 監視・測定機器（耳など器官を含む）は監視・測定の要求事項に見合うものとなっているか

■ **規格要求事項**

Q **7.1.5.1（監視及び測定のための資源）一般**（第2段落）　組織は，用意した資源が次の事項を満たすことを確実にしなければならない．a）実施する特定の種類の監視及び測定活動に対して適切である．

E **9.1.1（監視，測定，分析及び評価）一般**（第3段落）　組織は，必要に応じて，校正された又は検証された監視機器及び測定機器が使用され，維持されていることを確実にしなければならない．

■ **懸念事項と判断の要旨**

1. ISO 9001の"7.1.5 監視及び測定のための資源"の冒頭にある要求事項は，校正や検証の対象か否かにかかわらず，すべての監視・測定に関係する．また，検査用だけでなく，設計検証用や工程管理用のもの，業務の進捗管理用のソフトウェアやツールにも当てはまる．
   ⇒監視・測定に関してどのような概念を持っているか，それを確実に実現できるかを考えるためのものと捉えるのが，現実的である．

2. 監視・測定は測定機器などに限らない．視覚や聴覚，嗅覚，味覚，触覚で検出するものもある．食品などでは，五感のほうが優れていることも多い．

3. この調査項目に過剰反応する必要はない．① 監視・測定の方法は何か，② 装置によるか五感によるかソフトウェアやツールによるか，③ どの程度の精度が求められるか，④ 校正や検証は必要か　と，順に絞っていけばよい．

■ **質問の仕方**

A　品質や環境を達成するうえで，どのような監視・測定が必要ですか．

B　監視・測定対象の各項目について，設定した監視・測定の内容が見合っていることを説明してください．

116 校正の要否と内容・方法・頻度は測定機器の構造や測定対象に見合っているか

■ **規格要求事項**

Q **7.1.5.2 測定のトレーサビリティ**（第1段落） 測定のトレーサビリティが要求事項となっている場合，又は組織がそれを測定結果の妥当性に信頼を与えるための不可欠な要素とみなす場合には，測定機器は，次の事項を満たさなければならない．［a）～c）省略］

E **9.1.1（監視，測定，分析及び評価）一般**（第3段落） 組織は，必要に応じて，校正された又は検証された監視機器及び測定機器が使用され，維持されていることを確実にしなければならない．

■ **懸念事項と判断の要旨**

1. 機器を用いて監視・測定で得る数値が，① 絶対値として正しい必要がある（校正が必要）か，② 相対値としての正しさでよいか，③ あくまでも目安としての見方でよいか など，どのような程度が必要かを見いだす．

2. 監視・測定用の機器の管理は，前項の必要内容を満たさなければならない．
   ⇒① 校正の必要性の有無，② 校正の精度，③ 国家計量標準などへのトレーサビリティ確保の要否，④ 校正頻度なども，前項によっておのずと決まる．

3. 監視・測定で得られる数値の精度は，機器の固有の精度と校正精度，測定精度の総和である．当該の監視・測定に使用できるか否かは，求められる精度と，測定までをも含めた精度とが見合うかから判断することになる．

■ **質問の仕方**

A この測定機器を用いて，何を測定しますか．

B 測定に求められる各種要件をこの機器が満たすことを，説明してください．
  ⇒たとえば，顧客への保証値と検査での合否判定基準とが同じ数値の場合，突き詰めて比較すると，校正精度の分だけ基準を逸脱することがある．

117 校正外れ時の対応方法の決め方に関する観点が確立しているか

■ 規格要求事項

Q 7.1.5.2 測定のトレーサビリティ（第2段落） 測定機器が意図した目的に適していないことが判明した場合，組織は，それまでに測定した結果の妥当性を損なうものであるか否かを明確にし，必要に応じて，適切な処置をとらなければならない．

E 9.1.1（監視，測定，分析及び評価）一般（第3段落） 組織は，必要に応じて，校正された又は検証された監視機器及び測定機器が使用され，維持されていることを確実にしなければならない．

■ 懸念事項と判断の要旨　注：規格要求事項の水準を超えたチェックポイント

1. 測定機器の校正外れが見つかると，その測定機器には，調整，使用範囲の限定，参考使用に限定，使用停止などの処置をとることになる．
2. 機器で測定した結果への影響評価も必要である．現物は組織内にあるとは限らない．出荷済の製品や放出などによる環境影響にも関係することがある．
   ⇒① 検査基準は保証値よりも厳しい，② 差異の値で測定値を補正して確認，③ 出荷品の保管サンプルで評価，④ 他工程で別機器で測定した事実などから，出荷した製品に影響がないことを実証できるケースもある．
3. 製品への影響が残り，生命・財産や信用にかかわる場合には，回収が必要なこともある．また，環境影響に関して行政などへの届出が必要なこともある．

▨ 質問の仕方

A 校正を行ったところ，校正基準から外れていたことはありますか．
B 校正基準から外れていた場合，どのように評価したかを説明してください．
C 校正外れ時に，製品への影響をどう評価するかを考えたことがありますか．

118 自動判定装置などの管理が製品品質と環境保全を確実に保証できるか

■ 規格要求事項

Q **7.1.5.1（監視及び測定のための資源）一般**（第2段落） 組織は，用意した資源が次の事項を満たすことを確実にしなければならない．b) その目的に継続して合致することを確実にするために維持されている．

E **9.1.1（監視，測定，分析及び評価）一般**（第3段落） 組織は，必要に応じて，校正された又は検証された監視機器及び測定機器が使用され，維持されていることを確実にしなければならない．

■ 懸念事項と判断の要旨

1. センサーで得た数値をコンピュータプログラムで自動判定する装置では，センサーの精度と，所定の判定動作ができることが必要な要素である．
2. 検査の自動合否判定では，ダミー製品を使って動作確認することも多い．しかし，① ダミー製品が合否の限界を表すものであり，② ダミー製品の限界状態を定期確認していないと，動作だけの確認に過ぎないことがある．
 ⇒センサーを校正するなど，精度や数値を別途確認していれば問題ない．
3. ある特定の時間アラームが鳴るタイプの装置では，そのときに人が気づかないと，意味をなさないことがある．

■ 質問の仕方

A 自動判定装置を，どのように管理していますか．
B それによって，① 装置が動作することと，② 判定精度の両方を確認できていることを，説明してください．

第3章

具体的なチェックポイント──2
すべての部門に対する共通事項

本章の各チェックポイントの ■規格要求事項 にある，Ⓠ は ISO 9001 を，Ⓔ は ISO 14001 を表す．

3.1 品質方針・環境方針と品質目標・環境目標の展開

《当該部門・業務の特徴的な事項》

(1) 品質方針・環境方針は"ポリシー"

品質方針・環境方針の"方針"は英語で"policy"であり，組織としての品質・環境面でのポリシーを指す．つまり組織としてどんな方向性を持っているか，ねらっているかの表明であり，組織運営の規範となるべきものである．ただし，品質方針が「品質に関する組織の意図及び方向付け」であるのに対して，環境方針は「環境パフォーマンスに関する，組織の意図及び方向付け」であり，環境方針では成果をも含めることを意図している．

組織のルールが存在できるのは，① 現在実施していること と，② 想定内のイレギュラー のみである．つまり想定外のイレギュラーにはルールはない．このような場合，現実には，マネジメントの立場の者が，品質方針・環境方針という"組織のポリシー"をよりどころとして，判断や指示を下すことになる．

(2) 品質目標・環境目標の展開

品質目標や環境目標は，意義のある課題に，積極的に取り組む機会である．品質方針と環境方針は品質目標と環境目標の枠組みを与えるが，品質方針・環境方針に反しない限り，自由に設定して構わない．

ISO 9001 の 6.2.1 に「関連する機能，階層及びプロセスで」とか，ISO 14001 の 6.2.1 に「関連する機能及び階層で」という件があるが，これは"機能（旧版での訳語は部門）・階層ごとに必ず目標を設定する"ことが意図ではない．目標が先にあって，それに見合う（関連する）人たちに割り当てるのが，

3.1 品質方針・環境方針と品質目標・環境目標の展開

もともとの趣旨である．プロジェクトチームや委員会を設けて取り組んでもよい．プロセスごと，設備ごと，顧客ごと，営業地域ごと，部門ごと，施工現場ごと，職制ごと，個人ごとなど任意の単位で設定してもよい．

(3) 品質目標では，さまざまなことを扱える

品質目標は，マネジメントシステム面の目標，プロセス面の目標，製品・サービス面の目標，運用面の目標，パフォーマンス面の目標など，どんな内容でも扱うことができる．

たとえば，"〇〇商品の売上げ20％アップ"など，営業上の目標であっても構わない．おそらく達成策として，商品改良や工程改善，要員の知識向上，顧客対応の工夫，マーケティングなどが上がるであろう．つまり品質活動に結びつく（顧客の環境志向の先取りなど環境面もある）ので，本来の趣旨に合う．また日常業務に近ければ近いほど各人が積極的に取り組みやすくなる．

(4) 環境目標も工夫次第

環境目標も，意義と意味があればさまざまなことを扱ってよい．工夫のない環境活動の代表として"紙・ゴミ・電気"と言われることがある．しかし，これらに値打ちがないと言っているわけではない．漫然と行うのではなく，積極的に工夫して成果の構図を描くならば，新たな値打ちを見いだすのであるから，自信を持って行えばよい．

現状を打破する環境側面に呼応した環境目標を設定して，従業員のやる気を出させるのも組織の戦略である．環境に役立つ製品開発や市場参入のほか，エネルギー効率の高い設備の導入，業務効率の向上など，効率アップにつながるものは，現状打破タイプの環境目標となりうる．

また，"顧客への影響度を発揮することで実現するタイプの環境活動"は，顧客が"なるほど"と思えるかどうかで，成果が大きく異なる．たとえば，顧客や地域と接する際に，環境上のアピールを考えてもよい．

119 品質方針・環境方針が組織の目的や理念，ビジネス戦略などと合致しているか

■ 規格要求事項

Q **5.2.1 品質方針の確立** トップマネジメントは，次の事項を満たす品質方針を確立し，実施し，維持しなければならない．a）組織の目的及び状況に対して適切であり，組織の戦略的な方向性を支援する．

E **5.2 環境方針**（第1段落） トップマネジメントは，組織の環境マネジメントシステムの定められた適用範囲の中で，次の事項を満たす環境方針を確立し，実施し，維持しなければならない．a）組織の目的，並びに組織の活動，製品及びサービスの性質，規模及び環境影響を含む組織の状況に対して適切である．

■ 懸念事項と判断の要旨

1. 方針の英語は"ポリシー"であり，経営トップの思想を映し出す鏡である．
2. 品質・環境方針は，組織が品質・環境をどのように捉えて，何を約束し，どの方向に進んでいくかを示唆するものであり，考え方の基本線である．
3. 組織の設立や経営の根幹事項を，社是・理念・経営方針などに表していることが多い．この思想や精神を，品質方針や環境方針に結びつけたい．
   ⇒規格要求事項を満たせば，それらを品質方針・環境方針として構わない．
4. 労働安全衛生方針や情報セキュリティ方針なども設けていることがある．発生した事象によっては，それらの相互間で両立しないこともありうる．このようなケースに備えて，優先順位などの解決策も必要かもしれない．

■ 質問の仕方

A 品質方針・環境方針は，どのような趣旨や背景から制定しましたか．また，社是・理念・経営方針などの精神と整合することを説明してください．
   ⇒本件は組織の根幹思想を扱うものであり，経営トップに対する質問である．
B それ以外の方針などを含めて，組織のポリシーを表明したものが複数適用になる事象では，どのように解決を図ると，それぞれの趣旨に合いますか．

3.1 品質方針・環境方針と品質目標・環境目標の展開　　219

120 品質方針・環境方針がマネジメント面から物事を判断・指示するうえでの根拠となっているか

■ 規格要求事項

Q **5.2.1 品質方針の確立**　トップマネジメントは，次の事項を満たす品質方針を確立し，実施し，維持しなければならない．a) 組織の目的及び状況に対して適切であり，組織の戦略的な方向性を支援する．

E **5.2 環境方針**（第1段落）　トップマネジメントは，組織の環境マネジメントシステムの定められた適用範囲の中で，次の事項を満たす環境方針を確立し，実施し，維持しなければならない．a) 組織の目的，並びに組織の活動，製品及びサービスの性質，規模及び環境影響を含む組織の状況に対して適切である．

■ 懸念事項と判断の要旨　注：規格要求事項の水準を超えたチェックポイント

1. マネジメント面から判断・指示する際の方向性を示すものが，組織の考え方の基本線である品質方針・環境方針であり，判断する際の根拠となる．そのためには品質方針・環境方針（ポリシー）の真意の理解が必須である．

2. 品質・環境活動を行うと，想定すらしていない事態に遭遇することがある．また，新たな取組みの開始時は，その分野の組織内ルールは整備未了である．このような場合でも経営トップや管理者は，何らかの判断を下して，指示する必要がある．その際の判断のよりどころは"品質方針・環境方針"くらいしかない．

3. そこまで決定的な判断でないまでも，品質・環境活動を続けていく際には，自分なりに創造・工夫する場面が生じることがある．正しく行動するためにも，品質方針・環境方針の精神は理解しておきたい．

■ 質問の仕方

A いま，組織の手順にない○○ということが生じたとします．このときに，どのように判断して，行動を指示しますか．

B この判断が，品質方針・環境方針に見合うことを説明してください．

121 品質方針・環境方針の真意が各人に本当に伝わっているか

■ 規格要求事項

Q **5.2.2 品質方針の伝達**　品質方針は，次に示す事項を満たさなければならない．b) 組織内に伝達され，理解され，適用される．

E **5.2 環境方針**（第2段落）　環境方針は，次に示す事項を満たさなければならない．― 組織内に伝達する．

■ 懸念事項と判断の要旨

1. 品質方針・環境方針は，要員が物事を捉えて思考する際の方向性を示唆するもの．思考のベクトルに大きなずれが生じないようにするためにも，真意や背景を理解することが，ここでのポイントとなる．
2. 品質方針・環境方針が抽象的過ぎて意図が伝わらないならば，補足説明を設けるなど，各人にイメージできるようにする努力も必要である．
3. 本当に真意が伝わったかどうかは，品質方針・環境方針を，自分の言葉で語らせるとよい．この状態になって初めて何を意味しているかがわかる．
   ⇒品質方針・環境方針を暗記する要求事項はない．朝礼などでの唱和は，最初は有効だが，ある段階以降は根づかせるための工夫が必要である．

▨ 質問の仕方

A　品質方針・環境方針が，どのようなことを意味しているかを，品質方針・環境方針の表現を引用しないで，自分の言葉で話してください．

B　次に，品質方針・環境方針を開きながら，一緒に読んでいきましょう．個々の内容から，自分がどう行動するかをイメージしていきましょう．
　⇒もしうまくいかないようならば，方針伝達の仕方を変える必要あり．

122 環境方針を実際に"利害関係者が入手可能"な形態で準備しているか

■ 規格要求事項
E 5.2 環境方針（第2段落） 環境方針は，次に示す事項を満たさなければならない．―利害関係者が入手可能である．

■ 懸念事項と判断の要旨
1. 環境方針の定義は「トップマネジメントによって正式に表明された，環境パフォーマンスに関する，組織の意図及び方向付け」である．
2. 環境方針を「利害関係者が入手可能」としている背景には，組織の環境に対する決意を，組織内外の人たちに正しく伝えることで，理解・賛同を得ることがある．
 ⇒一般の人々に配付すること自体が目的でないことに留意する．
3. 想定している"利害関係者"が本当に入手可能な方法であるかがポイント．
 ⇒① ウェブサイトで公表，② 事業所の正門付近に掲示，③ 事業所受付や展示会での印刷物の配付 など，方法は各種ある．ただし年齢層が高い近隣住民向けだと，①は有効でないかもしれない．
4. 利害関係者が，環境方針の真意や組織の決意を理解できなかったり，期待している内容とかけ離れていたりするならば，困りものである．
 ⇒どの程度入手してもらっていて，理解してもらっているかも考えたい．

■ 質問の仕方
A たとえば，私が，○○というタイプの"利害関係者"だとします．さて私は，どうすれば，環境方針を入手できますか．
B その立場で考えて，入手した環境方針が理解できるかどうか，一緒に検討してみましょう．

123 品質目標や環境目標に組織や当該部門が切実に取り組むテーマを率先して取り上げているか

■ 規格要求事項

Q **6.2 品質目標及びそれを達成するための計画策定**（**6.2.1** 第1段落） 組織は，品質マネジメントシステムに必要な，関連する機能，階層及びプロセスにおいて，品質目標を確立しなければならない．

E **6.2.1 環境目標**（第1段落） 組織は，組織の著しい環境側面及び関連する順守義務を考慮に入れ，かつ，リスク及び機会を考慮し，関連する機能及び階層において，環境目標を確立しなければならない．

■ 懸念事項と判断の要旨

1. 品質目標や環境目標は，組織や当該部門が，目指そうとするテーマを本当に実現させるための，方向性の示唆と到達点の指示である．
   ⇒ 2004年版の環境"目的"は"objective"であり，テーマやねらいの意味であったが，環境"目標"は"target"であり，成果の状況や水準などの詳細を指していた．2015年版の目標は，品質・環境ともに"objective"であるが，"target"の意味も合わせ持たせることとなった．
2. 個々の品質目標や環境目標は，明快なねらいを持つものであり，意義ある内容であることは，目標展開を行ううえでの大前提である．
   ⇒ 目標に優先順位をつけることも，目標達成に必要なことが多い．

■ 質問の仕方

A あなたにかかわる品質目標や環境目標には，どのようなものがありますか．
B これらに，なぜ取り組むのですか．その意義を教えてください．
C どのような状態になれば"達成"となりますか．また判断の基準と方法を教えてください．

124 品質目標や環境目標と経営計画（ヒト・モノ・カネなど資源を含む）とが整合しているか

■ 規格要求事項

Q **6.2 品質目標及びそれを達成するための計画策定（6.2.1）** c）適用される要求事項を考慮に入れる．

E **6.2.1 環境目標**（第1段落） 組織は，組織の著しい環境側面及び関連する順守義務を考慮に入れ，かつ，リスク及び機会を考慮し，関連する機能及び階層において，環境目標を確立しなければならない．

■ 懸念事項と判断の要旨　注：規格要求事項の水準を超えたチェックポイント

1. 目標のうち大きなテーマは，組織全体で取り組まないと達成できない．
   ⇒目標の展開は部門単位に限らない．大きなテーマを組織全体で設定して，どの部門が該当するかを指定して実施させるのは有効な進め方．
2. "社運をかけた新規事業の立ち上げ"などの大きなテーマでは，ヒト・モノ・カネの手当ては必須である．プロジェクトでの実施となることも多い．
   ⇒戦略的なテーマは，たいてい経営計画と直結している．
3. 部門単位の目標は小さなテーマに流れがちである．せっかく人と時間を投入する以上，その値打ちを描いて，見合っていることを証明しておきたい．

■ 質問の仕方

A　この品質目標や環境目標は，組織戦略や部門戦略とどのように関連しますか．

B　これを実現するには，どんな資源を，どの程度投入する必要がありますか．
⇒その裏づけがあること，それに見合うよう熟考していることを確認する．

125 品質目標や環境目標の達成策として，過去と現実の分析に基づく，実現性のある具体的な道筋を設定しているか

■ **規格要求事項**

Q **6.2 品質目標及びそれを達成するための計画策定（6.2.2）** 組織は，品質目標をどのように達成するかについて計画するとき，次の事項を決定しなければならない．[a)～e) 省略］

E **6.2.2 環境目標を達成するための取組みの計画策定（第1段落）** 組織は，環境目標をどのように達成するかについて計画するとき，次の事項を決定しなければならない．[a)～e) 省略］

■ **懸念事項と判断の要旨** 注：規格要求事項の水準を超えたチェックポイント

1. 目標達成のポイントは，"こうすれば本当に達成できる"という具体的なシナリオ．成功に向けた一貫したストーリーを描くことが不可欠である．
   ⇒過去の達成策がなぜうまくいったかなど，各種情報の分析が欠かせない．
2. 決めた達成策も続かなければ実現しない．持続策が必要なこともある．
   ⇒これらが十分に描けていない目標の達成は，偶然なのであろう．
3. 目標が"どうなれば達成と判断されるか"の設定も不可欠である．
   ⇒達成地点が決まっていないと達成策は定まらない．システム改善などのテーマ（定性的）では"このような状態になれば達成"と決めてよい．

■ **質問の仕方**

A この品質目標や環境目標を，どのようにして達成させますか．
   ⇒達成に至るシナリオが成り立っていることを確認する．

B この施策で達成できると判断したのはなぜですか．
   ⇒100％成功する施策はない．よく考えていることが確認できればよい．
   ⇒同じ品質目標や環境目標を掲げ続けている場合，以前の達成策に対して，どのような変更を加えたかを併せて調査する．

126 自分にかかわる品質目標や環境目標が何で，その中で自分が何を行うかを理解しているか

■ 規格要求事項

Q **7.3 認識** 組織は，組織の管理下で働く人々が，次の事項に関して認識をもつことを確実にしなければならない．b) 関連する品質目標

E **7.2 力量** c) 組織の環境側面及び環境マネジメントシステムに関する教育訓練のニーズを決定する．

■ 懸念事項と判断の要旨

1. 組織内の各人が"自分にかかわる目標が何であるか，その中で自分が何を行うか"を知り，忘れずに実行できる水準で理解していることが必要．
   ⇒これがないと，いかなる目標も，絵に描いた餅になりかねない．

2. 丸暗記は不要．紙に書いたものを示せなくてよい．実行さえ伴えばよい．極端なことをいえば，目標の内容を忘れていても，自分が，いつ，何を，どこまで行うことになっているかさえわかっていれば達成できる．
   ⇒逆のケースがあまりにも多い．目標は"合い言葉"ではない．

3. 目標を選んだ背景やねらいを理解してもらい，納得してもらうと，推進力が増す．それがないと，言われたまま進めるだけだが，理解・納得できていると，趣旨に沿った工夫が可能となる．

■ 質問の仕方

A あなたは，どの品質目標や環境目標にかかわっていますか．

B それを達成させるために，あなたは何を行うことになっていますか．
   ⇒納得度も併せて調査するとよい．

127 新分野の製品設計・技術開発・設備導入など従来と異なることを始めるケースで、目標として扱う必要性を検討しているか

■ 規格要求事項

[Q] **8.3.4 設計・開発の管理** 組織は、次の事項を確実にするために、設計・開発プロセスを管理しなければならない。a) 達成すべき結果を定める。

[E] **6.2.1 環境目標（第1段落）** 組織は、組織の著しい環境側面及び関連する順守義務を考慮に入れ、かつ、リスク及び機会を考慮し、関連する機能及び階層において、環境目標を確立しなければならない。

■ 懸念事項と判断の要旨

1. ISO 9001の8.3.4 a) にある「達成すべき結果」は、目標という用語の定義である。2008年版の"7.1 製品実現の計画"のa) にあった、製品ごとの品質目標に関する要求事項は、ここに継承している。
2. 新分野の製品設計、製造・施工技術やサービス提供方法の開発、主要設備の導入など、従来パターンから大きく前進させることは、新たなテーマを得たことを意味し、目標として展開する格好の機会である。
3. このようなことを行うと決めた背景には、通常は何らかのねらいがある。目標展開に取り上げて、内容・水準・達成策を正式に提示するのは有効。
   ⇒本当に重要なテーマに限って、目標に含めていないことが多い。
4. 目標に含めると成果を振り返るので、組織としての知識を蓄積できる。

▨ 質問の仕方

A 新分野の製品設計、製造・施工技術やサービス提供手法の開発、主要設備の導入などを行うときに、ねらいや目標を、どのように示しましたか。

B それらを目標展開の観点から適切に実施したことを検討してみましょう。
   ⇒結果的に展開が適切であればよい。今後に結びつけていく方向で捉える。

128 品質目標・環境目標の"達成策(実施計画)"を期間後にレビューしているか

■ **規格要求事項**

[Q] **6.2 品質目標及びそれを達成するための計画策定（6.2.1 第2段落）** 品質目標は，次の事項を満たさなければならない．b) 測定可能である．

[E] **6.2.1 環境目標（第2段落）** 環境目標は，次の事項を満たさなければならない．b)（実行可能な場合）測定可能である．

■ **懸念事項と判断の要旨** 注：規格要求事項の水準を超えたチェックポイント

1. 品質目標や環境目標の達成結果は，たいてい評価している．
2. 達成したか否かも大事だが，それ以上に重要なのは達成策と経過である．
3. ① 達成策自体が適切であったか，② 適切な達成策を設定できた（設定できなかった）理由・原因は何か，③ 達成策を設定した後の推進方法などは適切であったかなどについて，ぜひとも振り返っておきたい（レビュー）．
   ⇒ "今回の目標展開活動を通じて得たもの"（レビュー結果）のうち，"将来に継承したり，他部門や他目標に適用するとよいものは何か"を，達成の可否にかかわらず整理しておくと，組織としての知見を蓄積できる．
4. 同じ目標を今後も続けるか否かについても併せて考えたい．
   ⇒ 同じ目標を漫然と続けている事例が多い．意義を認めて積極的に続けるのはよい．そうでないならば目標を変えることも考えたい．

■ **質問の仕方**

A 直近に実施した品質目標や環境目標は，達成できましたか．

B 達成できた（達成できなかった）のは，なぜですか．達成策のどの部分が良かった（悪かった）からなのでしょうか．
   ⇒ 追いつめない．相手が分析していないならば，一緒に考えればよい．

129 定量的に判定できる品質目標・環境目標にこだわり過ぎていないか

■ 規格要求事項

Q **6.2 品質目標及びそれを達成するための計画策定（6.2.1 第2段落）** 品質目標は，次の事項を満たさなければならない．b）測定可能である．

E **6.2.1 環境目標（第2段落）** 環境目標は，次の事項を満たさなければならない．b）（実行可能な場合）測定可能である．

■ 懸念事項と判断の要旨　注：規格要求事項の水準を超えたチェックポイント

1. 測定可能というと，数字で判定する必要があると思いがち．パフォーマンスという用語の定義は「測定可能な結果」であるが，注記1で「パフォーマンスは，定量的又は定性的な所見のいずれにも関連し得る」と説明している．つまり，目標の達成状況を定性的な測定で判定することは一般的である．

2. 目標というと目標値と捉えることが多いが，これは"target"の意味が強い．目標は"objective"であり，"取組みテーマ"と読み替えると理解しやすい．
   ⇒ objectiveをオックスフォード英英辞典で調べると説明文に"trying"を伴っている．つまり，普段以上に頑張って成し遂げるようなテーマが，ここでいう目標である．

3. とはいえ，数値目標を否定するものではない．このとき「この数値に至ると，何が実現するか」を併せて描いておくと，取り組む意義を理解可能となる．

■ 質問の仕方

A （数値目標に対して）この数値を達成すると，何が実現しますか．
   ⇒この回答が，取組みテーマの内容や意図を示すことが多い．

B （定性的目標に対して）どのような状態になると達成と見なせますか．
   ⇒定性的な目標では，測定可能性の設定不足に遭遇しやすい．「○○という状態になれば達成」という描き方が現実的なので，気づきの機会を設ける．

C 目標に取り組む意義に関する理解を関係者にどのように促していますか．

130 品質目標・環境目標の展開を部門単位・年度単位にこだわり過ぎていないか

■ **規格要求事項**

Q **6.2 品質目標及びそれを達成するための計画策定**（6.2.1 第1段落） 組織は，品質マネジメントシステムに必要な，関連する機能，階層及びプロセスにおいて，品質目標を確立しなければならない．

E **6.2.1 環境目標**（第1段落） 組織は，[中略]関連する機能及び階層において，環境目標を確立しなければならない．

■ **懸念事項と判断の要旨** 注：規格要求事項の水準を超えたチェックポイント

1. ISO 9001，ISO 14001 ともに，① 目標を設定する，② 内容に相応しい機能・階層（・プロセス）を指定する という構図である．部門単位・年度単位という要求事項はなく，すべての部門に目標を設けるという要求事項もない．
2. 階層（level）について，目標の定義の注記2で「戦略的レベル，組織全体，プロジェクト単位，製品ごと，プロセスごと」の目標設定が可能としている．⇒目標のテーマに応じて，取組みへの関与者の範囲や単位が異なってよい．
3. 数か月で完了可能な目標は，短期間で終えればよい．逆に，数年間にわたる長期的な目標を設けてもよい（ただし，予算は単年度ベースの繰り返しかもしれないが…）．
4. プロジェクトチームを設けていれば，テーマが品質，環境，安全，財務などのいずれであるかはともかく，目標としての取組みであることが多い．

■ **質問の仕方**

A この目標は，どのような組織単位，期間で取り組みますか．それがテーマの内容に見合うことを示してください．

B この目標は，いつ頃から取り組んでいますか．
　⇒年度単位の目標で前年度から継続して取り組んでいる場合，前年度と今年度の取組みの内容の発展の仕方を調査して，妥当であるか判断する．

3.2　日常の環境活動

《当該部門・業務の特徴的な事項》

(1)　日常業務と環境活動

　私たちが日常業務を行う際には，環境に関連する種々の活動を行っている．指定された環境活動を指定どおりに実行すること，自部門に適用になる環境目標の実行計画（達成策）を指定どおり実行すること，不良品の発生を防止して不要な資源を消費しないこと，環境に影響する問題の発生を予見して必要情報を所定の関係者に連絡して先に手を打つことなどがある．

　本書の第2章では業務部門別に調査ポイントを紹介しているが，日常的な環境活動には各部門共通のものもあることから，ここに集約することとした．なお，ISO 9001では，顧客に提供する製品を扱っている（"1 適用範囲"の注記1参照）．それに対して廃棄する不適合製品や副産物は，環境の守備範囲となる．

(2)　不良品や廃棄物を生じさせないことも環境活動

　たとえば，不良品のうち廃棄対象となるものは，原材料やエネルギーがムダになることから環境に影響する．不良品を補修すれば原材料やエネルギーを余計に費やすことになる．また，その廃棄方法も環境面から考える必要がある．つまり不良品が発生しないようにすることは，環境面から大きな効果がある．これはサービスでも同じ．失敗してやり直せば，物品やエネルギーなどを余計に費やすことになる．

　家庭で"衝動的に買ったが一度も使わずに処分した""使わずに置いているうちに期限が切れて捨てた""しまいこんだものが見つからないのでまた買った"ということが起こる．職場でも同じで，これも環境影響となる．

一方，業務の効率化はエネルギーの削減に結びつく．短時間で業務を実施できれば消費エネルギーは減る，動線が短くなれば運搬エネルギーも減る，残業が減れば照明も空調も止められる．仕事の段取りをよくし，効率を向上させ，仕事のやり直しもなくなれば，環境の良好化だけでなく，経費も節減でき，早く仕事を切り上げられるので，すべてがよい方向に進んでいく．

(3) その他の日常的な環境活動

建物や設備（土壌を含む）の解体・撤去での廃棄物は環境面の対象となる．時には有害物質が含まれていることもあるので注意を要する．また，仕事を通じて出るゴミも，適切な分別が必要である（ゴミを出さない工夫が大事なのはいうまでもない）．さらに地域・行政との協定に基づく活動などがある．

ISO 14001の8.2に"緊急事態への準備及び対応"がある．これは緊急時だけ行えばよいのではなく，日常的に備えておかないと実施できない．また，建設業では想定外の環境影響物質が出ることもあり，対応を求められる．

業務が忙しくなると環境への対応意識が低下しやすい．監督者・実務者は意識を強く持つ必要がある．地域・住民・行政から，いつ環境面の話を問われても，胸を張って堂々としていられるようにしておきたい．

(4) 廃棄物と有価物の管理

ここまでに記したように，何らかの要因で"顧客に提供することなく組織から外に出ていくもの"が発生する．組織外で使用できないものは廃棄物となり，別用途への転用や再生が可能なものは有価物となる．廃棄物となるか有価物となるかは，処理技術と市場取引の相場によって変化する．

廃棄物も有価物も，受入側の基準を満たさないと引き取ってもらえない．また，本来ならば有価物になるものも，管理状態が悪いと廃棄物になりうる．これらの状態を保持することも，日常の環境活動の一角をなす．

131 当該部門の環境に関する日常的な実施事項の浸透・実行・記録の状況を確認する

■ 規格要求事項

E **8.1 運用の計画及び管理**（第1段落） 組織は，次に示す事項の実施によって，環境マネジメントシステム要求事項を満たすため，［中略］に必要なプロセスを確立し，実施し，管理し，かつ，維持しなければならない．［後略］

■ 懸念事項と判断の要旨

1. 環境に関連して普段から行っていることは意外に多い．
   ⇒調査のセオリーは，当該製品の製造やサービス提供に関連する環境上の日常的な実施事項に何があるかを尋ね，① 熟知されていること，② 実行されていること，③ 指定された記録を保持していることを調査する．
2. "決まりどおりに行ってください"というのは簡単だが，そのとおり続けるには，案外エネルギーが必要である．納得していること，それがいかに（どの分野に）役立つかまで知っているかどうかで，効果は異なる．
   ⇒実施する目的・理由を明確に描き出しているかも確認しておきたい．
3. さらに重要性を自覚させるための施策と状況を尋ね，総合評価する．
4. すべての環境活動に記録が必須であるとは限らない．
   ⇒記録を残す理由と用途を尋ね，記録の必要性も併せて検討するとよい．

■ 質問の仕方

A この工程・部門・施工現場には，日常的に行う環境上の実施事項として，どのようなことがありますか．

B 確実に行っていることを，デモンストレーションして，見せてください．

C これらを行う目的や意義について，知っている範囲で教えてください．
   ⇒目的や意義を知らなくても実行が伴っていればよい．深追いしない．

132 何が有価物（再使用・資源化が可能なもの）で，何が廃棄物かが周知されているか

■ **規格要求事項**

E **7.2 力量** c) 組織の環境側面及び環境マネジメントシステムに関する教育訓練のニーズを決定する．

■ **懸念事項と判断の要旨**　注：規格要求事項の水準を超えたチェックポイント

1. 残材や不具合品，不使用品，処分対象品などのうち，どれが（どのような状態になったとき）廃棄物で，どれが有価物かを知っていて，それぞれをどのように扱うかを当事者に周知・徹底することから，このチェックポイントは始まる．

   ⇒ここでの判断を部門責任者が下すようなケースでは，所属者全員が知っていなければならないとは限らない．ただし，"それを知らないと，不用意に扱う可能性がある"ならば，知っておく必要があるかもしれない．

2. もちろんその前提として，ルール（手順）の設定がある．それぞれがどのように処理され，どのように扱われるか，どのように役立つかをも伝えることで，参加者の意識が高まることが多い．

3. ここでは，何をどのように教育訓練するか，教材・方法・場面などが妥当かも併せて調べたい．

■ **質問の仕方**

A 自分の身の回りにあるもののうち，どれが廃棄物で，どれが有価物ですか．

B それぞれが不要となったときに，処分するかどうかは誰が判断しますか．また，それらを，どこに，どのような形態で持っていきますか．

　⇒責任者が調べて判断するケースでは，実務者は何も知らないことがある．

133 有価物を価値が低下しない方法で場内保管しているか

■ 規格要求事項

E **6.1.4 取組みの計画策定**（第1段落） 組織は，次の事項を計画しなければならない．a）次の事項への取組み 3）6.1.1 で特定したリスク及び機会 b）次の事項を行う方法 1）その取組みの環境マネジメントシステムプロセス又は他の事業プロセスへの統合及び実施

■ 懸念事項と判断の要旨　注：規格要求事項の水準を超えたチェックポイント

1. 有価物が他の物と混ざると，有価物として扱えないケースもある．
2. 例えば，付着物をはがす，明確に区分する，特定のまとめ方を行う，指定場所に持っていく，収集時期の直前まで持っていかない，所定の場所での置き方を定めるなど，有価物が有価物であり続けるために必要な方法を設定する．
3. 場内や近隣の所定の保管場所での，変質防止（状態変化防止）処置なども必要なケースがある．
   ⇒別部門が担当してくれているケースでも，知識だけは持っておきたい．
4. 専門業者の有価物の受入基準をもとに，組織内で，どのような方法を講じておけばよいかが明確になっていることも，本件の前提となることがある．
   ⇒これが十分でないと，本来ならば有価物となるはずのものが，廃棄物になってしまうこともある．

▨ 質問の仕方

A 職場（施工現場や出張サービスでの訪問先，資材などの保管場所を含む）からは，どのような有価物が出てきますか．

B 有価物として処理してもらう（つまり廃棄物とならないようにする）には，どのような条件を守る必要がありますか．

C 現在の取扱方法・保管方法などで，前項の必要条件を満たせることを説明してください．

134 廃棄物を業者の引取水準を保てる方法で場内保管しているか

■ **規格要求事項**

E **6.1.4 取組みの計画策定**（第1段落） 組織は，次の事項を計画しなければならない．a) 次の事項への取組み 3) 6.1.1 で特定したリスク及び機会 b) 次の事項を行う方法 1) その取組みの環境マネジメントシステムプロセス又は他の事業プロセスへの統合及び実施

■ **懸念事項と判断の要旨** 注：規格要求事項の水準を超えたチェックポイント

1. 廃棄物の状態によっては，専門業者といえども，処理を引き受けられなくなることがある．
  ⇒処理を引き受けても，処理に要する資源やエネルギーが増すこともある．
2. 現実には"引き受けてもらう条件を専門業者に確認し，それを確保できるような場所・方法などを設定"することになる．
  ⇒廃棄物にもよるが，① 内容に応じた保管場所の設定，② 廃棄物の状態が業者の受入水準に収まる保管方法の確立，③ 専用容器の設置などがある．種類の異なる廃棄物を混ぜてしまうと，処理できなくなることもある．
3. もちろん設定した方法などを当事者が理解していて，実践していることが前提である．
  ⇒廃棄物では"自分の目前から消えてなくなる"という意識が生じやすい．人にもよるが，廃棄物処理の仕組みを理解させるのが有効なこともある．

■ **質問の仕方**

A 職場（施工現場や出張サービスでの訪問先，資材などの保管場所を含む）からは，どのような廃棄物が出てきますか．

B 廃棄物ごとに，専門業者の引受条件と，現在の保管方法でその条件を満たせることを説明してください．
  ⇒実践できる，続けられることの確証を得ることで締めくくるとよい．

135 当該施工現場に特徴的な環境上の実施事項や留意点を明確にし,実践させているか

■ 規格要求事項

E **6.1.4 取組みの計画策定**(第1段落) 組織は,次の事項を計画しなければならない. a) 次の事項への取組み 3) 6.1.1 で特定したリスク及び機会 b) 次の事項を行う方法 1) その取組みの環境マネジメントシステムプロセス又は他の事業プロセスへの統合及び実施

■ 懸念事項と判断の要旨

1. 施工現場は,毎回条件(施工場所,工事内容・工種・工事規模,現場条件・周辺条件,従事者・体制など)が異なる.所定の業務を予定どおり遂行し,いかに品質面と環境面の必要事項を達成させていくかが課題である.
2. 環境面でも毎回条件が異なることから,毎回"著しい環境側面の決定"を行うことになる.① 資材や工法の指定・実施,② 既設物(土壌を含む)の解体・撤去,③ 施工前・施工中・施工後の環境活動や片づけ・分別・廃棄(不要資材の処分を含む),④ 地域・行政との協定に基づく活動などがある.
   ⇒標準的な環境側面を工種・資材ごとに予備特定した資料から該当事項を抽出し,当該現場に特有の事情を加味して最終決定する事例が多い.
3. 環境上の実施事項は現場ごとに異なる.施工に伴う環境活動や注意点を,該当する実務者全員に周知・実施させることが基本である.
   ⇒日常的な環境活動は,外部委託者や職人の理解を得るのが難しかったり,多忙時に忘れがちになったりすることが多いので要注意.

■ 質問の仕方

A この現場には,どのような環境上の実施事項や留意点がありますか.
   ⇒著しい環境側面の決定結果と決定理由とともに尋ねると理解しやすい.
B これらのことを,この現場で働く人たちに,どのように伝えますか.また,これらを忘れずに実行できるようにするために,どうしていますか.

136 製造・施工・サービス提供に伴って発生した残材や不具合資材を環境面から適正に処置・処分しているか

■ 規格要求事項

E **6.1.4 取組みの計画策定**（第1段落） 組織は，次の事項を計画しなければならない．a）次の事項への取組み 3）6.1.1で特定したリスク及び機会 b）次の事項を行う方法 1）その取組みの環境マネジメントシステムプロセス又は他の事業プロセスへの統合及び実施

■ 懸念事項と判断の要旨

1. 製造・施工・サービス提供を行うと，原材料・資材の切れ端や残余物，梱包材，想定内の不具合資材などが残る（ここでは総括して残材と呼ぶ）．
 ⇒施工では，顧客敷地内で実施したものでも，通常は施工者が処分する．
2. "分ければ資源，混ぜればゴミ"といわれることも多い．こうした残材は，可能な限り有価物としてリサイクル可能な状態で処分したいものである．
 ⇒既設構造物を解体すると，アスベストやPCB・鉛など各種有害物質が含まれていることもあるので要注意（修理サービスでも状況は類似）．
3. 組織内での転用や外部への転売ができず，業者などでリサイクルできない残材は，やむをえず産業廃棄物として処分することになる．
4. 既設建造物の撤去を伴う工事では，産業廃棄物として扱う残材が多くなりがちな傾向がある．ただし，解体方法と管理の仕方次第で，有価物となる割合を高くすることもできる．
 ⇒費用と効果との兼ね合いから決めていくことになろう．

■ 質問の仕方

A 製造・施工・サービス提供に伴う残材などは，どのように処分しますか．
 ⇒理に適った捉え方になっているかをもとに判断する．
B 有価物として扱えるものの比率を高めるには，どうすればよいですか．
 ⇒それが実現できない事情があれば尋ね，今後の課題に結びつける．

137 倉庫やその他の置き場にある製品・資材・機器などから環境に影響のある物質などが流出していないか

■ 規格要求事項

E **6.1.4 取組みの計画策定**（第1段落） 組織は，次の事項を計画しなければならない．a）次の事項への取組み 3）6.1.1で特定したリスク及び機会 b）次の事項を行う方法 1）その取組みの環境マネジメントシステムプロセス又は他の事業プロセスへの統合及び実施

■ 懸念事項と判断の要旨

1. "倉庫の奥に入って見回すと，懐かしい旧版製品や，もはや使用目的が不明な資材・機器がゴロゴロ．収納箱は壊れ，袋も破れて，ホコリまみれ．中身は大丈夫なのだろうか"などということもある．
2. "箱から取り出してみると，容器に錆が浮いていて，オイルが漏れている．それどころか変な液体も漏れているが，害はないのだろうか．いったい中身は何なのだろうか．これはもう捨てるしかない"となっては困りもの．
3. "隅にある金属缶にもわけのわからないものが入っている．ラベルを見ても文字が読めない．通路にも正体不明のものがある．変圧器が出てきたが，年代からするとPCBが入っていそうだ"ということもないだろうか．
4. 上記は，どれも環境に影響しそうである（処分方法が不明なこともある）．
   ⇒こんな状態になっていないだろうか．早めに手を打てば，資源になったかもしれなかったのに．

■ 質問の仕方

A　倉庫内を回ってみる．この際だから，普段は人が立ち入らない場所にも入ってみる．不要物ならば，いずれ処分しなければならない．
　⇒状態と内容を確認して処分すると，ずいぶんスペースが生まれるはず．

B　ここに至った経緯を教えてください．
　⇒古いことだと，もはや不明ということも多い．教訓にするのが精一杯？

138 顧客・地域・処理委託先などからの環境上の苦情に対して的確に対応しているか

■ 規格要求事項

E 7.4.3 外部コミュニケーション　組織は，コミュニケーションプロセスによって確立したとおりに，かつ，順守義務による要求に従って，環境マネジメントシステムに関連する情報について外部コミュニケーションを行わなければならない．

■ 懸念事項と判断の要旨

1. 顧客・地域・処理委託先などから得た環境上の苦情のいくつかは，ビジネスに波及したり，当該地域での操業の条件であったり，廃棄物処理の引受条件であったりする．そのため，この場所で仕事を続けるうえで"確実に的確に対応しなければならない切実な問題"である場合がある．
2. 得た情報は，まず文書化して全体像と深刻さを把握する．そして，① 即座に対応すること（状況や症状の緩和など），② 時間をかけて抜本対策することなど，状況に応じて対応する．
3. 苦情内容に対応して好転した場合（又は時間を経ても対策の目処が立たない場合）には，できれば原因・状況・当座処置・抜本処置の内容などについて相手先に説明して理解を求める．そして，苦情状態が解消し，今後安心していただけるかなど，相手の評価状態を得る．

⇒早めに対応しないと尾を引きやすい．タイミングを考える．

■ 質問の仕方

A　顧客・地域・処理委託先など，利害関係者から環境上の苦情が入った場合には，どのようにしますか．

B　できれば最近の，うまくいった事例と，うまくいかなかった事例について教えてください．

C　それらの対応内容が，現在も有効に継続していることを説明してください．

139 分別したゴミの処理内容や用途など,取組みの納得性を得るのに必要な情報を各人に発信しているか

■ 規格要求事項

E **7.4.2 内部コミュニケーション** a)必要に応じて,環境マネジメントシステムの変更を含め,環境マネジメントシステムに関連する情報について,組織の種々の階層及び機能間で内部コミュニケーションを行う.

■ 懸念事項と判断の要旨　注:規格要求事項の水準を超えたチェックポイント

1. プラスチック系のゴミは,再生するには表面から紙をはがさなければ困るが,熱源用ならば多少の紙の付着は問題ない.これらは行政区域などで異なる.
2. たとえば,コンビニエンスストアのレシート(感熱紙)の分別は,再生用の紙か,一般の可燃ゴミか.紙を再生する際に用いる薬剤で感熱紙は黒ずむので,一般ゴミが正解.
3. 上述のように,分別したゴミは,用途によって扱いが異なる.したがって,ゴミ置き場に,一般ゴミやプラスチックと表示するだけでは混入しかねない.たとえ「コンビニエンスストアのレシートは一般ゴミへ」と表示したとしても,「感熱紙も紙だよね」と勝手に捉えて,感熱紙を再生用の紙の置き場に入れかねない.
   ⇒「感熱紙は再生時の薬剤処理で黒ずむので,一般ゴミへ」と表示すれば,理解を促せる.しかし,表示が煩雑になる.こうしたバランスが難しい.

■ 質問の仕方

A ゴミの分別で,誤ったところに投入するというケースは生じていますか.
B (誤分別がある場合)どうすれば,適切な分別を促すことが可能でしょうか.
　⇒見解を求めるというよりも,一緒に知恵を絞るための質問である.
C (誤分別がない場合)何が功を奏して適切に分別できているのでしょうか.
　⇒ここで得た知見は,他の活動にも応用できる可能性がある.

140 日常の環境活動を通じて創意工夫を試みているか

■ 規格要求事項

E **10.3 継続的改善** 組織は，環境パフォーマンスを向上させるために，環境マネジメントシステムの適切性，妥当性及び有効性を継続的に改善しなければならない．

■ 懸念事項と判断の要旨　注：規格要求事項の水準を超えたチェックポイント

1. 継続的改善の基本は"普段から工夫を続けて，積み重ねていく"である．日常の環境活動を通じて得た気づきを，その場だけで終わらせることなく，創意工夫に結びつけていくことで，環境改善活動はさらに発展する．
2. 普通に仕事を行っているときに環境上の創意工夫に気づくこともあるが，ふとした拍子にひらめくこともある．気づきの場面に制約はない．
   ⇒話し合っているうちに気づくこともあれば，別の仕事をしているときに気づくこともある．たとえば，"QCサークルの環境版"のようなものを設けて，日常の環境活動について積極的に話し合うのも一法である．
3. 創意工夫のきっかけが環境であったとしても，さらに品質や売上げ・利益に波及してもよい．組織に役立つものであれば，基本的にすべてOKである．
4. 創意工夫した成果は，できれば特定の個人や部門の中だけにとどめず，組織内で活用できるようにしておきたい．有用なヒント集なのだから．

▨ 質問の仕方

A　環境がきっかけとなって，創意工夫した成果があれば教えてください．
　⇒各人が持つ自慢のタネを披露してもらうつもりで尋ねるとよい．
B　日常の環境活動に対する工夫は，どんなときに気づきますか．
C　環境から始まった創意工夫を，それ以外の分野にまで発展させるために，どんなことを心がけていますか．

3.3　要員育成と要員確保

《当該部門・業務の特徴的な事項》

(1)　実務者・管理者には力量が必要

　装置を完全自動化しても，始動段階でのセッティングや装置の不具合時の調整には人が介在する．どのような組織でも，人が業務運営の中核をなす．人は組織の宝であり，人を育成することは組織の永遠の課題である．個々の業務には，① 人の技量に依存，② 装置の自動化，③ 標準化での対応，④ タイムリーな指示による実行など，業務・活動がうまくいくメカニズムがある．人の技量への依存度が高い業務に従事させるには，何を知っていて，何をできるかを明らかにして，確実に担当させられる状態とする必要がある．

(2)　要員の育成と教育訓練

　ISO 9001/14001 ともに，"7.2 力量" b) では，力量の根拠として，教育（education：学校教育），訓練（training：就業後のトレーニング），経験（experience：実行を通じた習得）の3種を上げている．日本では，人の育成にかかわることを総じて "教育" と称することが多い．ただし，教育と称している内容には，下記の4種が含まれているようである．

　① "不可欠な知識・技量を確実に確保するもの" では，必要な知識・経験・技能・判断力・洞察力などの習得が前提となる（OJT が多い）．

　② "要員の才能を将来に備えて伸ばすもの" では，今後の担当に備えて，先行投資的に学ばせておく（外部講習，ビデオ・書籍の活用，体験学習など）．

　③ "業務・活動内容などの理解のための説明" は，資料配付だけでは理解が不十分な場合に実施する（欠席者は資料をもらっただけでは理解できない）．

　④ "基礎知識などを広く授与するもの" には，新人教育や従業員共通の概

3.3 要員育成と要員確保

要説明などがある（技能よりも知識中心の"学習"という性格が強い）．

これらはいずれも，知識と技能の習得に役立つが，種別ごとに，実施意図，実施手法，確認方法，記録方法，記録の活用場面が異なることから，手順が異なるのが自然であることを理解しておきたい．

(3) "教える"と"学び取る"

上記 (2) の説明に関連するが，要員の育成すべてを教育で扱うのは現実的でない．認識や自覚を持たせるには，ムリめの課題を出してチャレンジさせたり，失敗から学ばせたりと，手法は多様である．自己学習で習得できるものもあれば，教示できる人は世の中に誰もいなくて，自分で道を切り開くしか方法がないものもある．

人から教わるよりも，人に教えるほうが勉強になることも多い．職場が活気にあふれて，自分から自発的に学び取れると，得るものもさらに多くなる．そのような機会を提供するのもマネジメントといえよう．

(4) 公的資格との関連

活動・業務によっては，法規制や行政指導で公的資格が必要なものもある．公的資格は力量の根拠の一つとなりうる．ただし，資格があっても実務をこなせるとは限らない．タクシー運転手には第二種運転免許が必須だが，接客など他の力量も必要である．また，しばらく業務を離れると技量が低下することもある．

(5) 力量を有する要員の確保

組織を適切に運営管理するためには，業務・活動の品質内容と環境影響に応じた，要員配置（力量＋人数）の適正化も必要である．これは，正社員，パート社員，アルバイト，派遣社員の区分よりも，従事させる業務・活動に応じた力量の保有と，業務量に応じた要員数の観点から捉えたい．

力量に関する記録は，力量のある要員を選定・配備するのに役立つ情報かどうかが重要で，この趣旨に合わない記録では意味をなさない．また，要員の選定・配備する者が，この記録を容易に得られることも必要である．

141 担当業務を実施するうえで必要な力量が確保できるよう，要員を育成・確保しているか

■ **規格要求事項**

Ⓠ **7.2 力量** b) 適切な教育，訓練又は経験に基づいて，それらの人々が力量を備えていることを確実にする．

Ⓔ **7.2 力量** b) 適切な教育，訓練又は経験に基づいて，それらの人々が力量を備えていることを確実にする．

■ **懸念事項と判断の要旨**

1. 設備がどれほど自動化されていても，動かして使いこなすのは人である．安定操業時はまだしも，運転開始時の設定や終了，普段と異なる状態での操作，異常発生時の対応力は，人の力量に大きく左右される．
2. 営業，設計，生産技術，施工現場代理人，サービス要員，職人的な業務や，マネジメントなどでは，要員の力量が業務結果の良否に直接影響する．
3. 当該業務に必要な力量を有する要員の育成は，組織運営の要である．
   ⇒ここではあえて"教育"ではなく"育成"と記した．当該業務に必要な力量の確保が主体で，方法論は，確実に力量確保できればそれでよい．
4. 力量を持つ要員の確保は，育成だけでなく，新規採用や配置転換などもある．
5. 育成や力量の確保の対象者は，正社員に限らない．パート社員，アルバイト，派遣社員でも当該業務に携わるならば，業務内容に応じた力量は必要である．

■ **質問の仕方**

A いま育成途中か，これから育成を予定している人は，誰かいますか．
B その仕事を一人前として担当するには，どのような力量が必要ですか．
C その人の育成開始時の力量を，必要な力量にまで引き上げるために，どのような方法を取っていますか．

142 技術や設備の導入に伴う臨時の教育訓練や育成の内容と対象者の範囲は導入の目的に見合っているか

■ **規格要求事項**

Q **7.2 力量** a) 品質マネジメントシステムのパフォーマンス及び有効性に影響を与える業務をその管理下で行う人（又は人々）に必要な力量を明確にする．c) 該当する場合には，必ず，必要な力量を身に付けるための処置をとり，とった処置の有効性を評価する．

E **7.2 力量** a) 組織の環境パフォーマンスに影響を与える業務，及び順守義務を満たす組織の能力に影響を与える業務を組織の管理下で行う人（又は人々）に必要な力量を決定する．d) 該当する場合には，必ず，必要な力量を身に付けるための処置をとり，とった処置の有効性を評価する．

■ **懸念事項と判断の要旨**

1. 導入に伴って技術や設備が大幅に変わる場合には，本格稼働するまでに，当事者に対して，臨時の教育訓練など力量確保を行う必要がある．
 ⇒順次実施することもあり，導入までに全員完結するとは限らない．
2. 技術導入先に出向いて学ばせる，専門家を招いて教育訓練する，設備導入後の試運転を通じて実機で技能習得させるだけでなく，導入プロジェクトチームへの配属や実務担当部門を早期設置によって育成することもある．これらはすべて，広い意味での力量確保となりうる．
 ⇒変革が大きい場合，専門要員の採用や，要員派遣を受けることもある．

■ **質問の仕方**

A 技術や設備の導入時に，必要な専門技能や知識をどのように確保しますか．
B 実際に導入したケースをもとに，それらの成果を説明してください．
 ⇒力量を確保した証拠の記録がない場合も多いので，記録も確認する．

143 実務者・管理層が所定の力量を有していることを証明できるか

■ **規格要求事項**

Q **7.2 力量** b) 適切な教育,訓練又は経験に基づいて,それらの人々が力量を備えていることを確実にする.

E **7.2 力量** b) 適切な教育,訓練又は経験に基づいて,それらの人々が力量を備えていることを確実にする.

■ **懸念事項と判断の要旨**

1. 実務者が,担当業務を実施できる力量を有していることは必須要件である.
   ⇒当該業務に必要な力量の明確化と,保有力量の証拠から証明する.
2. 管理層では人心掌握力や統率力などマネジメント面の力量が必要である.
   ⇒あくまでも技術指導に限られ,管理面の責任を有さないリーダーでは,実務能力と指導力までで十分なことがある.逆に管理面に秀でていれば,実務面の力量が万全でなくても職務遂行上の問題がないことがある.
3. その都度指導を受けながら業務を行う要員や,ある状況を超えればすぐに上司の判断を仰ぐ業態では,本件が証明できなくても実務上の支障はない.
   ⇒形式的でなく,過剰でなく,現実に即した手順の設定は意外に難しい.

■ **質問の仕方**

A (管理職に)いまAさんが担当中の業務には,どのような力量が必要ですか.Aさんがその力量を有することを,記録などを用いて説明してください.

B (上位の管理職に)管理職のBさんには,どのような力量が必要ですか.できれば,管理面と実務面とを分けて説明してください.

C (経営層に)中間管理職や役員に内部昇進させる際には,必要な力量を有していることを,どのように確認しますか.

144 著しい環境側面に関連する業務の従事者が必要な力量を有していることを証明できるか

■ 規格要求事項

E **7.2 力量**（第1段落） b）適切な教育，訓練又は経験に基づいて，それらの人々が力量を備えていることを確実にする．（第2段落） 組織は，力量の証拠として，適切な文書化した情報を保持しなければならない．

■ 懸念事項と判断の要旨

1. 「著しい環境影響の原因となる可能性のある業務（その多くが著しい環境側面である）」の従事者は，単に教育訓練を受けるだけでなく，実際に当該活動に従事できる力量を有している必要がある．
   ⇒ ISO 14001 の基本の一つに，汚染の予防がある．著しい環境影響の原因のうち汚染に結びつくものでは，従事者の力量保有は不可欠である．
2. 著しい環境側面には，有害な環境側面だけでなく，有益な環境側面もある．有益な環境側面の実務者が力量不足だと，本当の有効打が出にくくなる．
   ⇒ 有益な環境側面での力量は，意外に見過ごされがちである．
3. 緊急事態への準備・対応が著しい環境側面と結びついていることも多い．状況に応じた判断力が求められる管理者は，特に力量を備える必要がある．
   ⇒ 環境技術や装置・法規制の知識のほか，洞察力や統率力も必要である．

■ 質問の仕方

A どのような業務が，著しい環境影響を与える可能性がありますか．
  ⇒ 有益な環境側面も忘れずに．
B その業務を確実に遂行するには，どのような力量が必要ですか．
C 従事者各人が，役割に応じた力量を持っていることを説明してください．
  ⇒ 前項と同様に，管理面と実務面を分けて説明してもらうとよい．

145 組織の将来構想に見合うように，将来を見据えた要員の先行育成と人材確保を図っているか

■ 規格要求事項

Q **7.1.2 人々** 組織は，品質マネジメントシステムの効果的な実施，並びにそのプロセスの運用及び管理のために必要な人々を明確にし，提供しなければならない．

E **7.1 資源** 組織は，環境マネジメントシステムの確立，実施，維持及び継続的改善に必要な資源を決定し，提供しなければならない．

■ 懸念事項と判断の要旨　注：規格要求事項の水準を超えたチェックポイント

1. 組織の業務を拡張・深化・向上・改革するうえで，将来を見据えた要員の能力開発も大切である．要員の先行育成は，技術力の源の確保に結びつく．
   ⇒現行業務の遂行に直結する力量と異なって，将来を見据えた先行育成は，投資的な意味合いを保つ．つまり経営計画や組織戦略とリンクする．
2. 将来構想によっては，所定の水準・人数の要員確保が必要なこともある．
   ⇒内部育成だけに限らず，外部からの獲得を含めて．
3. 現行業務の力量確保の記録は所属部門長に必要だが，先行育成の記録は，人事異動や将来の上司に必要．記録の用途が異なるので管理手順も異なる．
   ⇒先行育成の記録は，当該時点の力量だけでなく，習得の早さや，将来性に関する情報が必要となることがある．

■ 質問の仕方
A　経営計画など将来構想に伴って，どのような人材を確保する予定ですか．
B　それを見据えて，誰にどのような教育や育成を行っていますか．
C　その結果をどう記録しますか．記録の用途と併せて説明してください．
　⇒記録の用途は，人事部門や経営企画部門に質問するべきかもしれない．

146 自己学習・自己研鑽を自ら行いたくなる職場環境を醸し出しているか

■ **規格要求事項**

Q **7.2 力量** c）該当する場合には，必ず，必要な力量を身に付けるための処置をとり，とった処置の有効性を評価する．

E **7.2 力量** d）該当する場合には，必ず，必要な力量を身に付けるための処置をとり，とった処置の有効性を評価する．

■ **懸念事項と判断の要旨**　注：規格要求事項の水準を超えたチェックポイント

1. 先の3.3節（2）に記したように，日本では，人の育成というと，教育に話題が集中しがちである．そもそも"教える"には限界があることから"学び取る"とする機運が大切である．
   ⇒ "教える人の自己満足"となっていないか，一度考えてみたい．

2. 自分で学びたい課題を見いだし，自分で調べて考えて，自分で試して習得する．時には，つまずくかもしれないが，そのほうが得るものが多い．
   ⇒ 自分で編み出して習得したものは，血となり肉となり，しかも背景まで知っているので応用力がつきやすい（規格でいう「力量を身に付けるための処置」に相当）．

3. 何も言わなくても勉強する者もいるが，周囲や上司の雰囲気で自己学習を始める者もいる．積極的にチャレンジする職場環境は，一種の演出である．
   ⇒ このような雰囲気作りも，ある種の作業環境と言えるかもしれない．

■ **質問の仕方**

A 自己学習や自己研鑽は，どのくらい行われていますか．

B 自己学習・自己研鑽したくなるために，どんな方策を講じていますか．
   ⇒ 各人の力量確保の状況を公表して競争させる組織もある．うまく導けば効果的だが，進め方によっては逆効果にもなる．雰囲気作りが重要．

147 品質や環境への主体的な取組みに関する認識を形成させるための処置・方策が功を奏しているか

■ 規格要求事項

Q **7.3 認識** 組織は,組織の管理下で働く人々が,次の事項に関して認識をもつことを確実にしなければならない. c) パフォーマンスの向上によって得られる便益を含む,品質マネジメントシステムの有効性に対する自らの貢献　d) 品質マネジメントシステム要求事項に適合しないことの意味

E **7.3 認識** 組織は,組織の管理下で働く人々が次の事項に関して認識をもつことを確実にしなければならない. c) 環境パフォーマンスの向上によって得られる便益を含む,環境マネジメントシステムの有効性に対する自らの貢献　d) 組織の順守義務を満たさないことを含む,環境マネジメントシステム要求事項に適合しないことの意味

■ 懸念事項と判断の要旨

1. 業務・活動への認識を持つのは重要である.しかし,単に教育すれば必ず認識を持てるというわけでないので,手順・方策の設定は難しい.
2. 重要場面のたびに言い聞かせる,思考を巡らす必要のある課題を与える,あえて失敗させて体で覚えさせる,他部門との会議に出席させるなど,方法は各種あるが,普遍性はない.
   ⇒本件は永遠の課題とも言えよう.方法の適否は,当人の性格にもよるし,状況によっても異なる.内部監査を契機に,あらためて考えていきたい.

■ 質問の仕方

A 各人が品質や環境の重要性に関する認識を持てるようにするために,どのような方法を取っていますか.

B うまくいきましたか.うまくいかない場合には,どう対応しますか.
   ⇒適合か否かの判断よりも,再考のきっかけになればよい.

148 力量,適性,教育訓練,認識に関する捉え方が系統的に整理できているか

■ 規格要求事項

Q **7.2 力量** a) 品質マネジメントシステムのパフォーマンス及び有効性に影響を与える業務をその管理下で行う人（又は人々）に必要な力量を明確にする．

E **7.2 力量** a) 組織の環境パフォーマンスに影響を与える業務，及び順守義務を満たす組織の能力に影響を与える業務を組織の管理下で行う人（又は人々）に必要な力量を決定する．

■ 懸念事項と判断の要旨　注：規格要求事項の水準を超えたチェックポイント

1. いかなる業種・業務でも，標準化や自動化が進んでいても，人が判断する場面がある限り，人への依存は必ず存在する．
2. 力量が話題に上がることが多いが，適性を見抜くのは難しい．また適性のある者だけを選抜したいが，適性不足でも担当させざるをえないこともある．
    ⇒あまり適性がないと思われていた者が，抜擢されたことを機に，大きな変貌をとげることもある．実務者から管理者への転身，技能者から営業担当への転身などで，隠れた才能が芽を出すケース，本人の努力が実を結ぶケースがある．上司や組織としてのサポートによる差異も大きい．
3. 相手は人であり，単一の正解はない．技術などの変化に伴って習得事項は変化する．しかし捉え方の方向性だけでも描き出しておくことが望ましい．
    ⇒当人の力量や適性を一番知っているのは誰であろうか．常に上司が一番よく知っているとは限らない．系統的な整理の鍵の一つがここにある．

■ 質問の仕方

A 力量，適性，教育訓練，認識を，組織としてどのように捉えますか．
B 個人ごとに差異はあるでしょうが，どのように系統的に整理していますか．
    ⇒決定打はないかもしれない．この質問が再考のきっかけになればよい．

149 要員の育成に用いる教材を意識して整備しているか

■ **規格要求事項**

Q **7.2 力量** b）適切な教育，訓練又は経験に基づいて，それらの人々が力量を備えていることを確実にする．

E **7.2 力量** b）適切な教育，訓練又は経験に基づいて，それらの人々が力量を備えていることを確実にする．

■ **懸念事項と判断の要旨**　注：規格要求事項の水準を超えたチェックポイント

1. 要員を教育訓練で育成する場合，日常的な実施事項であれば，やり方を見せ，当人に体験させて習得させるのは可能である．しかし，非日常的なことの習得には，何らかの教材が必要となることが多い．
2. ここでいう教材は，教科書のような形態に限らない．写真，イラスト，動画，録音など視覚・聴覚系の情報，現物見本，プレゼン資料や提案書の良好例や失敗例，顧客への謝罪文などのほか，起案から完了に至る一連の出来事を時系列的に綴った資料も，よい教材となりうる．
 ⇒教育訓練や自己学習で使うだけでなく，便利帳的な情報集としての使い方もありうる．
3. こうした資料や情報は，急には揃わないので，普段から意識してためておく必要がある．また，設備の更新・改造前の姿を残したり，熟練工を退職前に撮影したりするなど，いまだからこそ残せる写真や動画にも留意したい．

■ **質問の仕方**

A 「写真や資料などが残っていて助かった」という経験はありますか．

B 将来の後輩のために，どんな写真や資料，情報などを残すとよさそうですか．

C いわば要員の育成用の教材ですが，いまどんなものをためていますか．
 ⇒適合・不適合の判定の目的でなく，気づきのきっかけになれば十分．

150 文書類をわかりやすく書ける人を育成しているか

■ **規格要求事項**

Ｑ **7.1.2 人々** 組織は，品質マネジメントシステムの効果的な実施，並びにそのプロセスの運用及び管理のために必要な人々を明確にし，提供しなければならない．

Ｅ **7.2 力量** b）適切な教育，訓練又は経験に基づいて，それらの人々が力量を備えていることを確実にする．

■ **懸念事項と判断の要旨** 注：規格要求事項の水準を超えたチェックポイント

1. 品質マニュアルや手順書などの文書類を，わかりやすく書ける人が少ない．手順などの内容をわかっていることと，書き表せることは別物である．また，読みやすいレイアウトやフォント使い次第で，読みやすさに違いが生じる．
   ⇒いかに貴重で重要な情報がそこに載っていても，気にとめて読んでもらえなければ，情報は活きてこない．
2. こうした文書作りはセンスが問われる分野だが，練習を重ねたりよい事例に接したりするうちに，センスに磨きをかけられる．教育でカバーできる分野もあるが，自己研鑽し，情報を蓄積・活用することのほうが効果的である．
3. わかりやすい文書を一発で作るのは困難．試行錯誤を重ねることになろう．
   ⇒作った後で，文書の読み手に感想を尋ねてみよう．評判のよかったものは，コメントを記したうえで，スクラップしておこう．

▨ **質問の仕方**

A これまで作成した文書の，関係者の評判はいかがですか．
B どの文書のどの部分の評判が高かったですか．
C 文書のどのような部分に改善の余地が見られますか．
D 文書の書き方のセンスを，どのように磨いて（磨かせて）いますか．

3.4 文書化・文書管理・記録管理

《当該部門・業務の特徴的な事項》

(1) 文書化しないと困るものは何か

　文書化のポイントは，"文書がないとうまくいかないならば文書を設ける"である．一般に，① 見ない文書はいらない（文書が不要な理由を考える）し，② 普段実施すること以上に普段実施しないことのほうが，文書がないと判明しづらい，③ いまの担当者に不要でも将来の担当者には文書が必要なことが多い，などを切り口として文書の必要性を検討するとよい．なお，ここでいう文書は，システムを扱う文書に限らない．生産計画を紙に書いて渡すのも文書である．

　実務者は，普段使用するものは近くに置いている．見る頻度が高いものは机の上のガラスの下に敷き，自分の目の前にファイルを置きたがる．さらに袖机の引出し，座席の後ろのキャビネットと順位が下がっていく．遠方にあるものは普段ほとんど見ていない．文書の必要性はここから読み取れる．

(2) どのように文書化するか

　システム文書は階層化させることが多い．各階層の文書の読み手が誰で，何を記し，どんな性格を帯びさせるかをよく定義して編集しないと，一つのことを行うために2,3種類の文書の併読が必要となって使いづらくなる．

　文書の形態はさまざまである．文書化は文章化とは限らない．① ブロックフロー＋記入例＆吹出しでもよいし，② 記入用紙に項目を列記，③ コンピュータ画面に表示，④ 写真・イラスト・漫画・一覧表，⑤ 見本を用いる形態（製品サンプルや組立見本や限度見本など），⑥ 張り紙やホワイトボードでも

よい．デジタルカメラやスマートフォンもうまく使いこなしたい．文字だけの情報よりもイメージしやすく，吹出しをつければ注意点も伝わり，しかも本当に見てもらえる率が高い．

(3) 組織内で制定する文書の管理

文書管理のポイントは，"必要な文書を，必要なときに，誤ることなく使えるように管理する"である．① 文書の承認者が明確，② 文書の配付先（改訂版を渡す相手）が明確，③ 手元の文書を使ってよいかが明確（正式配付版か判明）ならば主要点は達成である．文書管理にはマニアックな手順が多い．原点に戻って"この手順が抜けるとどんな不都合が生じるか"から考えてみたい．

(4) 外部文書の管理

外部文書の管理のポイントは，"新版発行や改訂の情報を，どこから確実に得るか"である．この情報が得られれば，本当に必要ならば必ず入手する．"官報を見れば判明する"といいながら官報を見ていなければ情報は得られない．"所属する業界団体から改訂情報が入る"のように他人任せのほうが，意外に情報入手の率が高い（もちろん自力でも調査を忘れなければ問題ない）．

(5) 記録の管理

文書管理のポイントは，"必要な記録を，必要なときに，確実に探し出せるように管理する"である．記録は使うためにある．探し出せない記録に存在意義はない．当該記録を，いつ誰が何に使うかが明確になれば，管理方法もおのずと決まる．どの記録を保持するかの判断は規格要求事項だからという切り口に終始せず，"なぜこの記録を自分たちとして持つ必要があるのか"から捉えていきたい．

なお，ISO 9001/14001 ともに，2015 年版の要求事項の規格条文では，記録という用語を使っていない．"文書化した情報を保持する．"という表記の部分は，実質的に記録に相当する（本書では，便宜に"記録"と記す）．

151 マネジメントシステム文書の階層・種別などの編集方針が実用面に見合っているか

■ 規格要求事項

Q **7.5.1（文書化した情報）一般** 組織の品質マネジメントシステムは，次の事項を含まなければならない．a）この規格が要求する文書化した情報　b）品質マネジメントシステムの有効性のために必要であると組織が決定した，文書化した情報

E **7.5.1（文書化した情報）一般** 組織の環境マネジメントシステムは，次の事項を含まなければならない．a）この規格が要求する文書化した情報　b）環境マネジメントシステムの有効性のために必要であると組織が決定した，文書化した情報

■ 懸念事項と判断の要旨

1. 文書を階層化し，活動内容ごとに区分して，文書を整備することが多い．重要なのは，各階層の文書の性格づけと活動区分の合理性などの編集方針．
2. 品質・環境マニュアルなどの最上位文書には，活動の持つ意義や考え方・捉え方など，取組みの姿勢と活動の全体像を盛り込むことが多い．一方，技術面や事務手続きなどのハウツーは，実務文書に載せるのが現実的．
3. 編集方針は，組織規模でおのずと異なる（小組織では一般に階層は少ない）．
   ⇒他社事例をもとに見よう見まねで整備したシステムでは，編集方針がないまま現在に至って，使いづらい文書体系となっていることが非常に多い．

■ 質問の仕方

A 文書の階層化や活動による区分など，文書化の編集方針を教えてください．
B 個々の階層のそれぞれの文書には，どのような内容を記しますか．
C 文書の編集方針に関する使用者の評判はいかがですか．

3.4 文書化・文書管理・記録管理

152 文書がないと業務に支障のある情報をすべて文書化しているか

■ 規格要求事項

Q **7.5.1（文書化した情報）一般** 組織の品質マネジメントシステムは，次の事項を含まなければならない．b）品質マネジメントシステムの有効性のために必要であると組織が決定した，文書化した情報

E **7.5.1（文書化した情報）一般** 組織の環境マネジメントシステムは，次の事項を含まなければならない．b）環境マネジメントシステムの有効性のために必要であると組織が決定した，文書化した情報

■ 懸念事項と判断の要旨

1. ここでいう文書化はシステムなどを扱う文書に限らない．日々の業務連絡での文書の要否などを含めて，業務に用いる文書の"見える化"と捉える．
2. "文書がないと業務に支障のある"という切り口は，本質的なものである．
 ⇒内部監査では，文書化の不備による不適合事例から調べ始めてもよい．
3. いまの担当者には文書は不要だが新任者には文書が必要ということもある．また，何かの拍子に主要項目を忘れるケースに対する備えという文書もある．
4. マネジメント面の文書は不足気味．判断時の観点や方向性，納得促進用の情報，管理者の権限の上限などの文書化の不足による支障が生じやすい．
 ⇒個別業務の基本原理，個別ルールを決めた背景，業務間の関連などを，品質・環境マニュアルや基準書に記すだけで，ずいぶん改善される．

■ 質問の仕方

A （実務者に）ご自身の担当業務の内容などが載っている文書があれば見せてください．

B 私（内部監査員）がこの部門に配属になったと仮定して，私の担当業務を，この文書を使って説明してください．
 ⇒管理者・監督者として配属になるケースについても尋ねるとよい．

153 業務に用いる文書は使用者が見やすい形態であるか

■ 規格要求事項

Q **7.5.3 文書化した情報の管理（7.5.3.2）** b）読みやすさが保たれることを含む，保管及び保存

E **7.5.3 文書化した情報の管理** ―読みやすさが保たれることを含む，保管及び保存

■ 懸念事項と判断の要旨

1. "必要情報が，どの形態でどの文書に載るのが便利か"が確認の切り口．品質と環境を別文書で定めると，文書を二つ見る必要があり，非現実的．
   ⇒文書の内容と範囲が使用者の思考回路と行動に合っていることが大切．
2. 業務内容を1から10まですべて文書化する必要があるとは限らない．
   ⇒熟練者には"各製品の管理値の違いの一覧表"だけが必要かもしれない．
3. 普段は実施しない（特別な機会にしか実施しない）業務や活動の文書化は特に重要である．ただし，見やすくしておかないと，肝心なときに使えない．
4. 文書は紙と文字に限らない．写真・図・見本などで確実に伝わればよい．コンピュータ画面では，① 単一画面に情報が収まる，② 文字種類とサイズ，③ スクロール（画面を上下に動かして見ること）などが見やすさの要点．
   ⇒実用文書なので，載っている場所をすぐに探せて理解できることが大切．

▨ 質問の仕方

A 普段担当しない業務に携わるときは，何を見て実施内容を把握しますか．
B （類似文書が二つある場合）どこが同じでどこが違うかを示してください．
   ⇒すぐに示せないならば，文書の編集上の問題がある可能性が高い．
C この文書の使用者に必要な情報と使い勝手に合うことを示してください．
   ⇒開いて示してもらううちに，使い勝手の善し悪しが見えてくる．

154 当該部門での使用を意図して配付した文書を使用しているか

■ 規格要求事項

Q **7.5.3 文書化した情報の管理**（**7.5.3.1**）　a）文書化した情報が，必要なときに，必要なところで，入手可能かつ利用に適した状態である．

E **7.5.3 文書化した情報の管理**　a）文書化した情報が，必要なときに，必要なところで，入手可能かつ利用に適した状態である．

■ 懸念事項と判断の要旨

1. すぐに出せるところにないならば，日常的には使っていない可能性が高い．ただし，現在の担当者には不要でも，将来の担当者には必要かもしれない．
2. 文書の制定者と文書の使用者との間に，文書の記載内容に関する考え方の相違が生じているケースが非常に多い．
   ⇒文書の制定者は心配だからいろいろと書きたくなる．しかし，記載内容が多過ぎると重要なことが書いてあっても見なくなる．文書が見づらいと自分で整理したものを使っていることもある（これは認めるほうがよい）．
3. 同じことが複数の文書に載っていると，身近な文書しか見なくなる．
   ⇒検査項目が，検査記録用紙と検査手順書，検査規格書，QC工程表の四つに載っていれば，日常的に使う検査記録用紙だけを使っているのが通例．
4. 見ない使わない文書は基本的に不要である．"その文書がなくても業務がうまくいく仕組みがどこにあるか"の観点から再考するのが現実的である．

■ 質問の仕方

A　この配付文書は使っていないようですが，普段は何を見ていますか．
B　文書を見なくてもうまく確実に仕事ができる秘訣は，どこにありますか．
　⇒内部監査では"その文書を見ていない"から調査せずに，"どの種類の文書を見ているか"や"なぜ文書を見なくてもうまくいくか"から入る．

155 用紙やコンピュータ入力画面のうち，実施事項の指定のあるものを文書管理の対象にしているか

■ 規格要求事項

Q **7.5.3 文書化した情報の管理**（**7.5.3.1**）　品質マネジメントシステム及びこの規格で要求されている文書化した情報は，次の事項を確実にするために，管理しなければならない．[a), b) 省略]

E **7.5.3 文書化した情報の管理**（第1段落）　環境マネジメントシステム及びこの規格で要求されている文書化した情報は，次の事項を確実にするために，管理しなければならない．[a), b) 省略]

■ 懸念事項と判断の要旨

1. 実施事項や記入事項などを，用紙やコンピュータ入力画面などに織り込んで指定する（点検項目を指定した点検表など）のは現実的である．
   ⇒普段最も目にするところに書き表すのが文書化の鉄則である．目につけば実施事項が伝わる率が高くなる．実施者の力量が十分であれば，実施項目が伝われば，詳細な手順書がなくても確実に実施できる．

2. 実施事項を指定した用紙やコンピュータ入力画面は一種の指示書である．つまり指示内容が勝手に変わっては困ることから，文書管理の対象となる．
   ⇒指示内容のあるコンピュータ入力画面は電子媒体に載った用紙である．なお，指示内容の指定のない用紙やコンピュータ入力画面（雰囲気を統一するだけのもの）は，ことさら文書管理の対象としなくてよい．

3. これらの内容を正式に承認していることを確認する．
   ⇒コンピュータ入力画面の承認漏れが多い．電子文書ファイルを共用サーバに保存して使うケースでは，ファイルのプロパティでわかることもある．

■ 質問の仕方

A　いま使っている用紙やコンピュータ入力画面の内容は，誰が承認しますか．
B　その人が承認したことを，何かで証明してください．

156 緊急時の実施事項を定めた文書を，緊急事態発生時に，使用するタイミングまでに探し出して実施できるか

■ 規格要求事項

Q **7.5.3 文書化した情報の管理（7.5.3.1）** a）文書化した情報が，必要なときに，必要なところで，入手可能かつ利用に適した状態である．

E **7.5.3 文書化した情報の管理** a）文書化した情報が，必要なときに，必要なところで，入手可能かつ利用に適した状態である．

■ 懸念事項と判断の要旨

1. 緊急の対応には，所定の時期までに完了しなければならないものもある．緊急の対応が必要ならば，どんな状態であっても，該当文書を探し出して手にとって，該当手順が載っているページと項目を探し出し，内容を読み取って，期限までに対応完了しなければならない．
   ⇒緊急時に慌てると，想定した以上に時間を要することがある．
2. 普段使用しない文書は，書棚の奥のほうにしまいがちだが，緊急対応に必要な文書だけは，速やかに使える状態であることが必須要件である．
3. 手順や内容を暗記するか，体が動くように覚えて対応する方法もある．このケースでは，すべてを誤ることなく覚えていて，確実に実行できることを，定期的に確認していることが不可欠である（人の記憶は次第に薄れる）．
   ⇒手順の抜粋版を掲示したものと併用する形態もある．

■ 質問の仕方

A ○○のような緊急事態が発生した場合に，何をどのように行いますか．
   ⇒文書を見て行う場合には，行動開始時期までに探せることを確認する．
   ⇒暗記して行う場合には，説明を聞いて，規定どおりであるかを確認する．

B 自分自身が不在の場合には，代行者が実施可能なことをデモ的に実施し，示してください．

157 当該記録を保管することにしている理由と用途は明確か

■ 規格要求事項

Ⓠ **4.4 品質マネジメントシステム及びそのプロセス（4.4.2）** b）プロセスが計画どおりに実施されたと確信するための文書化した情報を保持する．

Ⓔ **7.5.1（文書化した情報）一般** 組織の環境マネジメントシステムは，次の事項を含まなければならない．b）環境マネジメントシステムの有効性のために必要であると組織が決定した，文書化した情報

■ 懸念事項と判断の要旨

1. ISO 9000 の 3.8.10 で，記録という用語を「達成した結果を記述した，又は実施した活動の証拠を提供する文書」と定義している．
   ⇒記録を持つのは，規格の要求だからではなく，証拠として必要だから．
2. 現在保有している記録が，何の証拠を提供するためのものかを確認する．その記録が不可欠かどうか見極める．
   ⇒記録を別部門が使うケースもあり，当該部門だけで結論を出すのは早計．
3. 理由も用途もないならば，通常その記録は不要である可能性が高い．
   ⇒"外部審査で途中段階での実施を説明するのに，記録があると納得させやすい"という理由で記録を設けていることがある．実務面で必要ないならば"記録がなくても支障がない"ことを証明するほうが合理的である．

▨ 質問の仕方

A この記録は，どのような理由や用途のために設けているのですか．

B この記録がなかったら，どのような弊害が生じますか．
   ⇒次の段階の活動の記録に含まれるか，次の段階に進んだこと自体が当該活動を行った証拠に当たるならば，その記録はなくてもよいかもしれない．

158 記録の管理方法が当該記録の用途に見合っているか

■ 規格要求事項

- Q **7.5.3 文書化した情報の管理（7.5.3.2）** a）配付，アクセス，検索及び利用　b）読みやすさが保たれることを含む，保管及び保存
- E **7.5.3 文書化した情報の管理** ―配付，アクセス，検索及び利用 ―読みやすさが保たれることを含む，保管及び保存

■ 懸念事項と判断の要旨

1. 記録は，単に書き残すことが目的でなく，後から活用することが目的である．
2. 当該記録をどう管理するかは，その記録をどう使うかでおのずと決まる．
   ⇒① 紙媒体がよいか電子媒体がよいか，② 日付順か工程ごとか事象ごとか，③ 検索用キーワードやインデックスの要否・内容など，当該記録をどのようにして探すかが，ここでいう管理方法の設定の柱となる．
3. 当該記録を誰が使うかで，記録の保有者かアクセス者の範囲が決まる．
   ⇒電子媒体で記録を持つ場合，アクセス範囲・方法を設定することが多い．
4. 当該記録をいつまで使う可能性があるかによって，保管期限や廃棄手順も決まる．
   ⇒"裁判で適正実施を証明する"ために用いる記録もある．組織内だけの使用見込みだけでなく，多角的に捉えて設定していく必要がある．

▨ 質問の仕方

- **A** この記録は，どんなときに活用しますか．また，それはいつ頃まで活用する可能性がありますか．
- **B** 記録の識別方法・検索方法・保管期限などが，用途に見合っていることを説明してください．
- **C** 記録の使用者が，使用時に容易にアクセスできることを説明してください．

159 記録が保管期限まで使える状態で存在しているか

■ **規格要求事項**

Ⓠ **7.5.3 文書化した情報の管理（7.5.3.1）** b）文書化した情報が十分に保護されている（例えば，機密性の喪失，不適切な使用及び完全性の喪失からの保護）（**7.5.3.2**） b）読みやすさが保たれることを含む，保管及び保存 d）保持及び廃棄

Ⓔ **7.5.3 文書化した情報の管理** b）文書化した情報が十分に保護されている（例えば，機密性の喪失，不適切な使用及び完全性の喪失からの保護）．―読みやすさが保たれることを含む，保管及び保存 ―保持及び廃棄

■ **懸念事項と判断の要旨**

1. 紙媒体の記録では，ファイルとリングの開閉や紙の抜き差しに伴う消耗・破損のほか，紙質と紫外線とガス成分などによる変色・退色，シロアリやシミなどの虫による損傷などが生じやすい．
   ⇒中でも微妙な色合いまでをも残す必要のある記録や感熱紙系の記録では，保管環境の確保に細心の注意が必要である．
2. 紙媒体の記録では，ファイリングミスによる混入（記録が抜けた側にとっては紛失）やファイルの収納場所の間違いが生じやすい．
   ⇒1枚単位の記録が一旦行方不明になると，探し出すのは極めて困難．
3. 鉛筆で書いた記録も有効である．ただし，こすれないような扱いは必要．
   ⇒改ざんを懸念する声を聞くが，ペンでも書き直して改ざんする人もいる．記録としての扱いが始まった後の管理の仕方が重要である．
4. 化学業界では出荷製品の保管サンプルを記録として扱うケースがある．

■ **質問の仕方**

A どのようにして，記録が保管期限まで使える状態を保たせていますか．

B ファイリング間違いが生じないようにするために，何に気をつけますか．

160 記録は廃棄の手順どおりに廃棄可能であるか

■ 規格要求事項
Q 7.5.3 文書化した情報の管理（7.5.3.2） d）保持及び廃棄
E 7.5.3 文書化した情報の管理 ―保持及び廃棄

■ 懸念事項と判断の要旨
1. 記録管理の最後は廃棄である．手順に則って確実に廃棄することになる．
2. 記録の保管期限を定めていることが多い．この場合，"記録の保管期限がくれば翌日に処分する"というよりも，一斉に記録を処分する日を設けて，その日に保管期限を満了している記録の一切を処分することが多い．
 ⇒"○○の状態が解消するまで"という保管期限の決め方もある．
3. 処分対象の記録を探すことは，活用予定の記録の探し方に類似している．廃棄手順を決めると，収納方法や識別方法がおのずと決まってくる．
 ⇒保管期間の異なる紙媒体の記録を同一のファイルに識別を設けずに収納すると，廃棄時にファイルに収めた記録の総チェックが必要となる．
 ⇒電子媒体の記録は，フォルダ単位で識別して収めることで，フォルダ単位で処分することになろう．
4. 期限満了時に保管を延長している事例を見かける．怖くて捨てられないのならば，保管期間の設定を再考して手順を再設定するのが，本来の姿であろう．

■ 質問の仕方
A 記録の廃棄の手順を教えてください．
 ⇒模擬的に廃棄手順を実行してもらうと，実態がよくわかる．
B ファイルや記録を，期限前に誤って処分しないために，廃棄の対象でないものを誤って処分しないために，何に気をつけていますか．

161 電子媒体の文書・記録は保管中に不用意に内容が変化したり，消滅したりしていないか

■ 規格要求事項

Q **7.5.3 文書化した情報の管理**（**7.5.3.2** 第3段落） 適合の証拠として保持する文書化した情報は，意図しない改変から保護しなければならない．

E **7.5.3 文書化した情報の管理** b）文書化した情報が十分に保護されている（例えば，機密性の喪失，不適切な使用及び完全性の喪失からの保護）．

■ 懸念事項と判断の要旨

1. 記録としての管理の開始以降は，記録が勝手に変化してはならない．専用ソフトウェアやグループウェアを活用する場合には，通常は，何らかの電子的な方法による防御処置が施されている．文書についても同じことがいえる．
2. 文書をネットワークサーバの共有ファイルに置く形態では，PDF化することが多い．しかし，Microsoft® Word® などの状態でも"読み取り専用"とすることで，少なくとも不用意な改変防止を図ることは可能である．
   ⇒"読み取り専用"ならば，ファイル名を変えて別途保存するか，わざわざプロパティを開けることになり，不用意な改変の防止効果は期待できる．
3. 電子媒体の文書や記録は，万一，サーバのハードディスクが損傷した場合でも，復元できるようにしておくことが望ましい（バックアップなど）．
   ⇒"印字物を残して，そこから復元する"という割り切った方法もある．

■ 質問の仕方

A 電子媒体の文書や記録が，保管中に不用意に改変しないように，どう管理していますか．

B 電子媒体の文書や記録が消滅しないように，どう管理していますか．

162 電子媒体の文書は，電子媒体に特有の機能を活かしているか

■ 規格要求事項

- Q **7.5.2 作成及び更新** b) 適切な形式（例えば，言語，ソフトウェアの版，図表）及び媒体（例えば，紙，電子媒体）
- E **7.5.2 作成及び更新** b) 適切な形式（例えば，言語，ソフトウェアの版，図表）及び媒体（例えば，紙，電子媒体）

■ 懸念事項と判断の要旨　注：規格要求事項の水準を超えたチェックポイント

1. いまや文書は電子媒体が主体．パソコン，タブレット，スマートフォンなどの端末機器のほか，ゲーム機も学習のためのツールとなりうる．
2. 入力画面は入力情報を定める指示書であり，eラーニングは学習装置である．フロー図の文字部分にリンク機能をつけて必要情報に導けば手順書となる．そこで動画を参照させてもよい．入力でなくタッチ主体とするのも現代風．
3. 名刺を撮影して名簿を作り，レシートを撮影して家計簿を作るアプリもある．ならば組織内の記録作成用に，そんなアプリを作ってもらうことも可能．
   ⇒音声を文字に変える，写真からイラストを起こす，3Dへの変換もある．GPSも，業種によっては使い道がありそう．
4. 古い記録を探すとき，紙媒体よりも電子媒体を探すことのほうが多くなった．うまくデータベースにまとめ，検索性を高めれば，活用度もアップしそう．

▨ 質問の仕方

A　電子媒体の特色をどのように活かしていますか．
　⇒このような場合，聞きたいことを正面からストレートに聞くのも一法．
B　どんな電子媒体に特有の機能があるかをどのように学習していますか．
C　文書の使い勝手で不便に感じていることをどのように改善していきますか．
　⇒手間やお金のかかることも多い．それを費やす価値があるかも話し合おう．

163 パンフレットやウェブサイトなどに用いた一覧表やグラフのデータを探し出せるか

■ **規格要求事項**

Q **7.5.3 文書化した情報の管理**（**7.5.3.2**）　文書化した情報の管理に当たって，組織は，該当する場合には，必ず，次の行動に取り組まなければならない．a）配付，アクセス，検索及び利用

E **7.5.3 文書化した情報の管理**（第2段落）　文書化した情報の管理に当たって，組織は，該当する場合には，必ず，次の行動に取り組まなければならない．―配付，アクセス，検索及び利用

■ **懸念事項と判断の要旨**　注：規格要求事項の水準を超えたチェックポイント

1. 製品・サービスの性能，機能，効用などを，パンフレット，ウェブサイト，技術資料，提案書，プレゼン資料に一覧表やグラフで示すことも多い．もととなったデータがどれであったかが判明しないケースに，ときどき遭遇する．
   ⇒この種のデータを誤って処分してしまう可能性は0（ゼロ）ではないが，一般には，トレース（追跡・特定）できないのが大半を占める．
2. たとえば，顧客が製品・サービスを採用した決定打がこの一覧表やグラフで，何らかの都合で訴訟となった場合，データが探せないと敗訴することもある．
3. ここでは営業上の話題を上げたが，技術基準の決定の根拠となったデータにたどり着けるようにすることも必要である．

▨ **質問の仕方**

A　（パンフレット等を見て）このグラフには，どのデータを使っていますか．実際に開いて示してください．

B　それらのつながりは，何を見たら判明しますか．
　⇒当人だけでなく，同僚や後任者にもわかる方法を取っているかで判断．
　⇒他部門に尋ねないとわからない場合には，実際に問い合わせてみるとよい．

164 文書・記録・情報が混入しない方式を確立して運用しているか

■ 規格要求事項

- Q **7.5.3 文書化した情報の管理**（**7.5.3.2**） a）配付，アクセス，検索及び利用 b）読みやすさが保たれることを含む，保管及び保存
- E **7.5.3 文書化した情報の管理** ―配付，アクセス，検索及び利用 ―読みやすさが保たれることを含む，保管及び保存

■ 懸念事項と判断の要旨

1. 営業・設計・生産管理・購買や専門サービスなど，数多くの書類を広げることが多い職場では"書類や記録を机の上に広げているうちに，混入して探し出せない"という事態は絶対に避けたい．他の書類に紛れ込むと見つかりにくいし，他の顧客に送付してしまうと信用問題にもなりかねない．
2. ファイルに収める際も混入防止には気をつけたい．社内データベースでも，別のところに紛れ込んだならば，もはやその情報は活きてこない．
3. ここでの管理の原点は，いわゆる"5S"（整理・整頓・清掃・清潔・躾又は習慣化）にある．
   ⇒机の上を散らかさない，別のものと区別して置く，たくさん広げるなら共有机を使う，別室にこもるなどがある．それ以上に，一つの仕事が終わったら，一旦片づけてから次の仕事に入ることが基本であろう．いかにして習慣化していくかが，ここでは重要である．

■ 質問の仕方

A 書類や記録を混入防止するために，どのようなことに気をつけていますか．
B 忙しいときでも，この原則を忘れずに必ず実践できるようにするために，どうしていますか．

3.5　是正処置・予防処置・継続的改善

《当該部門・業務の特徴的な事項》

(1)　問題発生の防止と能動的な良好化

　問題が生じてから手を打つか，問題が生じないうちに手を打つか，能動的にさらによくするかの違いはともかく，"工夫"は組織運営の基本である．日常業務の方法から，個別の製品や装置，組織体制まで，課題は多様である．組織として何が大切で必要かから入れば，おのずと何を行うかが判明する．

　ISO 9001, ISO 14001 ともに 2015 年版では，リスクへの取組みの要求事項が加わったため，予防処置に関する独立した要求事項はなくなった．しかし，予防処置の概念や取組みに関する意義は，今後も残しておきたいものである．

　是正処置・予防処置の進め方は，ISO 9001 の内容と順序が参考になる．継続的改善の進め方は規格に要求はなく，自由な発想で進めてよい．ただし，現実問題として，これらはいずれも"言うは易し行うは難し"である．

(2)　問題発生情報や気づきのオモテ化がコトの発端

　不適合は，① 製品・サービスの品質や環境の成果上の不適合，② 事務手続き上の不適合や実施事項の不履行，③ マネジメントシステム上の不適合などに大別される．①は苦情原因も含めてたいてい不適合として扱っているが，②③は内部監査などで検出されたものを除いて，不適合として扱っていないことが多い．②③がすぐさまオモテ化されれば是正処置の土俵に乗る．しかし，当事者が重要性に気づいていなかったり，隠したがる風土であったりすると，情報は埋もれてしまう．ましてや未然に問題に手を打つ予防処置はスタートしない．各人が認識・自覚を持てるようにすることは，本当に重要である．

3.5 是正処置・予防処置・継続的改善

(3) 原因究明・再発防止策・継続策

① 問題がなぜ生じたか，② どうすれば問題発生を防げるか，③ どうすれば再発防止策を続けられるか．"十分に気をつけたのに""きちんと言い含めたのに""開始時によく考えたのに"と言い訳から始まり，"以後気をつけます"で終わっては何も変わらない．以後気をつけ続けられる人は一握り．真剣に取り組んでいるのは，問題発生で痛い目にあった人と，被害を受けることが明白な人．そうでないと"是正処置をとる"が"是正処置を書く"に化けて，書類を出して終わりになりがちである．

(4) 是正処置・予防処置・継続的改善の記録は組織の財産

困難から脱出した成果は組織の財産．工夫を他部門にも移植すると，組織全体では大きな成果となる．失敗を未然に防止（旧規格での予防処置）し，良好状態を強化すれば，顧客や社会の信用も厚くなる．この種の情報は，新たなことを始めるとき，方法・形態を変える際のヒントの源．規格に要求はないが，継続的改善を記録していれば同じ効果が得られる．肝心なときに調べられるようにしておきたい．

(5) 品質目標の展開など，意外に実施場面は多様

品質目標では，よく是正処置・予防処置や能動的な改善を課題としている．しかも組織や部門として本当に大事で本音の内容が大半を占めている．問題意識を持っているからこそ課題に上げているのであり，自然なことである．

また，是正処置・予防処置は，会議での話題から始まったり，新製品の設計・開発や新設備の導入を通じて工夫していたり，QCサークル（小集団活動）の場で行っていたりする事例も多い．

このように，是正処置・予防処置や改善を行う場面は一様でないが，それぞれ理にかなっている．ISO 9001 も ISO 14001 も，是正処置・予防処置の手順を1種類にする要求事項はない．また，記録パターンが多くても構わない．

165 問題発生の発見・予見に関する情報をオモテ化しているか

■ 規格要求事項

Q **7.4 コミュニケーション** 組織は,[中略]品質マネジメントシステムに関連する内部及び外部のコミュニケーションを決定しなければならない.

E **7.4.2 内部コミュニケーション** a) 必要に応じて,環境マネジメントシステムの変更を含め,環境マネジメントシステムに関連する情報について,組織の種々の階層及び機能間で内部コミュニケーションを行う.

■ 懸念事項と判断の要旨

1. 問題(不適合)の発生を発見・予見しても,当人が知っているだけでは,何も発展しない.すべてはオモテ化から始まる.
2. 不適合には,① 製品・サービスの不適合,② 環境活動の不適合,③ 実務面の不適合,④ システム自体の不適合などがある.①は不適合な製品・サービスとして扱っていることが多い.しかし,②は外部影響がある場合,③は事務手続きの問題の場合,④は内部監査・外部監査での発見の場合は不適合として扱うことが多いが,それ以外では,不適合として意識されていない事例を見かけることが多い.
3. 不適合発生のオモテ化には,各人の認識以上に職場の雰囲気が大切である.
   ⇒個人に対する責任追求が横行するような状態では,誰しも不適合発生をオモテ化したくなくなる可能性がある.組織運営においては,従事する人の心理を考えることも,マネジメントとしては重要である.

■ 質問の仕方

A 製品・サービス上の不適合以外に,どのような不適合がありますか.
⇒心配事項のある調査項目では,認識水準を知ることから始める.

B 発生したことを表明するか報告しなければならない不適合には,どのようなものがありますか.

166 不適合発生の発見・予見の情報が処置の判断者に届く仕組みか

■ 規格要求事項

Q **7.4 コミュニケーション**　組織は，[中略]品質マネジメントシステムに関連する内部及び外部のコミュニケーションを決定しなければならない．

E **7.4.2 内部コミュニケーション**　a) 必要に応じて，環境マネジメントシステムの変更を含め，環境マネジメントシステムに関連する情報について，組織の種々の階層及び機能間で内部コミュニケーションを行う．

■ 懸念事項と判断の要旨

1. 不適合発生の発見・予見をオモテ化したならば，その情報を，是正処置・予防処置の必要性を判断する者のところに伝える．これは単なる当事者の意識の問題と捉えずに，仕組みを設けて運用するのが現実的である．
2. これを達成するには，① 不適合に気づいた（予見した）者が"是正処置・予防処置が必要な不適合である"と認識でき，② 判断者（又は，まず伝える相手）が誰であるかを知っていて，③ 伝達ルートが確立していることが，ここで必要な条件である．
3. これらがうまく機能し始めたこと，それが役に立ってきたことを当事者にわかるようにしていくことで，次第に習慣として根づいていく．

■ 質問の仕方

A　是正処置・予防処置が必要な不適合とは，どのようなものですか．
B　まだ発生していない不適合（つまり予防処置の対象）を予見するために，普段からどのようなことを行っていますか．
C　不適合が発生したことに気づきましたか，予見した場合には，誰に伝えますか．
⇒ それ以降どのようなルートで伝わるかを調査した後に，途中の関係者に同様のことを尋ね，有効な手順として定着していることを確認する．

167 究明した不適合原因が本質を突いた真の原因となっているか

■ 規格要求事項
- Ⓠ **10.2 不適合及び是正処置（10.2.1）** b) 2) その不適合の原因を明確にする．
- Ⓔ **10.2 不適合及び是正処置** b) 2) その不適合の原因を明確にする．

■ 懸念事項と判断の要旨
1. 是正処置・予防処置は，不適合が発生済みか未発生かの違いはあるが，どちらも"不適合の原因を除去するための処置"である．
   ⇒不適合状態を解消するだけでは，また同じ問題が生じる可能性がある．実情を見ると，単なる不適合解消で完結としているものが非常に多い．
2. 原因と思っているものが単なる症状であることが多い．また，本質を突いた真の原因は，いま原因と思っているものの，さらに奥にあることも多い．
   ⇒俗に"なぜなぜ分析"と呼ばれる"なぜ発生したか，そこに至ったのはなぜか"を数回繰り返す手法がよく知られている．ただし，技術面の不適合と異なって，マネジメント面の不適合の場合，これを繰り返しても堂々めぐりに陥るか，的外れな方向に向かうこともある．
3. なぜ発生したかを見極めるのは難しい．"チェックポイント168"の"不適合の広がり"と合わせて，不適合発生のメカニズムを発生に至る因果関係を見いだしていくことで，本質的な事項にまでたどりつくことが必要である．
   ⇒理詰めで追うのがセオリーであるが，候補までしか絞れないことも多い．

▨ 質問の仕方

A 不適合の真の原因を，どのような観点から究明していますか．
   ⇒切り口や目の付けどころ，進め方の思想は探っておきたい．

B 是正処置・予防処置の記録を用いて，原因の究明結果を見せてください．
   ⇒原因とした理由を尋ねる．核心に触れたときの説明には説得力がある．

168 症状や原因が類似した問題の発生状況を十分に調査しているか

■ 規格要求事項

[Q] **10.2 不適合及び是正処置（10.2.1） b）3）** 類似の不適合の有無，又はそれが発生する可能性を明確にする．

[E] **10.2 不適合及び是正処置 b）3）** 類似の不適合の有無，又はそれが発生する可能性を明確にする．

■ 懸念事項と判断の要旨

1. このチェックポイントは，当該不適合が，たまたま今回1回だけ発生したのか，あるいは以前から何度か発生しているかの見極めにある．
    ⇒これが意外と難しい．一見単なる単発的なエラーにしか見えないものが，これまで問題発生が十分に表面化していなかったが，実は頻発していて，今回の類似問題の調査が，抜本的な改善のきっかけとなることがある．
2. 原因が類似の問題発生を把握する．類似症状をもとに切り込むこともある．
    ⇒業務着手前の詰めの不足，設備整備の不徹底，天候による影響，注意力低下をもたらすレイアウト，情報伝達の遅延など原因が類似した問題の発生状況を把握することで，問題の根の深さや広がりを見いだすとよい．
3. たとえば，原因が注意力低下ならば，類似性は，他製品，他ライン，他業務にまで広がることがある．抜本対策や是正処置の水平展開（同じ是正処置を他の事象にも適用すること．横展開ともいう）にも役立てたい．
    ⇒是正処置が必要でも，類似調査や水平展開は不要かもしれない．影響が小さい問題で過剰反応を続けると，従事者の気持ちが疲弊しかねない．

■ 質問の仕方

A 不適合が発生・予見したときに，症状や原因が類似の問題の発生状況まで調査するのは，どのような場合ですか．

B そのときの調査方法と範囲は，どのように決めますか．

169 是正処置は不適合の影響に見合う程度であるか

■ **規格要求事項**

Q **10.2 不適合及び是正処置**（10.2.1 第2段落） 是正処置は，検出された不適合のもつ影響に応じたものでなければならない．

E **10.2 不適合及び是正処置**（第2段落） 是正処置は，環境影響も含め，検出された不適合のもつ影響の著しさに応じたものでなければならない．

■ **懸念事項と判断の要旨**

1. 影響の大きな問題でありながら表面的な処置だけしか行わないと，不適合発生の可能性は今後も残る．逆に影響が小さな問題でありながら過剰反応すると，必要以上に重いマネジメントシステムとなり，続けられなくなる．
   ⇒処置不足が話題に上がることが多いが，過剰反応の事例も意外に多い．
2. 状況によっては"不適合が発生する可能性は残るが，リスクが小さいので，ことさら是正処置を講じない"という選択肢もある．
   ⇒資金不足や費用対効果の都合で大規模設備導入など抜本対策を取れないケースもあれば，技術的限界で現状維持が精一杯というケースもある．
3. "ジャストフィットが大切である"というのはたやすいが，実践するのは実に難しい．ひとまず様子を見る，当座の対応でしのいで後から抜本対策，適否は不明だが試験的に導入など，試行錯誤の繰り返しということもある．
   ⇒問題発生（顧客に迷惑をかける＝信用をなくすことを含む）で困るのは，結局は自分たち．"なぜ"と"どうすれば"を徹底的に探るしかない．

■ **質問の仕方**

A 是正処置の記録を用いて，不適合の影響と処置内容が見合っていることを説明してください．

B 是正処置の内容は，どのような観点から，決めていきますか．

170 講じた是正処置はその後も有効性が持続しているか

■ 規格要求事項
- Q **10.2 不適合及び是正処置（10.2.1）** d）とった全ての是正処置の有効性をレビューする．
- E **10.2 不適合及び是正処置** d）とった是正処置の有効性をレビューする．

■ 懸念事項と判断の要旨
1. 是正処置に伴って新設・変更した手順によっては，浸透・定着に時間を要することがある．また，手順そのものが有効なものであっても，"思い出す機能"を設けないと，稼働しないことがある．状況によっては"以後気をつける"という処置しかとれないことはあるが，"気をつけるレベル"を低下させないための方策を設けないと立ち消えることがある．
   ⇒システムに組み込む形態の処置が本道であるが，面倒な方法を設定してしまうと，当事者が対応できなくなることがあり，考慮する必要がある．
2. 不適合の内容によっては，暫定処置の後に本格的な処置を講じることや，仮の処置を講じて様子を見ながら追加処置の要否を見極めることもある．
3. 是正処置の有効性のレビューを，処置実施から間もない時期に行うことが多い．有効性は，それ以降も持続しているのだろうか．上述のようなケースでは，有効性レビューの時期の決め方がポイントである．

■ 質問の仕方
- A 是正処置の有効性レビュー結果を記録などで説明してください．
- B 是正処置の有効性を持続させるために，どうしていますか．
- C これらの処置がいまでも有効に機能しているか，どうすればわかりますか．
  ⇒すべてを追跡調査する必要はない．問題発生の"懸念"の情報が確実に伝達しているならば，必要時に追加処置を講じられるのだから．

171 是正処置の有効性をレビューするタイミングは早過ぎないか

■ 規格要求事項

Q **10.2 不適合及び是正処置（10.2.1）** d）とった全ての是正処置の有効性をレビューする．

E **10.2 不適合及び是正処置** d）とった是正処置の有効性をレビューする．

■ 懸念事項と判断の要旨

1. 是正処置の有効性を，いつ見極めるか，そのタイミングを決めるのは難しい．各人の印象に強く残るような出来事で，その残照が残っていて意識し続けているうちは，再発は少ないであろう．しかしこうした意識は次第に低下する．
   ⇒転任者にそのことを教育することもあるが，その場にいて出来事を体験した人ほどには強く印象に残らないのが一般的である．
2. 是正処置に伴って手順や手法を変え，それを文書に記した場合，当初はまめに文書を開いて見ていたが，次第に見なくなり，再発するということもある．
3. 是正処置を早く完了させたくて，有効性が判明するタイミングよりも早めにレビューして，再発に至るというケースが意外に多い．「人が気をつける」形態でしか是正処置をとれないこともあり，その場合は特に留意が必要である．
   ⇒"10.2 不適合及び是正処置"の末尾に，記録に関する要求事項がある．ただし，是正処置の実施記録の要求はあるが，レビュー記録の要求はない．

■ 質問の仕方

A とった是正処置が再発したケースは，どのくらいありますか．

B それらの是正処置の有効性をレビューしたタイミングが，いまから振り返って適正だったかを一緒に調べましょう．
   ⇒有効性レビューのタイミングは画一的に決めづらい．1件ごとに見極める．

172 是正処置の記録を活用可能な形態で保持しているか

■ 規格要求事項
- Q 7.5.3 文書化した情報の管理（7.5.3.2） a）配付，アクセス，検索及び利用 b）読みやすさが保たれることを含む，保管及び保存
- E 7.5.3 文書化した情報の管理 ―配付，アクセス，検索及び利用 ―読みやすさが保たれることを含む，保管及び保存

■ 懸念事項と判断の要旨
1. 是正処置の記録は，問題の発生か予見から脱却してきた道筋を示す貴重な情報集，つまり組織の財産である．
   ⇒未然防止である予防処置の記録も，良好状態をさらに強化するタイプの継続的改善の記録も同様である．
2. これらの記録は，たとえば新しいことを始める際の，現行内容を工夫する際の，さらなる大きな飛躍を考える際の，大きなヒントである．
   ⇒ヒントとして活用できるのは，処置を推進した部門だけにとどまらない．恩恵を得られる可能性のあるすべての部門が，ここでの対象となりうる．
3. この種の記録を，時系列的にファイルしておいても，使おうとしたときに探せなければ意味がない．また，ヒントとしたい部門が活用できる形態で記録を保持していることが，ここでのもう一つのポイントである．
   ⇒もちろん，本当に役立つ情報が載っていることが大前提．何に使うかが決まってくると，記録に何を書くかが，おのずと決まってくる．

■ 質問の仕方
- A 是正処置の記録を参照するのは，どのような場合ですか．
- B 該当する記録は，どのような方法で探すことができますか．
- C 是正処置の発生後，いつごろまで参照する可能性がありますか．
   ⇒上記A〜Cの質問で，活きた記録か，埋もれゆく記録かが判明する．

173 意味や意義のない実施事項を再考することなく実施し続けていないか

■ 規格要求事項

Q **10.3 継続的改善**（第1段落） 組織は，品質マネジメントシステムの適切性，妥当性及び有効性を継続的に改善しなければならない．

E **10.3 継続的改善** 組織は，環境パフォーマンスを向上させるために，環境マネジメントシステムの適切性，妥当性及び有効性を継続的に改善しなければならない．

■ 懸念事項と判断の要旨　注：規格要求事項の水準を超えたチェックポイント

1. 意味や意義のない事項を実施し続けると，次第に意欲が低下することがある．
2. 始めた時点では意味や意義があったが，業務環境や前提条件が変化しながら実施事項を見直していないと，形だけが残ることがある．マネジメントシステムの構築時に，深慮なく書籍から転用した，近隣の組織から聞いた，コンサルタントが持ち込んだ実施事項には，自組織に全く合わないものもある．
   ⇒マネジメントシステムの創始者は，いろいろと苦労して構築してきた．こうした先人の努力には敬意を表したい．
3. 意味や意義の有無や程度を考える際は，まずそれらを実施する理由と目的の明確化から始めるとよい．また当事者がどのように感じているかも尋ねたい．
   ⇒ある人や部門は意義を感じていないが，別の人や部門にとっては不可欠というケースもある．ルール改定の必要性と方向性を正式に協議するとよい．

■ 質問の仕方
A 実施する意義や意味を感じられない実施事項，目的や理由が不明な実施事項はありますか．それらの必要性などを一緒に考えましょう．
B この実施事項は何に役立つのか，教えてください．
　⇒協議するうちに，実施事項の重要性が判明すれば，それも一歩前進である．

174 製造・施工・サービス提供と生産計画で得た業務・製品の改善・環境上の検討などの知識を他部門で使えるようにしているか

■ 規格要求事項

[Q] **7.1.6 組織の知識**（第2段落） この知識を維持し，必要な範囲で利用できる状態にしなければならない．

[E] **7.1 資源** 組織は，環境マネジメントシステムの確立，実施，維持及び継続的改善に必要な資源を決定し，提供しなければならない．

■ 懸念事項と判断の要旨

1. 工夫の原点は現場にある．製品・サービスの改良，不具合発生防止，作業効率，環境上の検討事項など，実務に携わっているからこそ気づくことが多数あり，工夫を重ねて蓄積している．これら知識の蓄積を，特定の部門だけに眠らせておくのはもったいない．情報共有と活用（模倣から始まることも多い）は，組織として行動するうえでの基本事項である．
2. これら蓄積した知識を，現時点で他の部門・活動が，実際にどの程度活用しているかも調べたい．
3. これらが発展すると，是正処置・予防処置・継続的改善の活発化のほかに，人材育成にもつながる可能性がある（知識は，資源の一つである）．
   ⇒ "情報共有" 手法自体の応用範囲はさらに広がる可能性を秘めている．

■ 質問の仕方

A 業務・製品の改善，環境上の検討など，工夫した成果は，どのように残していますか．

B それらを，こちらでは，どのように活用していますか．

C 工夫の成果を組織全体で活用・展開するには，どうすればよいでしょう．
   ⇒ 話し合っているうちに，新たな手法や用途を見いだしていきたい．

175 問題発生を先取りして，製品設計，製造・施工・サービス提供の方法や環境管理の方法の設定に組み入れているか

■ 規格要求事項

Q **6.1 リスク及び機会への取組み（6.1.1）** ［前略］次の事項のために取り組む必要があるリスク及び機会を決定しなければならない．c）望ましくない影響を防止又は低減する．

E **6.1.1（リスク及び機会への取組み）一般（第2段落）** ［前略］次の事項のために取り組む必要がある，［中略］リスク及び機会を決定しなければならない．―［前略］望ましくない影響を防止又は低減する．

■ 懸念事項と判断の要旨

1. ① 問題が生じないよう人に知恵を授ける，② 予防保全的な観点から設備管理方法を設定する，③ 失敗防止できる作業環境を確保する，④ 生産方法の中に"ポカヨケ"を設ける，⑤ 過去の事故の知見を製品設計に織り込む，⑥ 環境影響の可能性のあるものを環境側面として捉える，⑦ 予防的な観点から環境目的を立てる，⑧ 環境活動の運用管理に予防的要素を含める など，"決める"の場面で予防処置を行えるケースは多い．

2. "もしかすると問題が生じるかもしれない"に気づくことが，組織特有の予防処置の必要性検討の発端となることが多い．定常的な監視を指定してデータ分析して気づく機会を設ける形態が本道であるが，偶然の気づきがきっかけとなることもある．後者では，そのようなセンスを養うことが有効である．
⇒予防処置の進め方を画一的にせず，役立つものをフレキシブルに捉える．

■ 質問の仕方

A 製品設計，製造・施工・サービス提供の方法や環境管理の方法を設定する際に，問題発生を未然に防ぐために，どのような工夫をしていますか．

B これらは予防処置に当たります．工夫した事例を紹介してください．

176 技術革新や業務戦略を改善に結びつけているか

■ **規格要求事項**

Q **10.1（改善）一般（第1段落）** 組織は，顧客要求事項を満たし，顧客満足を向上させるために，改善の機会を明確にし，選択しなければならず，また，必要な取組みを実施しなければならない．

E **10.1（改善）一般** 組織は，環境マネジメントシステムの意図した成果を達成するために，改善の機会を決定し，必要な取組みを実施しなければならない．

■ **懸念事項と判断の要旨** 注：規格要求事項の水準を超えたチェックポイント

1. 本格的な改善は，節目ごとに現れる．技術革新や業務戦略を立てる際に道筋を描くことで，さらなる飛躍に結びつけることが可能である．
   ⇒きっかけがあるから工夫ができる．一つの工夫が次の工夫を生む．

2. 組織の固有技術の革新や外部技術導入や，営業戦略・設備導入戦略などは，すべて改善である（抜本的な改善であることが多い）．
   ⇒これらは，あまりにも"自分や組織の業務そのもの"という感覚なので，これらをマネジメントシステム面での改善として捉えていないことが多い．あらためて意識してもらったほうがよいかもしれない．

▨ **質問の仕方**

A 技術革新や業務戦略などを進めていく中で，いろいろ工夫することができます．こうした工夫のチャンスを，どのように活かしていますか．

B 実はこれは，ISO 9001 や ISO 14001 でいう改善の場でもあります．このことを，担当する人たちに，どのように意識してもらっていますか．
   ⇒何気なく行っていることが本質的なマネジメントシステムであることを知ってもらい，マネジメントシステムの有効活用に結びつけていきたい．

改善などの成果を把握・評価して，次の改善に結びつけているか

■ 規格要求事項

- Q **10.3 継続的改善**（第2段落）　組織は，継続的改善の一環として取り組まなければならない必要性又は機会があるかどうかを明確にするために，分析及び評価の結果並びにマネジメントレビューからのアウトプットを検討しなければならない．
- E **10.3 継続的改善**　組織は，環境パフォーマンスを向上させるために，環境マネジメントシステムの適切性，妥当性及び有効性を継続的に改善しなければならない．

■ 懸念事項と判断の要旨　注：規格要求事項の水準を超えたチェックポイント

1. 継続的改善の実施方法や実施場面に制約はない．自由な発想での継続的な取組みを促すことで，本当に役立つものとしていきたい．
   ⇒しかし，あまりに無意識のうちに進めていると，その成果が把握できない可能性がある．制約するための手順ではなく，応用拡大するための手順という観点から，これらをうまく進めるための仕組みを設けていきたい．
2. 工夫した結果が本当に役立っていることが実感できると，さらなる工夫の呼び水となる．工夫の成果を，適正に評価してフィードバックすることで，当人の意欲をかき立てて，さらなる工夫を促していきたい．
   ⇒自然体で行っていることが好循環になると，組織の力はさらに増す．

▨ 質問の仕方

- A　継続的改善をどんな場面で行っていて，どのように情報を把握しますか．
- B　継続的改善の成果を評価するために，どのような基準を設けていますか．
   ⇒状況によっては"評価基準は有効ですか"と追加質問してもよい．
- C　評価結果を，さらなる改善に結びつけるために，当事者には，どのようにフィードバックしていますか．

178 改善対象に気づくことができるヒントや改善の実施事例を内部公表・共有化しているか

■ 規格要求事項

Q **7.1.6 組織の知識**（第2段落）　この知識を維持し，必要な範囲で利用できる状態にしなければならない．

E **7.1 資源**　組織は，環境マネジメントシステムの確立，実施，維持及び継続的改善に必要な資源を決定し，提供しなければならない．

■ 懸念事項と判断の要旨

1. 新たな取組みで，ヒントもなくゼロから創案するのは難しい．組織で有する情報を内部公表・共有化してアイデアの源泉とするのは得策である．
2. 新規設計，新設備の導入，新規顧客の獲得，新たな業務手法の開発や，それらの変更・改善，組織の再編や業務体制の抜本改革などのケースで，失敗・成功・対策の類似事例を知って，マネジメントシステムにおける工夫のヒント集として活用したい．
   ⇒インデックスや検索機能などを活用して，情報を探せるようにしたい．
3. ISO 9001 や ISO 14001 には，ことさら"継続的改善の記録"の要求事項はない．
   ⇒継続的改善の実施場面のいくつかに記録の要求はあるが，それ以外は組織として任意に指定する記録である．一般に組織が本当に必要と判断して指定する記録のほうが，規格で要求する記録よりも活用度が高いことが多い．

■ 質問の仕方

A　継続的改善の成果など，組織が将来的に活用できる可能性のある情報を，どのようにして"使える状態"にしていますか．

B　これらの情報をどのように探すか，実際に操作しながら説明してください．
⇒口頭で説明をあれこれ聞くよりも，操作してもらうのが手っ取り早い．

179 是正処置・予防処置・改善の実施場面と記録の残し方を画一化し過ぎていないか

■ **規格要求事項**

Q **10.2 不適合及び是正処置（10.2.1）** b）その不適合が再発又は他のところで発生しないようにするため，次の事項によって，その不適合の原因を除去するための処置をとる必要性を評価する．［1),2) 省略］

E **10.2 不適合及び是正処置** b）その不適合が再発又は他のところで発生しないようにするため，次の事項によって，その不適合の原因を除去するための処置をとる必要性を評価する．［1)～3) 省略］

■ **懸念事項と判断の要旨**

1. 先の3.5節（4）に記したが，是正処置・予防処置・改善の実施場面は多様である．本当に大事だと思った工夫の大半は，是正処置・予防処置・改善である．
2. 是正処置などで"まず不適合報告書に記して上司に提出して"から始まる手順をよく見かける．本当に大事だと思う内容は，率先して実施している．
3. 実施場面を広く捉えられ，本音で積極的に進められ，それが役立つことを組織全体で実感できるようになって，初めて実効性のあるシステムとなる．
  ⇒形式先行型の，所定の記録を残すための手順は，これを機に是正したい．

▨ **質問の仕方**

A 品質目標や環境目標で取り上げているテーマを見せてください．

B QCサークルで何に取り組んでいますか．どんなことを話し合いましたか．

C 営業会議や幹部会議で出た話題のわかる資料を見せてください．
  ⇒上記などで是正処置や予防処置を行っていることに気づいてもらう．

D ここまでに尋ねた場面以外に，今後どんな場面で改善を行えそうですか．
  ⇒改善が沈滞化してきたときに，あえて尋ねるカンフル剤的な質問．

180 問題発生を予見し，能動的に工夫できるよう，要員を意識づけできているか

■ 規格要求事項

Q 7.3 認識 組織は，組織の管理下で働く人々が，次の事項に関して認識をもつことを確実にしなければならない．c) パフォーマンスの向上によって得られる便益を含む，品質マネジメントシステムの有効性に対する自らの貢献

E 7.3 認識 組織は，組織の管理下で働く人々が次の事項に関して認識をもつことを確実にしなければならない．b) 自分の業務に関係する著しい環境側面及びそれに伴う顕在する又は潜在的な環境影響

■ 懸念事項と判断の要旨

1. 問題発生や前兆のシグナルが出ていても，それに気づかなければ，問題は発生する．ここでのポイントは"ヒヤリハット"．
2. 問題発生の兆しに気づくには，技術面の知識があり，どんな問題がどんな経緯で発生するかの知識があり，心の片隅に残っていることが必要である．
   ⇒こうした知識を提供することこそ，教育訓練に含めておきたい．
3. 問題発生の予見と思ったが，実は何も問題なかったということもあるが，非難してはならない．誤報の可能性をおそれず報告する風土を醸し出すのは大切．心配を持ちながら，何も行動しないことのほうが，よほど危険である．
   ⇒こうした雰囲気作りはマネジメントであり，自覚・認識に結びつく．

■ 質問の仕方

A 問題発生の兆しは，どうすればキャッチできますか．
B それを感じられるようになるには，どんな知識や感性が必要ですか．
C 問題が未発生のうちの懸念の報告なので，問題なしの可能性があります．それでも積極的に報告してもらうために，どんなことに配慮していますか．

第4章

具体的なチェックポイント——3
経営層と推進役の特定活動

本章の各チェックポイントの ■規格要求事項 にある，Q は ISO 9001 を，E は ISO 14001 を表す．

4.1　組織形態と責任・権限

《当該部門・業務の特徴的な事項》

(1) **マネジメントシステムの組織形態と業務プロセス**

経営トップが業務の抜本改革を行う際に，組織形態から手をつける事例は多い．組織形態は，新事業の確立や情報共有，業務効率などに大きく影響する．

組織形態は，規模，製品種類の差異，拠点間の距離，業務機能間の関連度などで異なる．組織形態は，事業部制，本部制，社内カンパニー制のほか，小規模組織では，部課のみ設定，全員が社長直属という形態もある．

プロセスの単位と部門や業務機能とを関連づけることも多いが，個々の部門・機能とプロセスとの相関の明確化は必要である．特に複数の部門を乗り継ぐ業務では，部門間の役割・関連と総合調整機能の明確化も必要である．

(2) **業務分掌と責任・権限**

部門の責任者として管理職を置くことが多い．役割の概要は組織図などで示せるが，詳細は品質マニュアル・環境マニュアルや規定書・手順書などの"主語"で表すことが多い．

責任と権限は表裏一体である．責任ばかり負わされると思う人がいるが，現実には責任に応じた権限を有している．権限は管理職だけでなく，担当者にもある．自分が行った作業の完結を自分で判断するのは，まさに権限である．なお，技術面のことは，役職よりも資格や力量をもとに権限設定することもある．また，一人何役もこなす組織では，職務分掌以上に力量がものをいう．

(3) トップマネジメントと管理責任者

マネジメントシステムの範囲の最高責任者がトップマネジメントである．認証範囲の都合から，企業全体の経営トップと異なる者がトップマネジメントとなっていて，トップマネジメントの権限が極めて限定されているケースでは，企業全体の経営トップもシステムの範囲内に含めないと，うまく機能しない．

2015年版には，管理責任者を必ず設けるという要求事項はない．現実には管理責任者を設けている組織が圧倒的に多い．管理責任者の原語（management representative）を直訳すると"経営トップの代理人"である．管理責任者が適切に采配を振るうためには，権限が明確であることが不可欠である．

緊急・重要事項は，速やかにトップマネジメントか管理責任者に伝わる必要がある．それには，どんな情報を，どのレベルの人に，どのように伝えるかを確立し，情報を把握する可能性のある者に，普段から周知しておく必要がある．

(4) 正社員以外の従業員

臨時従業員に任せる範囲を決め，力量とのバランスを取る．毎回指示して担当させたり，短期育成で活動できる業務方式を設定したりする必要がある．

パート社員は，補助業務に限定という形態もあれば，一般社員と同等扱いの形態もある．技能と意欲の高いパート社員を積極活用して成功している事例もあり，組織としての考え方の基本線は固めておきたい．

(5) 統合マネジメントシステム

組織を有機的に結びつけて運営管理するうえで，マネジメントシステムという形態は有効である．いまやマネジメントシステム規格が花盛り．しかし複数の規格に対応しても，組織に複数のマネジメントシステムができるわけではない．扱うテーマが異なるだけで，組織としての機軸は一本である．

マネジメントシステムが一つにまとまると，製品設計のレビューに環境の専門家が同席するなど，規格の枠を超えた対応が容易になる．ここに至って初めて，地に足のついた現実的なマネジメントシステムができあがる．

181 組織構造（部門の役割と連携）と個々の業務プロセスとの関係を十分に描き出しているか

■ **規格要求事項**

Q **5.3 組織の役割，責任及び権限**（第1段落） トップマネジメントは，関連する役割に対して，責任及び権限が割り当てられ，組織内に伝達され，理解されることを確実にしなければならない．

E **5.3 組織の役割，責任及び権限**（第1段落） トップマネジメントは，関連する役割に対して，責任及び権限が割り当てられ，組織内に伝達されることを確実にしなければならない．

■ **懸念事項と判断の要旨**

1. 組織内に部門を設ける場合には，たいてい各部門の役割分担を明確にし，部門間のつながりを明確にしている．ただし，部門間に壁を設けるためではなく，指示命令系統が不明確で混乱しないようにすることが目的である．
   ⇒日常的な業務と，非日常的な取組みとで，役割分担を変えることがある．小規模組織で，各人が部門をまたがって業務を行う場合には，責任者を部門ごとではなく業務内容ごとに指定する形態もある．

2. 各部門に該当するプロセスを明確にし，当事者に理解させることが基本．
   ⇒プロセスというから通じにくい．用語の定義を見ると，プロセスは活動であると理解できる．ならば"業務"といえば混乱しない．言い換えのうまさは，組織内での普及の後方支援となる．

3. それらが判明すると，業務のポイントや規格との関連を理解しやすくなる．
   ⇒規格に文書化の要求はない．周知できていることが肝要である．

■ **質問の仕方**

A 自部門が何の機能・プロセスを持つかを新規配属者にどう説明しますか．
   ⇒この尋ね方だと，違和感なく答えてもらえて，浸透状況も確認できる．

B それぞれのプロセスが，他部門とどのように関連するかを教えてください．

182 組織の事業(ビジネス)を実現するためのマネジメントシステムの根幹部分を十分に確立しているか

■ 規格要求事項

[Q] **4.4 品質マネジメントシステム及びそのプロセス**（4.4.1 第1段落） 組織は，この規格の要求事項に従って，必要なプロセス及びそれらの相互作用を含む，品質マネジメントシステムを確立し，実施し，維持し，かつ，継続的に改善しなければならない．

[E] **4.4 環境マネジメントシステム**（第1段落） 環境パフォーマンスの向上を含む意図した成果を達成するため，組織は，この規格の要求事項に従って，必要なプロセス及びそれらの相互作用を含む，環境マネジメントシステムを確立し，実施し，維持し，かつ，継続的に改善しなければならない．

■ 懸念事項と判断の要旨

1. 適用規格が単一でも統合でも，組織のマネジメントシステムの根幹は一つである．適用規格は扱うテーマの違いであり，いわば枝の違いである．
2. マネジメントシステムが有効に機能するには，各種テーマが表面的に接着しているだけでは十分でない．土台となる根幹部分が確立し，共有できて，しかも各機能が"融合"していることが，欠くことのできない条件である．
   ⇒根幹部分を十分に確立することで，品質・環境・労働安全衛生・リスク・財務など，適用していないテーマとも調和した運営管理が可能となる．
3. これらは規格の適用とは別次元の，組織としての運営管理の基本である．

■ 質問の仕方

A 品質や環境など個別事項から離れて，私たちの組織全体をうまく運営管理できるポイントには，どのようなことがあるでしょうか．

B それらは，認証を続けなくなったとしても，うまく機能するでしょうか．
  ⇒非常に大きな話題である．考えてもらうきっかけとなれば効果は十分．

183 管理者・実務者の責任・権限を業務の内容・形態に見合う形で設定しているか

■ 規格要求事項

Q **5.3 組織の役割，責任及び権限**（第1段落）　トップマネジメントは，関連する役割に対して，責任及び権限が割り当てられ，組織内に伝達され，理解されることを確実にしなければならない．

E **5.3 組織の役割，責任及び権限**（第1段落）　トップマネジメントは，関連する役割に対して，責任及び権限が割り当てられ，組織内に伝達されることを確実にしなければならない．

■ 懸念事項と判断の要旨

1. 組織が全体としてうまく機能するように，各部門や各人の役割分担を定め，整合した状態で稼働させる必要がある．この柱の一つが責任・権限である．
   ⇒責任・権限は管理職だけでなく，実務者にも設定するのが一般的である．
2. 責任・権限は，マネジメント面，実務面，技術面，事務手続き面などの各面から設定する．なお，通常状態で運営する場合と，新たに物事を決める場合や緊急時などで，責任・権限を分けて設定することもある．もちろん業務の内容・形態，組織の形態・職制に見合うことも重要である．
   ⇒直属の上司以外に，関連業務の主幹者からの指示もありうる．これらをうまく調和させないと混乱が生じる．
3. 自分の責任・権限，上司と部下の責任・権限，部門間の協議では他部門の該当者の責任・権限を知る必要がある．これが周知の範囲である．

■ 質問の仕方

A　あなたは，どのような権限を有していますか．
　⇒あえて権限に絞って尋ねたほうが，実態がわかりやすい．

B　緊急時や非常時には，あなたは誰の指示に従うことになっていますか．

184 中間管理層がリーダーシップを発揮できるよう支援に努めているか

■ **規格要求事項**

Q **5.1.1（リーダーシップ及びコミットメント）一般 j）** その他の関連する管理層がその責任の領域においてリーダーシップを実証するよう，管理層の役割を支援する．

E **5.1 リーダーシップ及びコミットメント i）** その他の関連する管理層がその責任の領域においてリーダーシップを実証するよう，管理層の役割を支援する．

■ **懸念事項と判断の要旨**

1. 2015年版で新設した要求事項（あらゆるマネジメントシステム規格に共通）．
   ⇒リーダーシップというと経営トップのものを思い浮かべがちだが，この要求事項は中間管理層に対するもの．
2. 中間管理層が自己の責任領域でリーダーシップを発揮できるようにするには，① 権限が明確になっていて，② 経営トップによる後ろ盾の裏付けを伴っていることが必須となろう．この前提があって初めて主体的に行動し，采配を振り，けん引することができる．
3. 権限と責任は表裏の関係にある．中間管理層に判断を委ねる範囲と，経営トップ自らが判断する範囲を明確に示す．ただし，判断する際の考え方の方向性は，組織のポリシーであり，これも明確に示す必要がある．

▨ **質問の仕方**

A （経営トップに）各中間管理層にどこまで権限を委ねているか説明してください．

B （経営トップに）リーダーシップの支援をどう表明していますか．

C 中間管理層に，A と B の回答内容を十分に感じて認識していることを確認．
   ⇒経営トップと中間管理層の思考の方向性が揃っていることがポイント．

185 権限保有者が当該事項に関する力量と認識を有しているか

■ 規格要求事項

Q **7.2 力量** b) 適切な教育，訓練又は経験に基づいて，それらの人々が力量を備えていることを確実にする．

Q **7.3 認識** 組織は，組織の管理下で働く人々が，次の事項に関して認識をもつことを確実にしなければならない．[a)～d) 省略]

E **7.2 力量** b) 適切な教育，訓練又は経験に基づいて，それらの人々が力量を備えていることを確実にする．

E **7.3 認識** 組織は，組織の管理下で働く人々が次の事項に関して認識をもつことを確実にしなければならない．[a)～d) 省略]

■ 懸念事項と判断の要旨　注：規格要求事項の水準を超えたチェックポイント

1. 権限を付与することは，一般に，判断を任せることを意味する．
2. 当該事項を判断できるのは，力量を有して，認識しているから．権限付与に必要な力量の基準と，力量の保有状況も併せて確認したい．
   ⇒資格の保有が前提条件となることもある．なお，マネジメント面の権限は職制が基本であるが，技術面の権限は力量保有が不可欠なことが多い．
3. マネジメント面で必要な力量の明確化は難しい．職務や権限の内容によっては，力量の前提となる適性についての検討が必要なこともある．

■ 質問の仕方

A 当該事項の権限を付与されるには，どのような力量と認識が必要ですか．
B 必要な力量と認識を有することを，記録などで説明してください．
C 部門責任者で，権限に力量が追いついていない場合には，どうしますか．
   ⇒やや意地悪だが大事な質問である．前任者の退職などで発生する事態である．補佐役を設けるなど，適切に遂行できる状態であればよい．

186 臨時組織としてプロジェクトを設ける場合，当該プロジェクトの機能・役割・権限を明確に規定しているか

■ 規格要求事項

Q 5.3 組織の役割，責任及び権限（第1段落）　トップマネジメントは，関連する役割に対して，責任及び権限が割り当てられ，組織内に伝達され，理解されることを確実にしなければならない．

E 5.3 組織の役割，責任及び権限（第1段落）　トップマネジメントは，関連する役割に対して，責任及び権限が割り当てられ，組織内に伝達され，理解されることを確実にしなければならない．

■ 懸念事項と判断の要旨　注：規格要求事項の水準を超えたチェックポイント

1. 新規事業，新商品開発，大規模施工，新設備導入，新規出店など，特定の目的の実現のために，常設部門とは別にプロジェクトを設けることがある．
   ⇒本件では，特定目的のための期限付きの臨時組織を想定した．それとは別に，業務審議や改善推進などのために常設委員会を設けることがある．
2. プロジェクトでは通常ルールと異なる特別なルールを設けることも多い．
   ⇒特別な決裁ルートや権限の設定，通常と異なる勤務態勢など．
3. 所属部門に在籍のままプロジェクトに参画するケースでは，所属部門の上司からの指示とプロジェクトからの指示が相反することもある．どちらを優先させるかを決めておかないと，混乱することがある．
   ⇒当該プロジェクト限定のルールは，プロジェクトのメンバーだけでなく，必要な場合には所属部門にもわかるようにしておくことが望ましい．

▨ 質問の仕方

A　このプロジェクトは，どのような目的で設けたものですか．
B　このプロジェクトに，通常の社内ルールと異なるルールはありますか．
C　この特別なルールを伝えるべき相手に伝えていることを示してください．

187 管理責任者(経営トップの代理人)を設けている場合,管理責任者が自己の裁量で判断できる権限が明確になっているか

■ 規格要求事項

Q **5.3 組織の役割,責任及び権限**(第1段落) トップマネジメントは,関連する役割に対して,責任及び権限が割り当てられ,組織内に伝達され,理解されることを確実にしなければならない.

E **5.3 組織の役割,責任及び権限**(第1段落) トップマネジメントは,関連する役割に対して,責任及び権限が割り当てられ,組織内に伝達されることを確実にしなければならない.

■ 懸念事項と判断の要旨

1. 管理責任者が采配を振るえるのは,経営トップの後ろ盾と,自己裁量できる権限の範囲が明確だから.権限が明確でないと,経営トップの御用聞きでしかなくなり,管理責任者の役割(指示・命令を含む)を果たせない.
   ⇒管理責任者が判断してよい範囲(経営トップへの事後報告を伴うことあり)と,経営者に判断を仰がなければならない範囲の境界の明確化が,ここでのポイント.現実問題として厳密な明確化は難しいが,避けて通れない.
2. 管理責任者は"経営トップの代理人"である.職制が上位の人に対しても,管理責任者として判断して指示する場合には,必ず指示に従わせる人望と見識が必要である.もちろん経営トップと直接相談できることは大前提.
   ⇒管理責任者は,いわゆる"管理職"でなくても構わない.

■ 質問の仕方

A (管理責任者への質問)どこまで自分自身の裁量で判断でき,どの一線を超えると経営トップに相談しなければならないかを教えてください.
B (経営トップへの質問)管理責任者にどこまで権限を委ねていますか.

4.1 組織形態と責任・権限

188 情報を確実に伝達できる方法・手段を設定し，自由闊達に意見交換できる場を提供しているか

■ 規格要求事項

Q **7.4 コミュニケーション**　組織は，[中略] 品質マネジメントシステムに関連する内部及び外部のコミュニケーションを決定しなければならない．

E **7.4.2 内部コミュニケーション**　a) 必要に応じて，環境マネジメントシステムの変更を含め，環境マネジメントシステムに関連する情報について，組織の種々の階層及び機能間で内部コミュニケーションを行う．

■ 懸念事項と判断の要旨

1. 組織運営の基本はコミュニケーションにある．
   ⇒直接会って伝えるだけでなく，紙の配付や掲示，電話・FAX・郵送，電子メール，会議体，テレビ会議システム，チャットなど方法は多様．一方通行の伝達もあれば，双方向のやりとりもある．これらを実践するには，場面を設けるとともに，LAN などのインフラも必要である．
2. 定期報告するものや指定場面で伝えるものでは，伝達の内容や方法を決められるが，突発的なものでは，情報集約先しか決められないものもある．
3. 意見交換もコミュニケーションである．自由な発想で考えて，闊達に話し合うことで，新しいものが生まれてくる．そんな雰囲気作りも大切である．

■ 質問の仕方

A　報告したり検討したりするときに，方法や手段で困ったことはありますか．
B　困ったこと，新しいことなどを自由に話し合いやすい雰囲気ですか．
　⇒アンケートみたいな尋ね方をきっかけに，次の話の糸口を見いだす．

189 業務上の失敗（プロセス上の不適合）の発生をオモテ化し，関係者に伝達しているか

■ **規格要求事項**

Q **10.2 不適合及び是正処置（10.2.1）** 苦情から生じたものを含め，不適合が発生した場合，組織は，次の事項を行わなければならない．a) その不適合に対処し，該当する場合には，必ず，次の事項を行う．[1),2) 省略]

E **10.2 不適合及び是正処置**（第1段落） 不適合が発生した場合，組織は，次の事項を行わなければならない．a) その不適合に対処し，該当する場合には，必ず，次の事項を行う．

■ **懸念事項と判断の要旨** 注：規格要求事項の水準を超えたチェックポイント

1. 製品・サービスの品質自体への影響はないが，プロセスの規定内容を行っていない，適切に行える手順となっていないなどの問題が発生しても，それが水面下にあって，問題発生が知られていないと，物事は解決しづらい．
2. これらが明らかになるのは，① 自己申告，② 上司による気づき，③ 業務の下流にある者による気づき，④ 工程パトロール などでの発見などがある．
    ⇒会議で話題に上がってオモテ化するケースもある．
3. 本件を是正処置の対象とするか否かは，次の段階の話．ここでは，まず問題発生を明らかにし，関係者に伝達し，対応処置することが先決であろう．
4. 本件には記録の要求がある．どんな形で記録するかは，発見形態ごとに異なるのが自然である．記録形態を1種に限定しようとすると形式化しかねない．

■ **質問の仕方**

A （部門責任者に）部下が業務で失敗したことを，どのように気づきますか．
B 最近発生した出来事を気づきから対応まで，順を追って説明してください．
    ⇒記録の残し方をこの流れの中で尋ねる．どの程度の問題まで記録するか，どの形態で記録するか，現実的な姿（落としどころ）を話し合うとよい．

190 説明責任に関連する情報が経営トップに届く仕組みとして確立しているか

■ 規格要求事項

- Q **5.1.1（リーダーシップ及びコミットメント）一般** a) 品質マネジメントシステムの有効性に説明責任（accountability）を負う．
- E **5.1 リーダーシップ及びコミットメント** a) 環境マネジメントシステムの有効性に説明責任を負う．

■ 懸念事項と判断の要旨　注：規格要求事項の水準を超えたチェックポイント

1. 説明責任は2015年版で新設した要求事項．マネジメントシステム規格に共通のものでなく，ISO 9001とISO 14001に特有の要求事項である．
2. 説明責任の原語"accountability"をオックスフォード英英辞典で引くと「決定や行動に責任があり，質問を受けた際には説明することが求められる」とある．単なる「説明する責任」だけでなく，決定や行動の責任のウェイトが高い．
   ⇒日本語の"説明責任"の表記だけでは誤解を招きかねないので，JISでは，英語を括弧内に併記し，JIS Q 9001:2015の規格票の巻末に解説を設けている．
3. 経営トップが説明責任を発揮するには，決定・行動を判断するタイミングまでに，必要な情報が経営トップに届くことが不可欠である．そのためには，① 経営トップに当該情報を伝える必要があるかが明確で，② 経営トップに伝える必要があることを当事者が承知していて，③ 経営トップに伝えるルートが確立していることが前提となる．
   ⇒経営会議などで報告させるか，内容ごとに専用の会議を設けることが多い．

■ 質問の仕方

- A （経営トップに）説明責任を果たすにはどんな情報が届く必要がありますか．
- B 情報を確実に入手できるようにするために，どんな手を打っていますか．
- C （当該者に）伝達が必要な情報を示し，伝達の必要性とルートを調査する．
   ⇒本件の確立は難しい．内部監査での話題提供を考えるきっかけとしたい．

191 緊急時に，何を誰にどのように伝えるかが当事者に浸透しているか

■ 規格要求事項

Q **7.4 コミュニケーション** 組織は，[中略] 品質マネジメントシステムに関連する内部及び外部のコミュニケーションを決定しなければならない．

E **7.4.2 内部コミュニケーション** a) 必要に応じて，環境マネジメントシステムの変更を含め，環境マネジメントシステムに関連する情報について，組織の種々の階層及び機能間で内部コミュニケーションを行う．

■ 懸念事項と判断の要旨　注：規格要求事項の水準を超えたチェックポイント

1. 品質・環境上の緊急事態が生じたら，処置決定者に早く伝える必要がある．緊急状態によっては，現場側で判断・指示する処置が必要なときもある．
 ⇒何を誰にどう伝えるかを当事者が普段から知っていないと対応が遅れる．
2. 緊急事態の内容によっては，組織内のほか，顧客・購買先・地域・行政・消費者・マスコミなど外部の利害関係者に伝える必要が生じることがある．
3. 外部発信については，どの情報を，どのタイミングで，誰に公表するかを十分に設定して，当事者各人に浸透させておかないと，混乱しやすい．
 ⇒緊急時でも誤ることなく容易に読みとれる手順書が必要な可能性が高い．それ以上に内容の十分な詰め（シミュレーションを含む）が重要である．

▩ 質問の仕方
A あなたが緊急事態の発生に気がついたら，誰にどのように伝えますか．
 ⇒一刻を争う内容の場合，初期伝達先は直属上司以外のケースがある．
B いま説明のあったことを，模擬的に行ってもらえますか．

192 問題発生時に外部公表する際の内容・方法などの設定は，実現可能であることの確証を得ているか

■ **規格要求事項**

Q 7.4 コミュニケーション 組織は，次の事項を含む，品質マネジメントシステムに関連する内部及び外部のコミュニケーションを決定しなければならない．[a)〜d) 省略]

E 7.4.3 外部コミュニケーション 組織は，コミュニケーションプロセスによって確立したとおりに，かつ，順守義務による要求に従って，環境マネジメントシステムに関連する情報について外部コミュニケーションを行わなければならない．

■ **懸念事項と判断の要旨** 注：規格要求事項の水準を超えたチェックポイント

1. 外部に影響する環境上の緊急事態や品質問題などの発生に伴って外部公表が必要な場合，どのように外部公表するかは，非常に重要な事項である．
 ⇒ここでは，いわゆる不祥事に限定せず，外部公表全般を扱う．
2. 外部公表が必要と判断した時点で急遽考案するのではリスクが大きい．平常時に，あらかじめ内容や方法を設定し，できるだけ予行演習し，現実的か，実行可能か，公表後に予想される反響や対応も事前想定しておきたい．
 ⇒弁護士や専門コンサルタントの指導を受けるほうがよい領域もある．
3. 上記2.の検証や妥当性確認を受けて，必要時には，設定した内容・方法を修正する．こうした情勢は時々刻々と変化しうるので，更新も必要である．

■ **質問の仕方**

A ○○という状況が発生したときの，外部公表の仕方を説明してください．
B これらに関するレビューの結果を教えてください．
C レビューの仕方とメンバーが，検討内容に見合うことを説明してください．
D マスコミなどでの他社の公表状況から，何を学び取りましたか．
 ⇒これらに関する記録を見せてもらい，将来に継承可能かを評価する．

4.2　著しい環境側面の決定

《当該部門・業務の特徴的な事項》

（1）著しい環境側面とは

　この用語を聞いて，何を意味しているかがわからずにとまどうことが多い．ISO 14001は，汚染の予防を始め，有害な環境影響を防ぐか減らすために，その原因（環境側面）に対策を取る．つまり環境影響に対する予防処置である．

　ISO 14001に環境側面の定義はあるが，「著しい環境側面」の定義はない．オックスフォード英英辞典では，著しいの原語である"significant"を「重要度が高いか十分大きな効果を発揮するか，注目に値するような」と説明している．つまり「組織の環境マネジメントシステムが優先的に対処すべき環境側面」であることを意味している．これを受けて本書では著しい環境側面を"環境に関する組織の優先取組課題"と意訳して捉えることにしている．

（2）著しい環境側面の決定

　著しい環境側面は，環境影響の度合いとその原因から，リスク計算をもとに採点するか，能動的に拾い出して決定することが多い．両方式には一長一短があるが，少なくとも"なぜこれを著しい環境側面としたか（しなかったか）"だけは明確にしておきたい．組織内外の理解を得るためにも．

　著しい環境側面を定期的に再評価するケースが多い．環境に対して効果を発揮しやすいのは，新事業への参画，新製品開発，設備導入，手順変更など組織が変化する場面である．これらは経営面（財務面）・品質面・安全面と密接に関連しているので，環境についても併せて検討するのが望ましい．

4.2 著しい環境側面の決定

(3) 有益な環境側面

ISO 14001の"3.2.4 環境影響"の用語定義は「有害か有益かを問わず」という表記から始まる．とはいえ環境影響であるから，有益といっても環境影響の低減ということになろう．たとえば，環境に役立つ製品開発や市場参入のほか，エネルギー効率の高い設備の導入，業務効率の向上など，効率アップに結びつくものは，有益の領域に含まれるであろう．有益な環境目標を設定することで，従業員のやる気を引き出すのも一法である．

(4) 著しい環境側面の展開と周知

著しい環境側面には，環境上の対応が求められる．これらは通常，① 環境目標（6.2），② 日常的な運用管理（8.1），③ 緊急事態への準備と対応（8.2）のいずれかに組み入れて対応することになる．"どのような課題・状況ならば，どの形態で対応するか"の基本線をある程度は有していないと，著しい環境側面への対応が場当たり的になりかねない．

著しい環境側面として扱う理由や扱わない理由を，従業員や地域などの関係者に示すと理解が得やすくなる．中でも，実際の環境活動の担い手である組織内の者から，"なるほど確かに行う必要がある（必要がない）"と感じてもらうことが，環境活動の推進力となる．

(5) 著しい環境側面のその後

著しい環境側面への対応状況や成果は把握したい．著しい環境側面として続けるか，範囲の拡大・縮小や程度の変更，環境目標の扱いから日常管理への移行（又はその逆）など，状況に応じた対応も必要である．

一旦決定した著しい環境側面も，当初の前提条件が変われば，追加・変更・削除などの再考も必要である．組織内での環境に関する意識が低いと，"前提条件が変わったのに，環境側面を再検討していない"となりかねない．

193 著しい環境側面の決定の視点は，組織としての環境基本姿勢から見て合理的か

■ 規格要求事項

E **5.2 環境方針**（第1段落）　トップマネジメントは，組織の環境マネジメントシステムの定められた適用範囲の中で，次の事項を満たす環境方針を確立し，実施し，維持しなければならない．a) 組織の目的，並びに組織の活動，製品及びサービスの性質，規模及び環境影響を含む組織の状況に対して適切である．b) 環境目標の設定のための枠組みを示す．

■ 懸念事項と判断の要旨

1. 組織の環境意識の高まりに伴って，環境への取組みの姿勢も変化してきた．環境法規制や地域協定などの順守はもちろん，組織の環境への想いを環境活動を通じて実現するという風潮が増してきた．
2. 環境活動は組織戦略の一環として実施することが多い．著しい環境側面の決定でも，組織が環境活動を通じて何を実現する意図かと併せて考える．
   ⇒環境の基本姿勢は環境方針で示すが，環境目標に含めることがある．
3. 環境活動にも費用が必要なので，環境に配慮した製品開発，業務効率向上，顧客を巻き込んだ環境活動，環境貢献の外部アピールなど，組織イメージ向上や売上増大，組織内の副次的効果と合わせることも多い．
   ⇒組織戦略と整合し，本業に直結する環境活動は，継続する可能性が高い．上記から遊離すると，費用と労力を負担し切れず挫折することもある．こうした概念を明確に打ち出し，関係者に明示することが重要である．

■ 質問の仕方

A　環境への取組みや著しい環境側面は，どのような視点から決定しますか．
B　この視点について，組織の環境基本方針と関連づけて説明してください．
　⇒説明が理路整然としていて，内部監査員として納得できるかで判断する．

194 著しい環境側面の決定・再決定を必要な場面すべて網羅して行っているか

■ 規格要求事項

E **6.1.2 環境側面**（第1段落） 組織は，環境マネジメントシステムの定められた適用範囲の中で，ライフサイクルの視点を考慮し，組織の活動，製品及びサービスについて，組織が管理できる環境側面及び組織が影響を及ぼすことができる環境側面，並びにそれらに伴う環境影響を決定しなければならない．（第2段落） 環境側面を決定するとき，組織は，次の事項を考慮に入れなければならない．a) 変更．これには，計画した又は新規の開発，並びに新規の又は変更された活動，製品及びサービスを含む．b) 非通常の状況及び合理的に予見できる緊急事態．

■ 懸念事項と判断の要旨

1. 法規制や環境方針が変われば，著しい環境側面の再決定が必要である．
2. 契約，製品・サービスの設計・開発（機能・材料・構造などの指定），生産・提供方法，使用設備などが新設・変更になれば，著しい環境側面の前提条件が変わるので，著しい環境側面を決定・再決定する必要がある．
    ⇒環境活動への外部の期待の変化，製品技術・製造技術・環境技術の向上，組織内の意識の向上など，導入確定前の事項も，先取りしておきたい．
3. つまり，受注会議や，設計レビュー，設備導入・製造方法の検討会などは，すべて著しい環境側面の決定に向けた検討場面になりうる．このことが，会議などの参加者に理解されていないと，どうしても後手に回ってしまう．
    ⇒状況の変更の有無を検討するために，定期的な見直しも併用するとよい．

■ 質問の仕方

A この製品・サービスの新たな設計・開発に伴って，著しい環境側面の新規決定は必要でしたか．

B その要否を判断した理由を教えてください．

195 著しい環境側面の決定の際の観点や方法は理に適っているか

■ 規格要求事項

E **6.1.2 環境側面**（第1段落）　組織は，環境マネジメントシステムの定められた適用範囲の中で，ライフサイクルの視点を考慮し，組織の活動，製品及びサービスについて，組織が管理できる環境側面及び組織が影響を及ぼすことができる環境側面，並びにそれらに伴う環境影響を決定しなければならない．（第2段落）　環境側面を決定するとき，組織は，次の事項を考慮に入れなければならない．a) 変更．これには，計画した又は新規の開発，並びに新規の又は変更された活動，製品及びサービスを含む．b) 非通常の状況及び合理的に予見できる緊急事態

■ 懸念事項と判断の要旨

1. 著しい環境側面は"環境に関する組織の優先課題"，"組織として何を優先するか"の概念や基準が，著しい環境側面の決定の手順の柱となる．
   ⇒リスク計算でも能動的な拾い出しでもよいが，前者ならば採点基準の，後者ならば採択基準の決め方が合理的かを考えたい．① 取り組む必要がある側面と，② 取り組む値打ちがある側面が候補に上がることが望ましい．
2. 参画者が適切な知識を有し，法規制などを探せることは手順の前提条件．
3. 候補に当たる（"著しい"のつかない）環境側面すべてへの配慮は必要である．
   ⇒著しい環境側面を決定する過程で，環境側面すべてをリストアップする要求事項はない．ただし，著しい環境側面とする可能性が高いが採用しなかったものは，後から調べられるように，その理由を残すことが好ましい．

■ 質問の仕方

A　著しい環境側面の決定をこの手順にした理由を教えてください．
B　判定の基準・方法や実施者が，理に適っていることを説明してください．
   ⇒説明が理路整然としていて，内部監査員として納得できるかで判断する．

4.2 著しい環境側面の決定

196 個々の著しい環境側面への対応形態を合理的に指定しているか

■ **規格要求事項**

E **6.1.4 取組みの計画策定**（第1段落） 組織は，次の事項を計画しなければならない．a) 次の事項への取組み 1) 著しい環境側面 b) 次の事項を行う方法 1) その取組みの環境マネジメントシステムプロセス又は他の事業プロセスへの統合及び実施

■ **懸念事項と判断の要旨**

1. 著しい環境側面は，環境目標に組み入れるか，日常管理とするか，緊急事態の準備と対処の対象とするか，何らかの対応が求められる．
2. 環境目標に組み入れて対応する形態がある．現状水準を向上するか現状水準を死守する（絶対に悪化させない）ために，内容と指標を定めて，積極的に攻める形態で取り組むものは，この形態が向いている．また，新技法の開発や体制・手順の確立などチャレンジ的な課題もこの形態が向いている．
3. 日常管理での対応形態もある．長期的に安定している，日常業務への組入れが定着している，装置の管理技術の妥当性を確認済みなど，すでに確立した手法によって達成できるならば，日常管理の形態が向いている．
4. 異常状態の発生で，危険が生じたり，極めて大きな環境影響が生じたり，発生後の制御が難しいものは，緊急事態として指定していることが多い．
5. 状況に応じて対応形態も変えることが多い．目的達成が続いて安定すれば日常管理に移すことも，戦略的に日常管理から環境目的に移すこともある．

■ **質問の仕方**

A 個々の著しい環境側面に，どのような形態で対応するか説明してください．
⇒候補である環境側面の特定から，著しい環境側面への対応の指定に至るまで，自然消滅せず，主体性を持って判断していることを確認する．

B 実施後に状況が変化したら，どのような考え方で対応形態を変えますか．

197 決定した（除外した）著しい環境側面は，組織内外の関係者から見て納得できるものか

■ 規格要求事項

E **6.1.2 環境側面**（第4段落） 組織は，必要に応じて，組織の種々の階層及び機能において，著しい環境側面を伝達しなければならない．

E **7.3 認識** 組織は，組織の管理下で働く人々が次の事項に関して認識をもつことを確実にしなければならない．b) 自分の業務に関係する著しい環境側面及びそれに伴う顕在する又は潜在的な環境影響

■ 懸念事項と判断の要旨　注：規格要求事項の水準を超えたチェックポイント

1. 著しい環境側面の決定は，組織内外の関係者に"私たちはこれらの事項を環境上の優先取組課題として捉えています"と宣言するようなものである．
2. 著しい環境側面を決定したら，"これは環境に関する組織の優先取組課題だろう"と誰しも思う課題が上がっていなかったらどうだろう．おそらく決定手順のどこかに落とし穴があるのではないだろうか．
3. 当事者や関係者が"なぜこれを著しい環境側面としたか"を納得すると，取組み意欲も高まってくる．また，顧客や世間に対しても"課題はこれで，理由はこうです"と，胸を張って堂々と言えるようにしたいものである．
4. 逆に著しい環境側面として扱わない事項について，"なぜ扱わないか"を，きちんと説明できて，組織内外の関係者が納得できることも重要である．

■ 質問の仕方

A この著しい環境側面は，どのような理由か効果を目指して選びましたか．
B このケースでは，○○を著しい環境側面として扱う必要がありそうですが，該当しないと判断したのはなぜですか．
　⇒ "自分たちが気にしている課題が上がっているか"から切り込んでよい．
C 著しい環境側面と決定した理由を，どのように当事者に納得させますか．

198 社外にまで効果の広がる著しい環境側面の設定の必要性について，適切に配慮しているか

■ 規格要求事項

E **6.1.2 環境側面**（第1段落）　組織は，環境マネジメントシステムの定められた適用範囲の中で，ライフサイクルの視点を考慮し，組織の活動，製品及びサービスについて，組織が管理できる環境側面及び組織が影響を及ぼすことができる環境側面，並びにそれらに伴う環境影響を決定しなければならない．

■ 懸念事項と判断の要旨　注：規格要求事項の水準を超えたチェックポイント

1. "環境貢献製品を顧客に販売する，新たな環境技術ニーズを掘り起こす，顧客の環境活動にかかわる，地域の活動への参加"など，社外にまで広がる課題は，環境面でも貢献でき，ビジネス面でも貢献できる．
2. 組織の中だけで取り組める課題・活動には，おのずと限度がある．地域や顧客をも含めた総合的な環境影響低減は，巡りめぐって，"地球に対する最大限の貢献"として描いていくことも可能である．
3. 社外に広がる課題は世間の注目を浴び，組織の真価が問われる．経費節減・売上増大，組織の存在価値の向上や，組織内の活気にまで結びつく可能性がある．
   ⇒有益系の著しい環境側面の決定方法の概念の確立も必要である．

■ 質問の仕方

A　有益系の著しい環境側面は，どのような考え方に基づいて採否を判断しますか．

B　有益系の環境側面の候補が複数あるときは，どのような課題を選びますか．
⇒このような課題では，優先順位の決め方も，大切な要素である．

199 著しい環境側面の外部公表の要否・範囲の仕方は適切か

■ **規格要求事項**

E **7.4.3 外部コミュニケーション** 組織は，コミュニケーションプロセスによって確立したとおりに，かつ，順守義務による要求に従って，環境マネジメントシステムに関連する情報について外部コミュニケーションを行わなければならない．

■ **懸念事項と判断の要旨** 注：規格要求事項の水準を超えたチェックポイント

1. 環境への関心が高くなって，組織の環境活動も注目されるようになった．特定の利害関係者から特定の環境要素に関する状況の報告を求められることもあれば，組織から進んで広く外部に公表することもある．
   ⇒顧客・購買先・株主・従業員の家族・地域・行政・マスコミだけでなく，研究パートナー，就職応募者，一般市民など，外部の対象範囲は広い．
2. 外部公表に先立って，公表先の範囲，公表内容，公表方法を定めておく．
   ⇒公表先が限定的ならば印刷物など，幅広ければウェブサイトでの公表が多い．なお，定常的な公表もあれば，緊急事態の発生状況の公表もある．
3. 外部公表で注目を集めれば気も引き締まる．反応がないと意欲が低下する．
   ⇒成果を整理して外部アピールして将来ビジネスの布石を打つ事例もある．
4. 公表内容を整理していくうちに，環境側面の特定から，環境活動の実施，環境成果に至るまで，良好点や不足点に気づく副次的効果も期待できる．
   ⇒外部公表する以上，成果が上がらなくても公表しないと一貫性に欠ける．

▨ **質問の仕方**

A 外部公表は，どのような原則に基づいて行いますか．
B 外部公表した際に，外部の人たちからの反応はありましか．
   ⇒反応が少ないようならば，外部公表の仕方を再考したほうがよいだろう．

200 一旦決定した著しい環境側面を再考が必要な場面で着実に再検討・再決定しているか

■ 規格要求事項

E **6.1.2 環境側面**（第3段落） 組織は，設定した基準を用いて，著しい環境影響を与える又は与える可能性のある側面（すなわち，著しい環境側面）を決定しなければならない．

■ 懸念事項と判断の要旨

1. 一旦決定した著しい環境側面も，状況が変われば見直しが必要である．
2. "チェックポイント194"で，著しい環境側面を決定・再決定する場面の代表例を紹介した．そのほか，環境戦略の変更，著しい環境側面の採択基準の変更，新規データ分析結果，マネジメントレビューからの指示などもある．
   ⇒全面的な再検討を定期的に行うケースも多い．
3. 随時の再考の必要性を判断できるのは，前提条件や状況が変わったという情報が届くから．どんな情報を誰に届けるかの手順の浸透が基本となる．
   ⇒順守評価の結果や，著しい環境側面への対応状況や成果も押さえたい．著しい環境側面として扱い続けるか否かを再検討するためにも．
4. 既存の著しい環境側面を変更・中止するか否かを検討する場合，決定時の根拠と理由を参照する．該当情報を参照できる状態で保有する必要がある．
   ⇒変更や中止の際には，それに至った理由も関係者に周知しておきたい．

■ 質問の仕方

A 著しい環境側面の決定後に，どのような状況が生じると再検討しますか．
   ⇒定期的に再検討する形態も多い．その場合でも，定期外の再検討の必要性をどう判断するか，その情報は着実に届くかは調査しておきたい．
B 前回どのような見直しを行ったか，その結果を教えてください．

4.3　内部監査

《当該部門・業務の特徴的な事項》

(1)　内部監査の目的と現状

　内部監査の目的は，マネジメントシステムの適合性と有効性の確認にある．内部監査を通じて得た情報をもとに，マネジメントシステムの"安心"を確認し，問題点を解消し，改善することで，品質・環境活動の意義を増すことができる．

　内部監査が形骸化している組織が極めて多い．審査用の必要悪と感じると，それ以上考えなくなる．形だけ実施計画書を作り，形だけチェックリストを作り，形だけ実地を見て，形だけ報告書をまとめる．不適合の指摘を受けたら，形だけ是正処置を行ったことにして，確認書類に捺印する．内部監査活動が，いつのまにか書類と記録を作る活動に化けているのを見かけることがある．

　内部監査での調査内容は，内部監査員に委ね切るのでなく，経営トップが具体的に指定してよい．そのほうが，経営トップにとって実効性の高い情報を得ることができ，内部監査員の意識も高まる．

(2)　内部監査の準備と実施

　内部監査は，ある期間内に適用範囲のすべての部門のすべての活動を網羅的に調査するのが基本である．1サイクルで何度か内部監査する場合には，その都度テーマを設定して特色を持たせるのは，現実的な選択肢である．

　内部監査は，第三者認証審査と異なってアドバイスが可能である．内部監査の場で話し合おうが，議決しようが，徹底指導しようが，良好化に結びつけば問題ない．相手部門のルールの背景や技術面のことまで熟知していなければ

"一緒に考える"の姿勢でよい．お金のことが含まれてもよい．

(3) 内部監査の成果の評価と活用

内部監査で不適合が検出されたならば，① 不適合状態を解消するとともに，② 再発防止策を講じる．このうち①はたいてい実施されるが，②が不十分なことが多い．典型的には"不適合発生の原因究明が不十分"か"是正処置の内容が長期的に発生防止できるものでない"のいずれかが圧倒的に多い．

内部監査の結果は，監査対象部門での対応のほか，データの分析を経て，マネジメントレビューに至る．こうすることで，組織全体での状況や水準が把握でき，将来に向けた指示を出すことができる．

(4) 内部監査員の育成と成長

内部監査の良否は内部監査員次第で決まる．何事にも興味を持って，しかも聞き上手な人であれば，基本的に及第点である．書類作成はすぐに慣れる．良好な見本を用意して，実地同行と見本を通じてコツをつかむのが現実的である．それができない人は，そもそも内部監査員に向いていない．もっとも，良好な見本が組織内になく，どうあるとよいかがわかっていないケースが多い．

内部監査員には，内部監査の重要度と影響度を自覚しておいてもらいたい．また商品知識や技術内容，組織の現状や人の心理などを普段から勉強しておきたい．内部監査の充実にも役立つが，組織人としても役立つことである．

(5) 内部監査に対する内部監査

"内部監査活動の運営管理に対する内部監査"は，あまり実施されていない．実地での内部監査の状況を同行調査することまでは求めないまでも，少なくとも内部監査プログラムや実施計画，実施結果と報告，その後のフォローに関しては，内部監査しておきたい．内部監査の推進事務者などを置くことが多いが，立案や処理が有効かどうかを話し合う機会は意外に少ない．自信を持って運営管理できるようにするために，内部監査の場を活用するとよい．

201 適用範囲に含まれる部門・活動を網羅的に内部監査しているか

■ 規格要求事項

Q **9.2 内部監査（9.2.2）** a）［前略］監査プログラムは，関連するプロセスの重要性，組織に影響を及ぼす変更，及び前回までの監査の結果を考慮に入れなければならない．

E **9.2.2 内部監査プログラム**（第2段落） 内部監査プログラムを確立するとき，組織は，関連するプロセスの環境上の重要性，組織に影響を及ぼす変更及び前回までの監査の結果を考慮に入れなければならない．

■ 懸念事項と判断の要旨

1. 適用範囲内の部門・活動の網羅的な調査は，内部監査の必要条件である．
   ⇒部門ごとの活動すべてを調査していなくても，個々の活動をどの部門で調査するか適切に設定してあればよい（内部監査プログラムの適切性）．
2. 部門内の活動や部門をまたぐ活動を，単発的に調査するのではなく，関連づけて調査するのが，システムを対象とする調査の基本である．
   ⇒単発的な調査になっているケースが意外に多い．
3. 1サイクルで何度か内部監査する場合，その都度テーマを設定して特色を持たせるのが有効．同じ対象を同じ切り口で調査しても得るものは少ない．

■ 質問の仕方

A （内部監査の主幹者へ）適用範囲内の部門・活動を網羅的に調査するために，内部監査プログラムなどで，どのように工夫していますか．
   ⇒部門と規格要求事項のマトリクス表を用いて塗りつぶしていくとよい．

B （内部監査の主幹者へ）内部監査プログラムや計画書，チェックリスト，監査報告書などを用いて，実際に網羅的に実施していることを説明してください．
   ⇒一つの質問で複数の要素を調査可能であることにも留意する．

202 内部監査の実施頻度や所要時間が業務内容や運用状況などに見合っているか

■ 規格要求事項

Q **9.2 内部監査（9.2.2）** a）［前略］監査プログラムは，関連するプロセスの重要性，組織に影響を及ぼす変更，及び前回までの監査の結果を考慮に入れなければならない．

E **9.2.2 内部監査プログラム**（第2段落）　内部監査プログラムを確立するとき，組織は，関連するプロセスの環境上の重要性，組織に影響を及ぼす変更及び前回までの監査の結果を考慮に入れなければならない．

■ 懸念事項と判断の要旨

1. 所属員数が多くても全員がシンプルな同一業務に携わるなら，所要時間が短くても十分に調査可能である．逆に所属員数が少なくても，実施事項や機能の種類が多ければ，所要時間は長くなる．また，これまでの内部監査で不適合が多かった（安定性が低い）部門は，所要時間は長くなるであろう．
2. 部門や拠点の新設，業務形態や内容，手順，設備，実施場所など，以前の内部監査で調査していない部分については，状況を確認しておきたい．
3. 内部監査は，マネジメントシステムのどの部分が安定しているか，どこに工夫の余地があるか，どんな成功材料があるかを，見いだす活動である．所要時間と調査者の設定は，作戦立ての基本中の基本である．

■ 質問の仕方

A （内部監査の主幹者へ）各部門での実地調査の所要時間を，どのような観点から設定しているか，内部監査プログラムや計画書などを用いて説明してください．

B （内部監査の主幹者へ）前回の内部監査と比べて，どの部門，どの活動，どの製品，どの規格要求事項について，所要時間を調整しましたか．
　⇒いずれも理由が明解で，合点のいくものであればよい．

203 内部監査の場を被監査者との検討など改善事項の気づきに活用しているか

■ 規格要求事項

Q **9.2 内部監査（9.2.1）** 組織は，品質マネジメントシステムが次の状況にあるか否かに関する情報を提供するために，あらかじめ定めた間隔で内部監査を実施しなければならない．b) 有効に実施され，維持されている．

E **9.2.1（内部監査）一般** 組織は，環境マネジメントシステムが次の状況にあるか否かに関する情報を提供するために，あらかじめ定めた間隔で内部監査を実施しなければならない．b) 有効に実施され，維持されている．

■ 懸念事項と判断の要旨

1. 内部監査は認証審査のミニチュア版ではない．適合性の確認に終始しがちだが，改善事項を見抜くなど，有効性に踏み込んだ監査を行うことが大切．
2. 内部監査は組織内だから，深みのある本音の取組みに結びつけられる．
   ⇒認証審査と異なって，一緒に考えてもよく，アドバイスしてもよい．被監査者は，話を聞いてもらっているうちに，改善事項に気づくこともある．これがマネジメントシステムの改善の大きな原動力となる．
3. 内部監査に先立つ準備段階で気づいた手順書などの改善点も，監査の場のテーマとしたい．

■ 質問の仕方

A （内部監査者へ）どのように監査を進めると，改善事項に気づいてもらえますか．

B （内部監査者へ）内部監査の主幹者や事務局は，内部監査員と被監査者との間で検討が弾むようにするために，どのような工夫を行っていますか．
   ⇒監査ごとの重点テーマなど，見方や進め方の工夫の奨励も一法である．

204 良好事例など他部門に役立つ情報を引き出しているか

■ 規格要求事項

Q **9.2 内部監査（9.2.1）** 組織は，品質マネジメントシステムが次の状況にあるか否かに関する情報を提供するために，あらかじめ定めた間隔で内部監査を実施しなければならない．b) 有効に実施され，維持されている．

E **9.2.1（内部監査）一般** 組織は，環境マネジメントシステムが次の状況にあるか否かに関する情報を提供するために，あらかじめ定めた間隔で内部監査を実施しなければならない．b) 有効に実施され，維持されている．

■ 懸念事項と判断の要旨　注：規格要求事項の水準を超えたチェックポイント

1. 不適合検出だけでなく，業務方法の弱点の克服や強みの増大，沈滞ムードからの脱却，良好状態継続の秘訣など，他部門に役立つ情報は提供したい．
   ⇒良好事例は意外に埋もれている．ぜひとも内部監査で発掘したいものだ．
2. 成果を出せてこそマネジメントシステム．そこに至った背景も調べたい．
   ⇒成果に至る背景が，推進の原動力であり，システムのポイントである．
3. 内部監査で得た情報を他部門が使える形にすれば，成果はさらに活きる．また内部監査員がこの情報を知ることは，監査技量の向上にも結びつく．
   ⇒社内公表やデータベース化など，調べやすい形態にすることが大切．

■ 質問の仕方

A （内部監査者へ）内部監査を通じて，どのような良好事例を引き出せましたか．

B （内部監査の主幹者へ）これらの良好事例を，他部門などに，どのように紹介していますか．

C （内部監査の主幹者へ）良好事例がきっかけとなって，どのような工夫に結びつきましたか．
   ⇒工夫が工夫を呼んで好循環が生まれると，良好化はさらに加速する．

205 有効性確認から改善につながるよう，内部監査員は内部監査方法などを工夫しているか

■ 規格要求事項

Q **9.2 内部監査（9.2.1）** 組織は，品質マネジメントシステムが次の状況にあるか否かに関する情報を提供するために，あらかじめ定めた間隔で内部監査を実施しなければならない．b) 有効に実施され，維持されている．

E **9.2.1（内部監査）一般** 組織は，環境マネジメントシステムが次の状況にあるか否かに関する情報を提供するために，あらかじめ定めた間隔で内部監査を実施しなければならない．b) 有効に実施され，維持されている．

■ 懸念事項と判断の要旨　注：規格要求事項の水準を超えたチェックポイント

1. 改善に結びつく可能性のある情報を見いだすことが発端である．
   ⇒実地調査の仕方を工夫すると，この種の情報を見いだせる可能性が高くなる．
2. 内部監査結果の示し方次第で，改善に結びつく可能性は高くも低くもなる．
   ⇒悪いことを強調するのがよいか，自主性を重んじるのがよいか　など．
3. 監査技術の向上は，規格の勉強だけでは不十分．組織や業界の技術状況，顧客や市場の動向，ビジネスモデル，人間心理，話し方や聴き方などを，日頃から勉強しておかないと，一朝一夕では身につかない．

▨ 質問の仕方

A （内部監査者へ）マネジメントシステムの本質を見極めるには，どのような工夫が必要ですか．

B （内部監査者へ）有効性確認の結果が改善に結びつくために，そしてそのような内部監査となるようにするために，どのように工夫していますか．

C （内部監査者へ）これらが実現するために，普段からどのような知識や技能を得ていますか．

206 内部監査員と被監査者のやる気を出すための方策を講じているか

■ **規格要求事項**

[Q] **7.3 認識** 組織は，組織の管理下で働く人々が，次の事項に関して認識をもつことを確実にしなければならない．c) パフォーマンスの向上によって得られる便益を含む，品質マネジメントシステムの有効性に対する自らの貢献

[E] **7.3 認識** 組織は，組織の管理下で働く人々が次の事項に関して認識をもつことを確実にしなければならない．c) 環境パフォーマンスの向上によって得られる便益を含む，環境マネジメントシステムの有効性に対する自らの貢献

■ **懸念事項と判断の要旨**　注：規格要求事項の水準を超えたチェックポイント

1. 内部監査員も被監査者も人の子．やる気まんまんになれば大きなパワーを発揮するが，気が乗らないとそれなりの成果しか上げられなくなる．
   ⇒"なぜ内部監査を行うか"という基本事項への理解と自覚を持つには….

2. 内部監査の役立ちを，当事者自身が感じられるようにするのも有効．
   ⇒被監査者の自助努力や抜本改善に結びついたと感じられれば意欲も出る．
   　ならば監査成果を当事者自身にフィードバックする方法を確立したい．

3. 内部監査員と被監査者にやる気を出せる組織内制度は，意外に重要である．
   ⇒褒めるのがよいか，何らかの別の特典がよいかは，組織事情で異なるが，
   　内部監査の振興を盛り立てる方策を，組織として考えてみるのが現実的．

■ **質問の仕方**

A （内部監査の主幹者へ）内部監査員に意欲を出させる方策を教えてください．

B （内部監査の主幹者へ）この方策の有効性を，内部監査員はどのように感じていますか．

C （内部監査の主幹者へ）被監査者に意欲を出させる方策を教えてください．
⇒これらを通じて，どうすれば人が真剣に行動するかを考えていきたい．

207 内部監査の方法・形態などを画一化し過ぎていないか

■ 規格要求事項

Q **9.2 内部監査（9.2.2）** a）頻度，方法，責任，計画要求事項及び報告を含む，監査プログラムの計画，確立，実施及び維持．

E **9.2.2 内部監査プログラム**（第1段落）組織は，内部監査の頻度，方法，責任，計画要求事項及び報告を含む，内部監査プログラムを確立し，実施し，維持しなければならない．

■ 懸念事項と判断の要旨　注：規格要求事項の水準を超えたチェックポイント

1. 内部監査は認証審査と異なってアドバイスが可能．内部監査で話し合おうが，議決しようが，徹底指導しようが，よい方向に進むならば問題ない．
   ⇒対象部門のルールの背景や技術面まで必ずしも熟知していないならば，一緒に考えるだけでよい．知らないことまで指導するのは行き過ぎ．
2. 内部監査員の客観性の基本は"監査対象活動に責任を負っていないこと"．
   ⇒部門内はある種の運命共同体．自分たちだからこそ気づくことも多く，部門内で忌憚のない意見を交換してもよい（ただし，自分の仕事を除く）．
3. 内部監査は，マネジメントシステムの適合性・有効性を調査でき，改善に役立つならば，古典的な教科書どおりの監査形態でなくても構わない．
   ⇒目的に見合うならば，朝礼の一コマでもよいし，合同研究会でもよい．

■ 質問の仕方

A （内部監査の主幹者へ）マネジメントシステムの適合性・有効性は，どのような場面で確認できますか．

B （内部監査の主幹者へ）その場面では，どこまで深くマネジメントシステムを確認していますか．

C （内部監査の主幹者へ）その場面は内部監査と位置づけることは可能ですか．

208 "内部監査活動の有効性を従業員がどのように感じているか"を把握して手段を講じているか

■ 規格要求事項

Q **9.1.3 分析及び評価**（第1段落） 組織は，監視及び測定からの適切なデータ及び情報を分析し，評価しなければならない．（第2段落） 分析の結果は，次の事項を評価するために用いなければならない．c) 品質マネジメントシステムのパフォーマンス及び有効性

E **7.4.2 内部コミュニケーション** a) 必要に応じて，環境マネジメントシステムの変更を含め，環境マネジメントシステムに関連する情報について，組織の種々の階層及び機能間で内部コミュニケーションを行う．

■ 懸念事項と判断の要旨　注：規格要求事項の水準を超えたチェックポイント

1. "内部監査も認証審査も管理職が対応する"という風潮は断ち切りたい．
   ⇒被監査者だけでなく，内部監査員の側にも問題があるかもしれない．
2. 従業員は（管理職も），内部監査の有効性を感じているのだろうか．
   ⇒調査していないことも多い．まずは各人の気持ちを知ることが肝要．
3. 従業員の思いをもとに，どう組織内プロモーションするかを再考するとよい．
   ⇒役立ちが感じられないだけならば，情報提供すればよいのかもしれない．
4. 内部監査の主幹者と被監査者との意見の一致や差異を知ることで，改善の方向性が決まる．これが内部監査の有効化の突破口となる可能性がある．

■ 質問の仕方

A （内部監査者へ）内部監査を有効な活動と感じますか．どうすればさらに有効になりますか．
   ⇒アンケートみたいだが，従業員の感じ方を率直に尋ねてみたい．

B （内部監査者へ）内部監査の主幹者や事務局は，従業員の思いに，どう応えていますか．
   ⇒内部監査の手法・手順に対する継続的改善も促したい．

4.4　状況・成果の把握とマネジメントレビュー

《当該部門・業務の特徴的な事項》

(1)　品質・環境の状況と成果の把握

品質と環境に関する各種の約束事をどのくらい守れていて，どのように推移していきそうかを把握する．約束事には，法令・規制，顧客との契約，購買先や業務・処理などの委託先との契約，地域や行政との協定，組織内のルールなどがある．ISO 9001では"9.1.3 分析及び評価"が，ISO 14001では"9.1.1（監視，測定，分析及び評価）一般"と"9.1.2 順守評価"が主体である．

本件が成り立つには，普段から何を見て，どう読み取り，誰に伝え，どのように総合判断するかの手順の確立が基本となる．適正状態を見守ること，状況の変化に気づいたら，必要な場合に適切に手段を講じることになる．

(2)　マネジメントレビューの目的と形態

個別事項の日常的な状況把握とともに，マネジメントシステム全体をマクロ的に見る舵取り役となるマネジメントレビューも必要である．ここにマネジメントシステムに関する主要情報（考察や提案）を持ち寄って評価・検討し，対応・行動の基本となる経営トップとしての最終判断を下す．

マネジメントレビューの実施形態に関する要求事項はない．目的に合えば，会議体や直接面談，レポートをもとにした指示など，いかなる形態でもよい．

現実には，マネジメントレビューが形骸化している事例が，極めて多い．"経営トップが，いつ，何を知って，どうしたいか"に合わない形態で，マネジメントレビューの場面や形態を設けた場合に，このような状態に陥りやすい．経営会議や営業会議，週頭の幹部朝礼などに経営トップが参加すれば，たいて

4.4 状況・成果の把握とマネジメントレビュー

い実質的にマネジメントレビュー機能を有している．重要情報が年に1,2回しか入らなくて平然としている経営トップは絶対にいない．

こうした定例会議のほか，定期レポートなどは，経営トップが欲する情報を，欲しいタイミングで持ち込ませるものであることが多い．なお，マネジメントレビューを一つの形態に絞る必要はなく，規格にあるインプット事項を毎回すべての事項を評価・検討しなければならないという規格要求事項もない．実情に合えばそれでよい．つまり，インプットの内容は，規格要求事項から指定するのでなく，会議や定期レポートの目的に応じて，経営トップが指定するのが現実的である．

(3) マネジメントレビューの場での評価・検討

マネジメントレビューのインプットに関する要求事項は，評価・検討するための最低限の情報である．持ち寄るのはあくまでも情報であり，本質的な情報を得るには，生データと分析，言い換えれば"考察や提案"が大切である．

小規模な組織では，本当に重要な情報は経営者に集まるが，部門責任者は他部門の状況をよく知らないというケースもある．一方，全社の検討場面が毎週あるので，大事な相談と協力要請は，マネジメントレビューの場を活用するという事例もある．経営トップと組織内の主要人物が恒常的に集まるならば，マネジメントレビューの機能は，おのずと決まってくる．

(4) マネジメントレビュー結果の活用

マネジメントレビューでの決議は，いわば"経営トップからの宿題"である．決議内容は，規格要求事項に限る必要はない．マネジメントレビューが形骸化すると，決議事項は経営トップからの宿題という意識が低下する傾向がある．

マネジメントレビュー結果は，参加者だけでなく一般従業員にも知らせたほうが有効なことも多い（もちろん一般従業員に公開できない決議を除いて）．いま何がどのように動いていて，その中で自分は何を行うかを知ってもらうことで，さらにマネジメントシステムが活発化することが望ましい．

209 マネジメントシステムの状態を評価し，改善に結びつける体系的な仕組みを設定しているか

■ 規格要求事項

Q **9.1.1（監視，測定，分析及び評価）一般**（第1段落）　組織は，次の事項を決定しなければならない．［a)～d)省略］（第2段落）　組織は，品質マネジメントシステムのパフォーマンス及び有効性を評価しなければならない．

E **9.1.1（監視，測定，分析及び評価）一般**（第1段落）　組織は，環境パフォーマンスを監視し，測定し，分析し，評価しなければならない．（第2段落）　組織は，次の事項を決定しなければならない．［a)～e)省略］（第4段落）　組織は，環境パフォーマンス及び環境マネジメントシステムの有効性を評価しなければならない．

■ 懸念事項と判断の要旨

1. マネジメントシステムの状態を，どんな観点からどう評価して改善に結びつけるかの基本線を明確に示すことから始まる．そして，これらをマネジメントシステムに組み入れることで，有効に機能し続けることが可能となる．
   ⇒"成果を出すためのマネジメントシステム"という原則を忘れない．
2. 仕組みには，評価の実施者・場面・頻度，評価用データ，評価基準，評価結果の報告先，伝達経路・方法，実施者の力量確保などが含まれる．
   ⇒そもそもマネジメントシステムの何の状態を知りたいか，それはなぜか，それをどう活用するかなど，目的や理由の熟考から物事は始まる．

■ 質問の仕方

A　マネジメントシステムを適切に運営管理して改善に結びつけるには，その状態に関するどのような情報を誰が必要としていますか．

B　それらをうまく稼働できる仕組みであることを説明してください．

210 各活動の実施状況の監視・測定は，問題時の対応の目的に見合い，判断の仕方が明確になっているか

■ 規格要求事項

- Q **9.1.1（監視，測定，分析及び評価）一般**（第1段落） 組織は，次の事項を決定しなければならない．a）監視及び測定が必要な対象　b）妥当な結果を確実にするために必要な，監視，測定［中略］の方法　c）監視及び測定の実施時期

- E **9.1.1（監視，測定，分析及び評価）一般**（第2段落） 組織は，次の事項を決定しなければならない．a）監視及び測定が必要な対象　b）該当する場合には，必ず，妥当な結果を確実にするための，監視，測定［中略］の方法　c）組織が環境パフォーマンスを評価するための基準及び適切な指標　d）監視及び測定の実施時期

■ 懸念事項と判断の要旨

1. 各種事項が所定の範囲内にあることの安心感を得ることはもちろん，問題発生の兆しなど状況変化を把握することで，次の一手を考え始められる．
2. 実施状況の何を，どの観点で，どの時期に監視するかは，問題時の対応の目的に見合うことと，監視方法，ホールドポイントなどの明確化が基本である．
3. 判断の仕方の指定も必要．何を懸念しているかをもとに決めることもあるが，十分な判断能力を持つ特定の人を指定する形態もある．

■ 質問の仕方

- **A** この活動の実施状況をどのように把握しますか．またどう判断しますか．
  ⇒排水処理の連続測定・自動判定のように，ソフトウェアでの対応もある．
- **B** 判断者が適切に判断できる知識・技能を有することを説明してください．
  ⇒技術面，影響度の判断，統率力など，求められる知識・技能は多い．

211 法令・規制の順守評価を不順守が判明したときに対応できるタイミングで行っているか

■ 規格要求事項

Q **9.1.3 分析及び評価**（第1段落） 組織は，監視及び測定からの適切なデータ及び情報を分析し，評価しなければならない．（第2段落） 分析の結果は，次の事項を評価するために用いなければならない．a) 製品及びサービスの適合 d) 計画が効果的に実施されたかどうか．

E **9.1.2 順守評価**（第1段落） 組織は，順守義務を満たしていることを評価するために必要なプロセスを確立し，実施し，維持しなければならない．（第2段落） 組織は，次の事項を行わなければならない．a) 順守を評価する頻度を決定する．b) 順守を評価し，必要な場合には，処置をとる．

■ 懸念事項と判断の要旨

1. 順守評価を行うのは，品質上と環境上の成果に基づく順守確認と不順守への対応のため．
2. 不順守の検出のタイミングが遅いと，対応したくても対応できなくなる．
   ⇒連続監視による瞬時評価，定期評価，経過を見ての評価などがある．
3. 評価には情報が必要．何に着目して，何を見て，誰に伝え，どんな基準で評価し，どう活用するかを，あらかじめ考えて設定する必要がある．

▨ 質問の仕方

A 法令・規制の順守評価をいつ行うか，評価内容ごとに説明してください．
B 評価のタイミングが，問題への対応に間に合うことを説明してください．
  ⇒必要ならば模擬的に実施してもらって，適切な決め方であることを確認する．
C 状況変化を関係者に連絡して検討・判定し，適切な処置を講じているか．
  ⇒本当に伝わって適切に処置できたか，できる確信が持てるかを調査する．

212 品質・環境面の法令・規制など順守義務への対応に関する評価結果を活用しているか

■ 規格要求事項

[Q] **9.1.3 分析及び評価**（第1段落） 組織は，監視及び測定からの適切なデータ及び情報を分析し，評価しなければならない．（第2段落） 分析の結果は，次の事項を評価するために用いなければならない．a) 製品及びサービスの適合 d) 計画が効果的に実施されたかどうか．

[E] **9.1.2 順守評価**（第1段落） 組織は，順守義務を満たしていることを評価するために必要なプロセスを確立し，実施し，維持しなければならない．（第2段落） 組織は，次の事項を行わなければならない．a) 順守を評価する頻度を決定する．b) 順守を評価し，必要な場合には，処置をとる．

■ 懸念事項と判断の要旨　注：規格要求事項の水準を超えたチェックポイント

1. 法令順守を評価するのは，評価結果を活用することが本来の目的である．
   ⇒問題の即刻解消のほか，再発防止が必要ならば設計・技術・管理面の変更などに結びつける．もちろん安心の強化や工夫の気づきもありうる．
2. 法令・規制には"努力規定"もある．賛同したものは順守評価の対象となる．
3. 製品・サービスの品質面で適用になる関連法令の順守評価も必要である（ISO 9001）．
   ⇒設計・開発のレビュー・検証・妥当性確認，製品実現の計画，プロセスの監視・測定，インフラストラクチャなどの場面が該当しうる．

■ 質問の仕方

A 法令順守の評価結果から"何を根拠に，どんな結論を得たか"や"今後に向けた提言"などの考察（単なる○×ではなく）が読み取れるかを確認する．

B 賛同した努力規定の法令・規制の順守評価について，教えてください．

C 製品・サービスに関する法令順守をどの場面で行うか，場面ごとに説明してください．

213 マネジメントレビューの方法・形態・時期は，レビューの趣旨に見合っているか

■ 規格要求事項

Q **9.3.1（マネジメントレビュー）一般** トップマネジメントは，組織の品質マネジメントシステムが，引き続き，適切，妥当かつ有効で更に組織の戦略的な方向性と一致していることを確実にするために，あらかじめ定めた間隔で，品質マネジメントシステムをレビューしなければならない．

E **9.3 マネジメントレビュー（第1段落）** トップマネジメントは，組織の環境マネジメントシステムが，引き続き，適切，妥当かつ有効であることを確実にするために，あらかじめ定めた間隔で，環境マネジメントシステムをレビューしなければならない．

■ 懸念事項と判断の要旨

1. マネジメントレビューは，マネジメントシステム全体の舵取り役である．主要な情報（状況の考察や提案）を持ち寄って，評価・検討し，経営トップとして最終判断を下し，対応・行動の基本となる事項を提示する場面である．
2. 経営トップが欲する情報を，欲するタイミングで得られることがポイント．
   ⇒マネジメントレビューが年に1,2回しかなかったり，経営トップの欠席が多かったりするケースでは，たいてい経営トップは，本音で検討する場面を他に設けているものである．マネジメントレビューが組織経営と遊離しないよう留意する．

■ 質問の仕方

A 品質・環境活動の現状を評価し，将来に向けて示唆するために，経営トップはどのような情報を，どのようなタイミングで得る必要がありますか．

B マネジメントレビューの方法・形態・時期が，前項の趣旨に見合うことを説明してください．

214 マネジメントレビューの実施場面などを画一化し過ぎていないか

■ 規格要求事項

Q **9.3.1（マネジメントレビュー）一般** トップマネジメントは，組織の品質マネジメントシステムが，引き続き，適切，妥当かつ有効で更に組織の戦略的な方向性と一致していることを確実にするために，あらかじめ定めた間隔で，品質マネジメントシステムをレビューしなければならない．

E **9.3 マネジメントレビュー（第1段落）** トップマネジメントは，組織の環境マネジメントシステムが，引き続き，適切，妥当かつ有効であることを確実にするために，あらかじめ定めた間隔で，環境マネジメントシステムをレビューしなければならない．

■ 懸念事項と判断の要旨

1. マネジメントレビューが形骸化している事例が極めて多い．目的に合えば，月次の経営会議や週頭の幹部朝礼での協議，考察レポート作成時の関係者による検討や，メールベースでのやりとりなど，いかなる形態でもよい．
   ⇒専用会議の必要はなく，実施ごとに形態が異なっても構わない．
2. "インプットに関する各項を毎回すべてレビューする" という要求はない．
   ⇒マネジメントレビューという呼び方が弊害になっている可能性がある．

■ 質問の仕方

A　マネジメントレビューの記録（準備資料を含む）を見せてください．
　　⇒枠が固定の用紙に数行程度の文字を埋める形態だと，形式的である可能性がある．この場合，本音の検討を他の場面で行っていることを疑う．

B　マネジメントレビューで，どんな指示が出て，どんな効果が出ましたか．
　　⇒実効性のある指示が出ていなければ，経営者が出席する会議などを当たる．上がった話題を調べていくうちに，本音のレビュー場面を見いだせる．

215 マネジメントレビューを実施する目的などが経営面から明確になっているか

■ **規格要求事項**

Q **9.3.1（マネジメントレビュー）一般** トップマネジメントは，組織の品質マネジメントシステムが，引き続き，適切，妥当かつ有効で更に組織の戦略的な方向性と一致していることを確実にするために，あらかじめ定めた間隔で，品質マネジメントシステムをレビューしなければならない．

E **9.3 マネジメントレビュー（第1段落）** トップマネジメントは，組織の環境マネジメントシステムが，引き続き，適切，妥当かつ有効であることを確実にするために，あらかじめ定めた間隔で，環境マネジメントシステムをレビューしなければならない．

■ **懸念事項と判断の要旨** 注：規格要求事項の水準を超えたチェックポイント

1. 忙しい経営トップがマネジメントレビューを有効活用するために，その場で何を行うか，何に役立てるかなど，経営面からの目的も考えておきたい．
   ⇒マネジメントレビューでは，規格要求事項以外の話題を上げてもよい．
2. 使える機会を使い切るのも経営トップの見識．商売や信用に役立てる，大事なことを実現する，やる気を出させるなど，経営面からも考えていきたい．
   ⇒組織の弱みや強みを把握し，将来像を描き，そのために資源や技術力をどう高めるかなどのグランドデザインを描いていくことが望まれる．

▨ **質問の仕方**

A 品質・環境を通じた経営向上など，どんな経営上の構想を持っていますか．
   ⇒マネジメントシステムを通じて何を得ようとしているかを聞いてみる．

B マネジメントレビューの活動は，どの程度，経営面で役立ちましたか．
   ⇒成果を尋ねることで，レビューの場の活用方法を考えてもらうのも一法．

216 マネジメントレビューでは、経営トップとして検討が必要な事項を対象としているか

■ **規格要求事項**

Q 9.3.2 マネジメントレビューへのインプット　マネジメントレビューは，次の事項を考慮して計画し，実施しなければならない．[a)～f)省略]

E 9.3 マネジメントレビュー（第2段落）　マネジメントレビューは，次の事項を考慮しなければならない．[a)～g)省略]

■ **懸念事項と判断の要旨**　注：規格要求事項の水準を超えたチェックポイント

1. マネジメントレビューは，総合的な検討場面であり，舵取り役であるので，検討対象のテーマは，規格要求事項から踏み出しても構わない．
   ⇒マネジメントレビューへのインプットやアウトプットに関する規格要求事項は，あくまでも最低限のもの．それらに限定しなくてよい．
2. マネジメントレビューでの評価・検討に持ち込ませる情報の指定が十分か，それらは本当に経営トップが欲する情報かなどの観点から見極めるとよい．
   ⇒実施結果の確認だけでなく，決定・指示した事項が有効だったかを評価することで，マネジメントレビューの効用はさらに高くなる．
3. アウトプットの"資源の必要性に関する決定"で扱う資源の範囲は，資金など規格要求事項を上回るものも，組織として必要となる可能性がある．

■ **質問の仕方**

A　マネジメントレビューでの検討内容は，どんな観点で指定していますか．
　⇒開催の趣旨を問う質問．ここでの考え方が方向性を決める．

B　決定・指示したことのうち，どのようなものが有効でしたか．

C　前項で得た知見をその後のマネジメントレビューにどう活かしましたか．
　⇒有効性の評価から，検討内容の再考にどの程度結びついたかの確認．

217 マネジメントレビューで取り上げる課題を情報の準備者が理解・対応できているか

■ 規格要求事項

Q **9.3.2 マネジメントレビューへのインプット** マネジメントレビューは，次の事項を考慮して計画し，実施しなければならない．［a)～f) 省略］

E **9.3 マネジメントレビュー**（第2段落） マネジメントレビューは，次の事項を考慮しなければならない．［a)～g) 省略］

■ 懸念事項と判断の要旨

1. マネジメントレビューの成否は情報の持ち込み段階で決まる．資料などの準備者に，その意図を咀嚼して理解させることが大切である．
2. 状況は変化する．考察や提案の内容や切り口が異なるのは自然である．
 ⇒レビューで使う資料やまとめ方，考察や提案の内容が毎回類似しているならば，マンネリ化の懸念がある．準備者の分析力や提案力が鍵となる．
3. 品質・環境活動の状況分析情報（考察や提案など）を推進事務局などがとりまとめることが多い．ただし，主体は状況分析者や提案者なので，推進事務局はとりまとめに徹して，主権侵害しないよう気を配る必要がある．
 ⇒マネジメントレビューに持ち込むのは，考察や提案である．生データをもとに分析して，何が本質かを見いだすからこそ，役立つ情報となる．

▨ 質問の仕方

A マネジメントレビューに際してどのような情報（考察や提案など）を持ち込むことにしているか，組織の活動と関連づけて説明してください．

B マネジメントレビューで用いた資料・情報などをもとに，評価分析・考察・提案が，目的に見合うことを確認する．
 ⇒上記が不十分ならば，どのように準備者に理解させているかを調査する．

4.4 状況・成果の把握とマネジメントレビュー 335

218 マネジメントレビューの記録には，検討成果の活用に必要・有用な情報が載っているか

■ 規格要求事項

- Q **9.3.3 マネジメントレビューからのアウトプット**（第2段落） 組織は，マネジメントレビューの結果の証拠として，文書化した情報を保持しなければならない．
- E **9.3 マネジメントレビュー**（第4段落） 組織は，マネジメントレビューの結果の証拠として，文書化した情報を保持しなければならない．

■ 懸念事項と判断の要旨

1. 残すべき記録は，単なる開催記録ではなく，"レビュー"の記録である．組織運営面で評価・検討することが，確実に経営者の耳に届き，経営トップが判断・指示し，関係者を動かしたことを，後から確認するための証拠である．
2. 検討した結果，どのような結論となったかを明確にしておく必要がある．
   ⇒検討の結論は"運用状況が良好なのでこのまま継続することの確認"や"提案内容を進めることの受諾""この内容をこの方向に変更（又は新規着手）の指示"などを含めることが多い．
3. マネジメントレビューでの検討の結果，何らかの指示が下った場合には，指定された者が実施できる程度の情報を掲載しておくことも必要である．
   ⇒指示を受けた者が，自分が行動できる程度に記録する形態でも支障ない．

■ 質問の仕方

- A マネジメントレビューの記録で，レビューしたことが判明することを確認する．
   ⇒結果の記録だけでなく，準備資料と併せて読み取る形態でも構わない．
- B マネジメントレビューでの結論に沿って，必要な行動を取れるような指示となっていることを確認する．
   ⇒指定を受けた者が実施可能かどうかをもとに，適切性を判断する．

219 マネジメントレビューでの決定事項を実施者に伝達し，実施できているか

■ **規格要求事項**

Q **9.3.3 マネジメントレビューからのアウトプット（第1段落）** マネジメントレビューからのアウトプットには，次の事項に関する決定及び処置を含めなければならない．[a)～c) 省略]

E **9.3 マネジメントレビュー（第3段落）** マネジメントレビューからのアウトプットには，次の事項を含めなければならない．[後略]

■ **懸念事項と判断の要旨**

1. マネジメントレビューでの決議は，いわば"経営トップからの宿題"である．
   ⇒規格のマネジメントレビューのアウトプットに関する要求事項で，決定・処置すべき内容をいくつか規定しているが，これらだけに限定する必要はない．

2. マネジメントレビュー活動が形骸化していると，経営トップからの宿題でありながら，真剣に捉えていないことがある．
   ⇒せっかくの指示なのに，立ち消えになっているケースも見受けられる．

3. 決定事項を必ず達成するには，それ以降に実現策を講じる必要がある．

■ **質問の仕方**

A マネジメントレビューでの指示事項が実施者に伝わっていることを確認する．
   ⇒マネジメントレビューに参加していない者が実施することもある．何を行うか，その目的・背景や水準なども含めると，切実感を伝えられる．

B 次回以降のマネジメントレビューの記録から，意図どおり実施しているか否かを調査する．十分でないとき，適切に追加指示していることも確認する．

4.4 状況・成果の把握とマネジメントレビュー

220 マネジメントレビューを通じて得た他部門の知見などを予防処置のきっかけとしているか

■ 規格要求事項

- Q **6.1 リスク及び機会への取組み（6.1.1）** 品質マネジメントシステムの計画を策定するとき，組織は，［中略］次の事項のために取り組む必要があるリスク及び機会を決定しなければならない．［a)～d) 省略］

- E **6.1.1（リスク及び機会への取組み）一般（第2段落）** 環境マネジメントシステムの計画を策定するとき，［中略］次の事項のために取り組む必要がある，［中略］リスク及び機会を決定しなければならない．［後略］

■ 懸念事項と判断の要旨　注：規格要求事項の水準を超えたチェックポイント

1. マネジメントレビュー用に自部門で整理した資料の考察から，現在の懸念事項と将来の提案を見いだす．その一部はリスク及び機会への取組みとなる．
2. マネジメントレビューでは，他部門の問題解消の情報や良好情報から，自部門の今後の取組みテーマ（品質目標を通じた機会）を見いだすこともできる．
3. 組織運営に不可欠な情報が経営トップに集まるが，当事者や主幹者に回らないこともある．マネジメントレビューでの検討用に整理された情報のうち，どれを誰に回付するかも考えたい．これらがモチベーション向上に結びつくとともに，リスク及び機会への取組みやポジティブな改善のきっかけとなりうる．

■ 質問の仕方

A どんな事例が，マネジメントレビューを契機に改善に至りましたか．
⇒マネジメントレビューの記録から，改善に至った実例を抽出するとよい．特に意識することなく，リスク及び機会に取り組んでいることも多い．

B これらに取り組んだ結果，どうであったかを説明してください．
⇒次回以降のマネジメントレビューか何らかの会議で報告していることが多い．内容が正当であれば，現実的な取組みと認めてよい．

221 利害関係者の信頼と安心を得るために，どの情報を誰に外部発信するかを熟考しているか

■ **規格要求事項**

Q **7.4 コミュニケーション** 組織は，次の事項を含む，品質マネジメントシステムに関連する内部及び外部のコミュニケーションを決定しなければならない． a）コミュニケーションの内容　c）コミュニケーションの対象者

E **7.4.3 外部コミュニケーション** 組織は，コミュニケーションプロセスによって確立したとおりに，かつ，順守義務による要求に従って，環境マネジメントシステムに関連する情報について外部コミュニケーションを行わなければならない．

■ **懸念事項と判断の要旨**　注：規格要求事項の水準を超えたチェックポイント

1. 利害関係者には，顧客，購買先，地域，行政，株主，マスコミなどのほか，従業員とその家族などもありうる（従業員の家族の目は意外に厳しい）．
2. 信頼や安心を得るには，長期間にわたる実績の積み重ねか，それらに足る情報の発信など，利害関係者に信じてもらえる状態になる必要がある．
3. どのような情報を，誰に，どのように発信するかは，組織の戦略である．
   ⇒公表や個別説明する情報が，利害関係者が期待する内容・水準であり，それが利害関係者に届いていることも必要．
4. 組織が有している情報の一部は，購買先にも役立つ．購買先で問題発生を防止でき，良好状態が増強されるならば，組織の便益にも結びつく．
   ⇒購買先の業務状況が良好になれば，顧客にも社会にも役立つことがある．

■ **質問の仕方**

A 品質・環境について，どうすれば利害関係者の信頼・安心を得られますか．
B 利害関係者の信頼・安心の確保のために，どのような手を打っていますか．
　⇒想定範囲の利害関係者それぞれの期待内容を知る，何を伝えるか決める，伝達方法を設定・実施する，反応を見ることなどが，ここで想定される．

4.4 状況・成果の把握とマネジメントレビュー   339

222 品質・環境マネジメントシステムと運用成果が利害関係者の信頼獲得に結びついているか

■ 規格要求事項

Q **9.1.2 顧客満足** 組織は，顧客のニーズ及び期待が満たされている程度について，顧客がどのように受け止めているかを監視しなければならない．組織は，この情報の入手，監視及びレビューの方法を決定しなければならない．

E **7.4.3 外部コミュニケーション** 組織は，コミュニケーションプロセスによって確立したとおりに，かつ，順守義務による要求に従って，環境マネジメントシステムに関連する情報について外部コミュニケーションを行わなければならない．

■ 懸念事項と判断の要旨　注：規格要求事項の水準を超えたチェックポイント

1. 不祥事だけでなく，活動成果や取組みを顧客や社会に公表することがある．
   ⇒環境活動は任意なので，報告書で広く公表することがある．品質は取引上の必須なので，特定顧客などへの説明という形で公表することがある．
2. 認証取得も大事だが，成果を知ってもらうからこそ得られる信頼もある．
   ⇒成果を知ってもらうには，情報発信の工夫も必要．
3. 利害関係者の思いを捉えるのは難しい．発言を促すよう仕向ける，相手の懐に飛び込むほか，発言の真意と背景を測る必要が生じることもある．
   ⇒利害関係者の信頼状況をもとに，今後の行動・戦略を決定することも多い．

■ 質問の仕方

A 品質・環境マネジメントシステムや運用成果がどのような状況にあると，どの範囲の利害関係者の信頼が，どの程度獲得できますか．

B 現時点での信頼度確保の程度について，教えてください．
   ⇒答えにくい質問である．あらためて考えてみるきっかけとなればよい．

［引用・参考文献］

1) JIS Q 9001：2015（ISO 9001：2015） 品質マネジメントシステム—要求事項
2) JIS Q 14001：2015（ISO 14001：2015） 環境マネジメントシステム—要求事項及び利用の手引
3) JIS Q 19011：2012（ISO 19011：2011） マネジメントシステム監査のための指針
4) 国府保周（2017）：ISO 9001：2015（JIS Q 9001：2015）規格改訂のポイントと移行ガイド［完全版］，日本規格協会
5) 国府保周（2016）：2015年版対応 活き活きISO 9001—日常業務から見た有効活用，日本規格協会
6) 国府保周（2016）：2015年版対応 活き活きISO 14001—本音で取り組む環境活動，日本規格協会
7) 国府保周（2016）：2015年版対応 活き活きISO内部監査—工夫を導き出すシステムのけん引役，日本規格協会
8) （社）日本品質管理学会（2008）：QMS有効活用及び審査研究部会研究報告書，日本品質管理学会（引用は国府保周の報告部分のみ）

あ と が き

　本書の第2版では，該当箇条をISO 9001とISO 14001の2015年版に準拠した．本書の第1版の発行は，ISO 9001は2008年版，ISO 14001は2004年版の時期であった．両規格ともに初めて"マネジメントシステム規格"の形態で発行したものを小規模改訂した版であり，マネジメント面の要求事項は限定的であった．本書の第1版では，マネジメント面の要求事項の間隙を埋め，補強し，さらに展開するためのチェックポイント（ものの見方や捉え方）を数多く紹介した．こうした観点のいくつかは，2015年版でのマネジメントシステム規格の発展に伴って，ISO 9001とISO 14001に含まれるようになった．

　筆者個人は，ISO 9001とISO 14001の2015年版の発行以降は，本書を絶版にするつもりであった．しかし，何人もの本書の購入者と研修などの場でお目にかかると，皆さん2015年版対応のものの出版を希望されていた．しかも，掲載しているチェックポイントは残してほしいという．そこで第2版は，従来からのチェックポイントを残したうえで，第1版の発行以降に筆者の気づきを反映させるために，チェックポイントを全222とした．それに併せて，内部監査そのものに関する説明部分を整理して，全体のページ数があまり増えないようにした．

　第2版の原稿作成で苦労したのは，関連する要求事項の指定．2015年版は，ISO 9001，ISO 14001ともに，関連性を示すことができそうな箇条がいくつもあり，一つに絞るのが難しかった．このことは，2015年版に基づく内部監査を実施して不適合の指摘を経験した人は，すでに感じているのではないかと思う．内部監査での不適合では，不適合を受ける立場からすると，たとえば業務上の差し支えが生じているとか，実際に環境上の悪影響が発生しているなど，「なぜ不適合に相当するか」の理由を明確に示すことのほうが，規格のどの要求事項に対する不適合かということよりも，はるかに重要であり，納得性が高

い．このように，規格要求事項はメインでなく，あくまでもサブであることに留意する．

　マネジメントシステムは，品質・環境ともに，成果を得ることが重要である．一方，マネジメントシステムの主役は人であり，人は感情をもった動物である．人がやる気を出せば，思いがけないほどの成果を出すことがあるが，気持ちが入らないと，それなりで終わるかもしれない．内部監査員も人である．マネジメントシステムを運用する人と内部監査員の両方が真剣度を高め，コラボレーションするために，そして組織の発展に役立つようにするために，本書を活用していただきたい．

　本書の第1部には，内部監査を工夫し，内部監査の結果を分析して活用するためのヒントを数多く紹介した．本書をチェックポイント集として使用するだけでなく，こうしたヒントと併せて熟考することで，内部監査の充実度を，そしてマネジメントシステムの有効性を高めることを期待する．

国府　保周

著者紹介

国府　保周（こくぶ　やすちか）

1956 年	三重県生まれ.
1980 年	三重大学工学部資源化学科卒業. 荏原インフィルコ株式会社（現 荏原製作所）入社. 環境装置プラントを担当.
1987 年	株式会社エーペックス・インターナショナル入社. エーペックス・カナダ副社長, A-PEX NEWS 編集長, 品質保証課長, 第三業務部長を歴任. また, ユーエル日本との合併後は, マネジメントシステム審査部長代理を務める.
2004 年	株式会社日本 ISO 評価センター常務取締役.
現　在	研修講師, 審査員, コンサルタントとして活躍中. （JRCA 登録主任審査員, CEAR 登録審査員補）
主な著書	"ISO 9001：2015（JIS Q 9001：2015）規格改訂のポイントと移行ガイド［完全版］", 日本規格協会, 2017 "2015 年版対応 活き活き ISO 9001 ―日常業務から見た有効活用", 日本規格協会, 2016 "2015 年版対応 活き活き ISO 14001 ―本音で取り組む環境活動", 日本規格協会, 2016 "ISO 19011：2018 改訂対応 活き活き ISO 内部監査―工夫を導き出すシステムのけん引役", 日本規格協会, 2019

2015 年版対応
ISO 9001/14001 内部監査のチェックポイント 222
―有効で本質的なマネジメントシステムへの改善―

定価：本体 4,000 円（税別）

2009 年 11 月 11 日　　第 1 版第 1 刷発行
2018 年 3 月 15 日　　第 2 版第 1 刷発行
2020 年 4 月 10 日　　　　　第 3 刷発行

著　者　　国府　保周
発行者　　揖斐　敏夫
発行所　　一般財団法人 日本規格協会
　　　　　〒108-0073　東京都港区三田 3 丁目 13-12 三田 MT ビル
　　　　　　　　　　　https://www.jsa.or.jp/
　　　　　　　　　　　振替　00160-2-195146
製　作　　日本規格協会ソリューションズ株式会社
印刷所　　株式会社平文社

Ⓒ Yasuchika Kokubu, 2018　　　　　　　　　　　　Printed in Japan
ISBN978-4-542-30673-8

● 当会発行図書，海外規格のお求めは，下記をご利用ください．
　JSA Webdesk（オンライン注文）：https://webdesk.jsa.or.jp/
　通信販売：電話 (03)4231-8550　FAX (03)4231-8665
　書店販売：電話 (03)4231-8553　FAX (03)4231-8667

図書のご案内

ISO 9001:2015 内部監査の実際 [第4版]

上月宏司 著
A5判・180ページ　定価：本体 2,200 円（税別）

【主要目次】
第1章　内部監査とは
第2章　TQMの中での監査の種類と内部監査
第3章　上手な内部監査のやり方
第4章　監査技術を身につけるために知っているとよいこと
第5章　内部監査の活用の仕方
第6章　プロセス改善につながる是正処置
第7章　これからの内部監査

2015年版対応 中小企業のための ISO 9001 内部監査指摘ノウハウ集

ISO 9001 内部監査指摘ノウハウ集編集委員会　編
編集委員長　福丸典芳
A5判・150ページ　定価：本体 2,400 円（税別）

【主要目次】
第1章　内部監査実施上の悩みとその回答
第2章　内部監査事例
第3章　プロセス改善に役立つ是正処置の方法
第4章　内部監査の視点
第5章　内部監査の効果を上げる意義と必要性

日本規格協会　https://webdesk.jsa.or.jp/

図書のご案内

対訳 ISO 9001:2015
（JIS Q 9001:2015）
品質マネジメントの国際規格 [ポケット版]

品質マネジメントシステム規格国内委員会　監修
日本規格協会　編

新書判・454 ページ

定価：本体 5,000 円（税別）

対訳 ISO 14001:2015
（JIS Q 14001:2015）
環境マネジメントの国際規格 [ポケット版]

日本規格協会　編

新書判・264 ページ

定価：本体 4,100 円（税別）

日本規格協会　　https://webdesk.jsa.or.jp/

図書のご案内

ISO 9001:2015
(JIS Q 9001:2015)
要求事項の解説

品質マネジメントシステム規格国内委員会　監修
中條武志・棟近雅彦・山田　秀　著

A5判・280ページ　　定価：本体 3,500 円（税別）

【主要目次】
　第 1 部　ISO 9001 要求事項　規格の基本的性格
　第 2 部　ISO 9000:2015 用語の解説
　第 3 部　ISO 9001:2015 要求事項の解説

ISO 14001:2015
(JIS Q 14001:2015)
要求事項の解説

ISO/TC 207/SC 1 日本代表委員　　ISO/TC 207/SC 1 日本代表委員
環境管理システム小委員会委員長　環境管理システム小委員会委員
吉田敬史　　　　　　　　　　　　奥野麻衣子　　　　　　共著

A5判・322ページ　　定価：本体 3,800 円（税別）

【主要目次】
　第 1 部　ISO 14001　2015 年改訂の概要
　第 2 部　ISO マネジメントシステム規格の整合化
　第 3 部　ISO 14001:2015 の解説

日本規格協会　　　https://webdesk.jsa.or.jp/

図書のご案内

対訳 ISO 19011:2018 （JIS Q 19011:2019） マネジメントシステム監査のための指針 ［ポケット版］

日本規格協会　編

新書判・304 ページ
定価：本体 6,800 円（税別）

ISO 19011:2018 （JIS Q 19011:2019） マネジメントシステム監査 解説と活用方法

福丸典芳　著
A5 判・264 ページ　　定価：本体 3,900 円（税別）

【主要目次】
第1章　監査活動の基本
第2章　ISO 19011 の解説
第3章　効果的な監査プロセスの構築方法と事例
第4章　監査の視点
第5章　監査プログラムの成熟度レベル評価
第6章　監査に関する Q&A

日本規格協会　　https://webdesk.jsa.or.jp/

╭─ 図 書 の ご 案 内 ─╮

見るみる ISO 9001
イラストとワークブックで要点を理解

深田博史・寺田和正・寺田　博　著
A5判・120ページ　　定価：本体 1,000 円（税別）

【主要目次】
第 1 章　ISO 9001 とは，リスク・機会とは
第 2 章　見るみる Q モデル
　　　　　[ISO 9001 品質マネジメントシステムモデル]
第 3 章　ISO 9001 の重要ポイントとワークブック
第 4 章　見るみる Q　資料編

見るみる ISO 14001
イラストとワークブックで要点を理解

寺田和正・深田博史・寺田　博　著
A5判・120ページ　　定価：本体 1,000 円（税別）

【主要目次】
第 1 章　ISO 14001 とは？
第 2 章　見るみる E モデル
　　　　　[ISO 14001 環境マネジメントシステムモデル]
第 3 章　ISO 14001 の重要ポイントとワークブック
第 4 章　見るみる E　資料編

日本規格協会　　　　https://webdesk.jsa.or.jp/